21 世纪高等院校计算机专业规划教材

数字逻辑（第二版）

朱 勇 主编

高晓清 曾西洋 副主编

中国铁道出版社
CHINA RAILWAY PUBLISHING HOUSE

内 容 简 介

本教材的编写依据普通高等学校电气信息类教学大纲精神，全面系统地阐述了数字电路与逻辑设计的基本理论、基本方法以及现代逻辑设计技术。全书共分 9 章：数制与编码、逻辑代数基础、组合逻辑、同步时序逻辑、异步时序逻辑、脉冲产生电路、数/模与模/数转换电路、编程逻辑和数字系统综合设计。

本教材的编者为"数字逻辑"省级精品课程的负责人与骨干教师，并有丰富的数字系统设计经验与相关项目工程背景。教材介绍了当今先进的逻辑设计方法与技术，如 PLD（可编程逻辑器件）、HDL（硬件描述语言）、SoC（片上系统）、EDA（电子设计自动化）、CPU 描述与设计等。

本教材适合作为高校计算机、电子信息、自动化等相关专业教材，以及从事相关领域工程技术人员的参考书。

图书在版编目（CIP）数据

数字逻辑 ∕ 朱勇主编. —2 版. —北京：中国铁道
出版社，2013.9
21 世纪高等院校计算机专业规划教材
ISBN 978-7-113-17152-0

Ⅰ. ①数… Ⅱ. ①朱… Ⅲ. ①数字逻辑－高等学校－
教材 Ⅳ. ①TP331.2

中国版本图书馆 CIP 数据核字（2013）第 196057 号

书　　名：数字逻辑（第二版）
作　　者：朱 勇 主编

策　　划：孟 欣　　　　　　　　读者热线：400-668-0820
责任编辑：孟 欣　徐盼欣
封面设计：付 巍
封面制作：白 雪
责任印制：李 佳

出版发行：中国铁道出版社（100054，北京市西城区右安门西街 8 号）
网　　址：http://www.51eds.com
印　　刷：北京市昌平开拓印刷厂
版　　次：2007 年 12 月第 1 版　　2013 年 9 月第 2 版　　2013 年 9 月第 1 次印刷
开　　本：787 mm×1 092 mm　1/16　印张：19　字数：459 千
印　　数：1～3 000 册
书　　号：ISBN 978-7-113-17152-0
定　　价：36.00 元

第二版前言

本书第一版被教育部评为普通高等教育"十一五"国家级规划教材。

随着 IC（集成电路）工艺和计算机硬件技术的飞速发展以及两者的相互渗透，数字逻辑设计方法发生了很大的变化：元件规模从简单逻辑功能的分离器件到实现复合逻辑的中大规模 IC 以及 SoC，器件类型从通用逻辑芯片到 ASIC 以及 PLD 半用户定制电路，设计模式也从传统的以基本具体的逻辑单元搭建数字电路的方式到采用硬件语言抽象描述和软硬件协同设计的 EDA 设计环境。因此，《数字逻辑》教程必须顺应当前主流技术的发展，与时俱进。

数字逻辑课程与教材在不同的学校有不同的名称，不同的专业有不同的侧重点。编者经历了二十余年的一线教学，参与教材编写也已逾十年，深刻体会到这门课程的发展。与 IT 相关的专业，如计算机、电子、通信、自动化等中，硬件系统都是一个重要内容。如何在有限的篇幅里，让学生掌握数字系统逻辑设计的基础知识与主流技术，具有综合应用能力，是编者的责任所在。

本教材全面详尽地论述经典数字逻辑（组合逻辑和时序逻辑）和现代逻辑设计（编程逻辑），具有以下三个特色：

（1）可编程逻辑。可编程逻辑器件及其设计方法是对经典逻辑设计的一个重要补充，而且发展相当迅猛。笔者非常认同当前现状，结合多年的 SoC 研究与设计经验，以较大的篇幅详细阐述了可编程原理、可编程器件和可编程设计方法。避免了某些教科书只蜻蜓点水地介绍一些抽象的可编程原理，或罗列几个可编程器件的表面文章做法。

（2）HDL 设计语言与 EDA 环境。HDL 是当今 SoC 设计的主流技术。教材全面介绍了 VHDL 语言基础以及典型用法，并给出了在 Quartus 环境下的设计流程。VHDL 语法介绍条理清楚，应用实例由浅入深，设计环境图文并茂。

（3）CPU 综合数字系统。"单周期 CPU 描述与设计"实例将数字逻辑和计算机微结构很好地融合在一起。数字逻辑是微处理器的设计基础，后者又为前者提供了广阔的应用和设计空间。可以说，如果读者完全掌握这个过程，就具有担任产品研发工程师的实力了。同时，这些实例也可以作为数字逻辑课程的设计题目。

本教材共分 9 章：数制与编码、逻辑代数基础、组合逻辑、同步时序逻辑、异步时序逻辑、脉冲产生电路、数/模与模/数转换电路、编程逻辑和数字系统综合设计。全书由朱勇教授主编，由高晓清、曾西洋副教授任副主编。其中，朱勇教授编写数制与编码、编程逻辑及数字系统综合设计部分，高晓清副教授编写同步时序逻辑、异步时序逻辑、脉冲产生电路和数/模与模/数转换电路部分，曾西洋副教授编写逻辑代数基础与组合逻辑部分。汪玉蓉、王文斌、周湜、周游、杨琳、陈笑春、李泾为本教材的出版提供了帮助，在此一并表示感谢。

本教材适合作为高校计算机、电子信息、自动化等相关专业教材，以及从事相关领域工程技术人员的参考书。

对于教材中的不妥之处，敬请同仁和读者批评指正。

编　者
2013 年 7 月

第一版前言

随着 IC（集成电路）工艺和计算机硬件技术的飞速发展以及两者的相互渗透，数字逻辑设计方法发生了很大的变化：元件规模从简单逻辑功能的分离器件到实现复合逻辑以及通用功能的中大规模 IC，器件类型从通用逻辑器件到 ASIC（专用集成电路）以及 PLD 半用户定制电路，设计模式也从传统的以基本具体的逻辑单元搭建数字电路的方式到采用硬件语言抽象描述数字系统的 EDA 设计环境。因此《数字逻辑》教程必须顺应当前主流技术的发展，达到与时俱进。

数字逻辑教程的主旨在于训练学生的逻辑思维能力，掌握运用形式化方法描述客观世界的能力，为学习计算机硬件课程打下扎实基础。本书着眼于培养读者分析问题和解决问题的能力。对每一个逻辑问题的讲述做到条理清晰、深入浅出，尽量避免就事论事，从而达到举一反三的效果。每章均列举了相当数量的例题，以加深基本概念的理解，掌握基本方法的运用。

本教材除了全面详尽地论述经典数字逻辑外，还增添了非常具有实用价值的三个特色部分：

（1）可编程逻辑。可编程逻辑器件及其设计方法是对逻辑设计的一个重要补充，而且发展相当迅猛。纵观最新出版的数字逻辑教材，这部分的分量越来越重。笔者非常认同当前现状，结合多年的可编程逻辑研究与设计经验，详细阐述了可编程原理、可编程器件和可编程设计方法。避免了某些教科书只蜻蜓点水地介绍一些抽象的可编程原理，或罗列几个可编程器件的表面文章做法。

（2）EDA 设计。在校学生学完课程后往往动不了手，极大地影响了学习兴趣，这也是为什么同学们学习软件的兴趣高于硬件的原因之一。本书以国内最为流行的 Protel 设计环境为例，讲述电路的整个设计流程，使得在学完数字逻辑基础知识后，就可以设计、制作数字电路 PCB 了。

（3）综合实例。最能体现实用性的内容就是本书最后给出的两个设计实例。它们贯穿了整个数字逻辑设计的完整过程，不仅仅是理论上的，而且包括实践过程。可以说，如果读者完全掌握这个过程，他就已经能够担任产品研发工程师了。同时，这两个实例也可以作为数字逻辑课程的设计题目。

全书共分 9 章：数制与编码、逻辑代数基础、组合逻辑、同步时序逻辑、异步时序逻辑、脉冲产生电路、数/模与模/数转换电路、编程逻辑和 EDA 设计。全书由朱勇教授主编，并编写数制与编码、编程逻辑及 EDA 部分，高晓清编写同步时序逻辑、异步时序逻辑、脉冲产生电路和数/模与模/数转换电路部分，曾西洋编写逻辑代数基础与组合逻辑部分。还要感谢王文斌、周湜、杨琳、陈笑春、计臣、周游、李泾、施静、夏玲为本教材的出版提供了帮助。

对于教材中的不妥之处，敬请同仁和读者批评指正。

编　者

2007 年 11 月

目 录

第1章 数制与编码

数字系统包含两种类型的运算，即逻辑运算和算术运算。不论哪种运算都与数的关系十分密切，因此了解数的表示形式和基本特征是大有必要的。计算机是数字系统中最常见、最有代表性的设备，因此必须了解数在计算机系统中的表示方法和特征。

数字系统所处理的信息都是离散元素，这些离散元素可以有不同的表示形式，如十进制数字、字母、标点符号等。现实生活中人类通常采用十进位计数制来表示数，但计算机不能直接接受十进制。因此需要选择一种进位计数制来确定小数点及数的正、负符号在计算机中的表示，同时人-机通信也需要进行数制转换。

本章重点介绍数字系统中数据的表示形式——数制与编码。

1-1 数字逻辑概述

1-1-1 数字系统

客观世界存在着各种物理信号，按其变化规律可以分为两种类型：一种是连续信号，另一种是离散信号。

所谓连续信号是指在时间上和数值上均作连续变化的物理信号，例如温度、压力等。在工程应用中为了便于处理和传输，通常用某一种连续信号去模拟另一种连续信号，例如用电压的变化代替温度的变化等。因此，连续信号又称模拟信号，简称模拟量。直接对模拟量进行处理的电子线路称为模拟电路。

所谓离散信号是指信号的变化在时间上和数值上都是离散的，或者说是不连续的。例如，学生成绩记录、产品统计、电路开关的状态等。离散信号的变化可以用不同的数字表示，所以又称数字信号，简称数字量。直接对数字量进行处理的电子线路称为数字电路，由于数字电路的各种功能是通过逻辑运算和逻辑判断来实现的，所以又称数字逻辑电路或者逻辑电路。

通常以正弦波为例来说明模拟信号和数字信号。正弦波既能用连续方式表示也能用离散方式表示，图 1-1 是其两种表示方式。

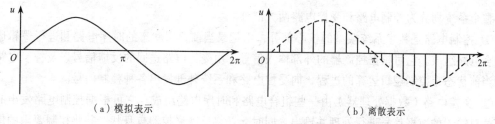

（a）模拟表示　　　　　　　　　　（b）离散表示

图 1-1　正弦波的模拟表示和离散表示

图 1-1（b）中的离散信号可以表示为如表 1-1 所示的数字值。

数字系统已经成为日常生活中重要的组成部分。在人们周围可以发现无数个数字硬件的例子，如自动播音器、CD 播放机、电话系统、PC 以及视频游戏机等，这样的例子举不胜举。

简单地说，数字系统是一个能对数字信号进行加工、传输和存储的实体，它由实现各种功能的数字逻辑电路相互连接而成。数字系统是仅仅用数字来"处理"信息以实现计算和操作的电子网络。但是，数字系统中所用的数字是来自于特别的数制系统，该数制系统只有两个值：0 和 1。此特征定义了二进制系统中数字的本身（0 和 1），称为比特（bit），简称"二进制数字"。虽然这似乎十分简单，但是由于只使用 0 和 1 来完成所有的计算和操作，所有数字系统的设计实际上是相当复杂的。

表 1-1　正弦波的离散数字值（X 坐标单位为度）

X	Y	X	Y	X	Y	X	Y
0	0	90	1	180	0	270	−1
18	0.31	108	0.95	198	−0.31	288	−0.95
36	0.59	126	0.81	216	−0.59	306	−0.81
54	0.81	144	0.59	234	−0.81	324	−0.59
72	0.95	162	0.31	252	−0.95	342	−0.31

数字系统必须完成如下任务：

① 将现实世界的信息转换成数字系统可以理解的二进制"语言"。

② 仅用数字 0 和 1 完成所要求的计算和操作。

③ 将处理的结果以用户可以理解的方式返回给现实世界。

数字系统模型如图 1-2 表示。

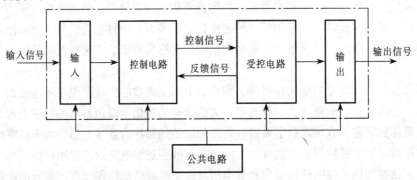

图 1-2　数字系统模型

整个系统划分为控制电路和受控电路两大部分。

① 控制电路是数字系统模型的核心部分，由记录当前逻辑状态的时序电路和进行逻辑运算的组合电路组成。它可根据控制器的外部输入信号，由受控电路送回的反馈信号以及控制电路内部的当前状态来控制逻辑运算的进程，向受控电路和系统外部发出各种控制信号。

② 受控电路（数据处理器）由一些组合电路和时序电路组成。它可根据控制电路发出的控制信号对输入的数据信号进行处理并输出，同时，还将反映受控器自身状态并将控制要求的信号反馈给控制器。控制器是数字系统的核心，根据其内部功能可以建立图 1-3 所示的控制器模型。

控制器的模型可清楚地表明控制器内部电路的类型及连接关系，它是逻辑电路设计的基本依据。控制器逻辑电路设计的主要任务包括：状态寄存器的选择、状态值分配、次态译码电路设计和输出译码电路设计。

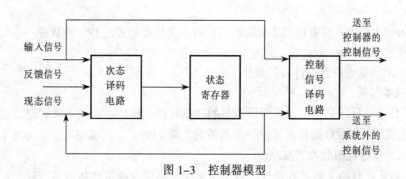

图 1-3　控制器模型

1-1-2　片上系统

20 世纪 90 年代末期，芯片制造工艺更加先进，集成度越来越高，不同用途的数字功能单元和处理器核心可以集成在一块芯片中实现，使得整个系统进入片上系统（System-on-Chip，SoC）发展时代。目前，SoC 也是嵌入式系统设计与实现的一个重要技术手段。

SoC 是以 IP 核复用为基础，以软硬件协同设计为主要设计方法的芯片设计技术。其关键是利用经过验证的 IP，并成功地把 IP 集成到 SoC 系统中。

1. IP 核设计与复用

IP 核有软核和硬核两种类型。前者以可综合的硬件描述语言（HDL）代码的形式交付；后者则用制定的工艺进行了功耗、面积或者性能的优化，以 GDSII 格式交付。成功地开发 SoC IP 核结构，需要做到：

（1）硬化：优化配置并使软 IP 硬化

IP 硬化过程就是在标准规定的速度、功率和范围内以目标工艺实现 IP。该实现必须能够提供准确的建模、自动化方法、工艺易于移植，以及具有基于业界标准的电子设计自动化（EDA）工具。硬化过程首先需要 IP 供应商提供高质量 RTL（寄存器传输级）描述，并且提供一套完整的 GDSII 设计实现方案。

（2）建模：高度精确地为硬化的软 IP 自动建模

典型的 SoC 设计流程包括：

① 功能模型必须代表系统仿真中的 IP 核周期特征，并且能够在门级仿真中支持精确到比特的 RTL 仿真和时序注释。此外，还应消除仿真器特殊结构和接口，在仿真环境中便于移植。

② 时序模型具备所有的时序特点。IEEE 的 IP 核测试语言（CTL），定义了嵌入式 IP 核和 SoC 的测试接口，为 SoC 互联和逻辑提供了可测试性。

③ 物理模型是 IP 核具体物理实现的抽象，必须准确表述：元件占用面积、接口引脚/端口数量、线路障碍、电源和接地。

④ 功率模型描述了 IP 核功耗，必须忠实反映静态和动态功耗、I/O 端口和内部节点的开关状态、I/O 端口和内部节点的状态、运行方式、电压和温度等条件以及电容负载和输入瞬变时间。

（3）集成：将模型综合到 SoC 设计流程中

选择 IP 核时首要考虑的因素是 IP 与目标系统的配合程度。为了使开发的 IP 能够高效地集成到新的设计中去，设计复用和标准化是必由之路。IP 集成必须解决的重要问题有：在系统结构设计和模块划分时，选择合适的片上总线结构和 IP 库；模块间的接口协议要尽可能简单，接口定义尽可能与国际上通用的接口协议一致；慎重考虑时钟分布以及电源、地线的走线，针对关键路径的优化要投入较大精力；注重积累集成的经验。对于成功地集成的IP，应该进一步完善，同时记录下来形成技术文档。

（4）验证：IP核是否符合设计者的想法

IP核验证技术包括：

① 目的性验证：目的是验证设计者所预想的功能是否在设计中得到正确实现。通常，它在最高抽象层次上完成。其最终结果是建立一个所谓的"黄金模型"，该模型可以作为整个设计过程中各种更加详细的设计视图的参考基准。

② 等效性验证：目的是验证在设计过程中生成的不同层次的设计功能是否与"黄金模型"功能相一致。

③ IP验证：指对单个IP的功能进行验证的过程，即单元测试。

④ 集成验证：指对包含一个或多个IP的SoC进行功能验证的过程，即SoC的系统级验证。其重点放在IP的连接和相互作用上，验证所用模型应能精确地仿效IP接口。

可供复用的IP核既要有其功能描述文件用以说明核的功能时序要求等，还要有设计实现和验证两个方面的文件，即还应包含实现IP核的RTL源代码或网表文件，以及用于IP核实现后逻辑验证的仿真模型和测试向量。其设计流程主要包括设计规约与划分、子模块的规范与设计、测试台开发、时序检测和集成等步骤。在选择IP核时要考虑多方面的因素，如与目标系统的配合程度、成本以及上市的紧迫性、与其他模块的兼容性、系统功能、IP核的质量及其支持性（标准的遵从程度、未来发展的蓝图、易用性获取IP授权效率、合作厂商的可依赖程度）集成的难度等。

2. 软硬件协同设计

软/硬件协同设计不仅是一种设计技术，同时也是一种新的设计方法学，其核心问题是在设计过程中协调软件子系统和硬件子系统。与传统的嵌入式系统设计方法不同，软/硬件协同设计强调软件和硬件设计开发的并行性和相互反馈，克服了传统方法中把软件和硬件分开设计所带来的种种弊端，协调软件和硬件之间的制约关系，达到系统高效工作的目的。它提高了设计抽象的层次，拓展了设计覆盖的范围；与此同时还强调利用现有资源，即重用构件和IP核，缩短系统开发周期，降低系统成本，提高系统性能，保证系统开发质量。嵌入式系统软/硬件协同设计方法学主要包括：系统建模、软/硬件协同综合、协同仿真、协同验证、设计功能和性能指标评价技术、SoC测试调度技术等方面，并且还分为不同的设计层次。

（1）协同综合技术

嵌入式系统是软件/硬件一体化的系统，其中功能既可以由硬件来完成，也可以由软件来实现。硬件速度快，而软件成本低，这就需要权衡系统的时间、成本等性能指标之间的关系。决定系统各个模块由硬件完成或是软件实现是一项非常重要的工作，这个划分系统软/硬件的过程被称为协同综合或者协同划分。

（2）协同验证技术

在系统设计的各个阶段根据系统性能指标要求对设计方案综合评价，以验证系统的合理性和可行性。协同验证的研究主要有两个方向，即仿真验证和形式化验证。仿真验证方法是用硬件描述语言HDL完成硬件子系统的描述，完成系统软硬件的联合调试，纠正其中的设计错误；形式化验证方法是建立被验证系统的数学模型，然后用数学方法证明被验证系统的正确性以及各种性能指标是否满足要求。

（3）性能指标评价技术

嵌入式系统是以应用为中心、对系统功能和性能指标（成本、面积、功耗、实时性）都有严格要求的专用计算机系统。标准评价各性能指标是保证嵌入式系统需求的必要条件。

（4）测试调度问题

随着设计复杂度的增加，SoC 上重用的 IP 数量越来越多，为了缩短芯片测试的时间，需要尽可能并行地测试芯片上的 IP 核。将 IP 核输入/输出端动态分配到同一测试总线上，允许它们同时进行测试，即在设计中进行测试调度。

SoC 是将若干处理器单元和外设集成在一起的一个系统组成，可以为应用提供高集成度的芯片解决方案。因此，将系统调度与控制、数字信号处理等功能集成在一块芯片中实现是信息技术发展的必然趋势。

1-2　数制及其转换

人们常用一组符号并根据一定的规则来表示数值的大小，这些符号和规则构成了不同的进位计数制，简称数制。

数制在日常生活中到处可见，例如普遍使用的十进制以及用于计时的六十进制和十二进制等。根据冯·诺依曼的"存储程序"思想，人们在电子计算机中引入了二进制，为了便于二进制的书写和记忆，人们又引入了八进制和十六进制。

广义地说，一种进位计数制包含基数和位权两个基本因素。

基数是指计数制中所用到的数字符号的个数。在基数为 r 的计数制中，包含 0，1，$\cdots$，$r-1$，共 r 个数字符号，进位规律是"逢 r 进一"，称为 r 进位计数制，简称 r 进制。

位权是指在一种进位计数制表示的数中，用来表明不同数位上数值大小的一个固定常数。不同数位有不同的位权，某一个数位的数值等于这一位的数字符号乘以与该位对应的位权。r 进制的位权是 r 的整数次幂。例如，十进制数的位权是 10 的整数次幂，其个位的位权是 10^0，十位的位权是 10^1，……

一般来说，对任意的 r 进制而言，数 N 的表示方法有以下两种：

（1）位置计数法

$$(N)_r = \left(a_{n-1}a_{n-2}\cdots a_1a_0.a_{-1}a_{-2}\cdots a_{-m}\right)_r \tag{1-1}$$

（2）多项式表示法，又称按权展开式

$$(N)_r = a_{n-1}\cdot r^{n-1} + \cdots + a_1\cdot r^1 + a_0\cdot r^0 + a_{-1}\cdot r^{-1} + a_{-2}\cdot r^{-2} + \cdots + a_{-m}\cdot r^{-m}$$

$$= \sum_{i=-m}^{n-1} a_i\cdot r^i \tag{1-2}$$

式（1-1）、式（1-2）中，n 为整数部分的位数，m 为小数部分的位数，a_i 为数字符号（$0\leq a_i\leq r-1$），r 为进位计数制基数，r^i 为 a_i 位上的权值。

1-2-1　十进制

基数 $r=10$ 的进位计数制称为十进制。十进制数使用的数字符号有 10 个，即 0，1，2，3，4，5，6，7，8，9，进位规律是"逢十进一"。十进制数的位权是 10 的整数次幂。

任意十进制数 D 可以表示为

$$(D)_{10} = \left(D_{n-1}\cdots D_1D_0.D_{-1}D_{-2}\cdots D_{-m}\right)_{10}$$

$$= D_{n-1}\cdot 10^{n-1} + \cdots + D_1\cdot 10^1 + D_0\cdot 10^0 + D_{-1}\cdot 10^{-1} + D_{-2}\cdot 10^{-2} + \cdots + D_{-m}\cdot 10^{-m} \tag{1-3}$$

$$= \sum_{i=-m}^{n-1} D_i\cdot 10^i$$

式（1-3）中，n 为整数部分的位数，m 为小数部分的位数，D_i 为数字符号（$0 \leqslant D_i \leqslant 9$），10 为进位计数制基数，$10^i$ 为 D_i 位上的权值。

【例 1-1】十进制数 2004.98 可以表示为

$$(2004.98)_{10} = 2 \times 10^3 + 0 \times 10^2 + 0 \times 10^1 + 4 \times 10^0 + 9 \times 10^{-1} + 8 \times 10^{-2}$$

1-2-2 二进制

基数 $r=2$ 的进位计数制称为二进制。二进制数只有 0 和 1 两个数字符号，进位规律是"逢二进一"。二进制数的位权是 2 的整数次幂。任意二进制数 B 可以表示为

$$
\begin{aligned}
(B)_2 &= \left(B_{n-1} \cdots B_1 B_0 . B_{-1} B_{-2} \cdots B_{-m} \right)_2 \\
&= B_{n-1} \cdot 2^{n-1} + \cdots + B_1 \cdot 2^1 + B_0 \cdot 2^0 + B_{-1} \cdot 2^{-1} + B_{-2} \cdot 2^{-2} + \cdots + B_{-m} \cdot 2^{-m} \quad (1-4) \\
&= \sum_{i=-m}^{n-1} B_i \cdot 2^i
\end{aligned}
$$

式（1-4）中，n 为整数部分的位数，m 为小数部分的位数，B_i 为数字符号（$B_i = 0, 1$），2 为进位计数制基数，2^i 为 B_i 位上的权值。

【例 1-2】二进制数 11010.11 可以表示为

$$(11010.11)_2 = 1 \times 2^4 + 1 \times 2^3 + 0 \times 2^2 + 1 \times 2^1 + 0 \times 2^0 + 1 \times 2^{-1} + 1 \times 2^{-2}$$

二进制数的运算十分简单，其运算规则如下所示。

加法规则：0+0=0　　0+1=1　　　　　　1+0=1　　　1+1=0（进位为 1）

减法规则：0-0=0　　0-1=1（借位为 1）　1-0=1　　　1-1=0

乘法规则：0×0=0　　0×1=0　　　　　　1×0=0　　　1×1=1

除法规则：0÷1=0　　1÷1=1

1-2-3 八进制

基数 $r=8$ 的进位计数制称为八进制。八进制数使用的数字符号有 8 个，即 0，1，2，3，4，5，6，7，进位规律是"逢八进一"。八进制数的位权是 8 的整数次幂。任意八进制数 C 可以表示为

$$
\begin{aligned}
(C)_8 &= \left(C_{n-1} \cdots C_1 C_0 . C_{-1} C_{-2} \cdots C_{-m} \right)_8 \\
&= C_{n-1} \cdot 8^{n-1} + \cdots + C_1 \cdot 8^1 + C_0 \cdot 8^0 + C_{-1} \cdot 8^{-1} + C_{-2} \cdot 8^{-2} + \cdots + C_{-m} \cdot 8^{-m} \quad (1-5) \\
&= \sum_{i=-m}^{n-1} C_i \cdot 8^i
\end{aligned}
$$

式（1-5）中，n 为整数部分的位数，m 为小数部分的位数，C_i 为数字符号（$0 \leqslant C_i \leqslant 7$），8 为进位计数制基数，$8^i$ 为 C_i 位上的权值。

【例 1-3】八进制数 204.53 可以表示为

$$(204.53)_8 = 2 \times 8^2 + 0 \times 8^1 + 4 \times 8^0 + 5 \times 8^{-1} + 3 \times 8^{-2}$$

1-2-4 十六进制

基数 $r=16$ 的进位计数制称为十六进制。十六进制数使用的数字符号有 16 个，即 0，1，2，3，4，5，6，7，8，9，A，B，C，D，E，F，进位规律是"逢十六进一"。十六进制数的位权是 16

的整数次幂。任意十六进制数 H 可以表示为

$$(H)_{16} = \left(H_{n-1}\cdots H_1 H_0 . H_{-1} H_{-2} \cdots H_{-m}\right)_{16}$$
$$= H_{n-1}\cdot 16^{n-1} + \cdots + H_1 \cdot 16^1 + H_0 \cdot 16^0 + H_{-1}\cdot 16^{-1} + H_{-2}\cdot 16^{-2} + \cdots + H_{-m}\cdot 16^{-m} \quad (1\text{-}6)$$
$$= \sum_{i=-m}^{n-1} H_i \cdot 16^i$$

式（1-6）中，n 为整数部分的位数，m 为小数部分的位数，H_i 为数字符号（H_i=0～9，A～F），16 为进位计数制基数，16^i 为 H_i 位上的权值。

【例 1-4】十六进制数 2EB5.C9 可以表示为

$$(2EB5.C9)_{16} = 2\times 16^3 + 14\times 16^2 + 11\times 16^1 + 5\times 16^0 + 12\times 16^{-1} + 9\times 16^{-2}$$

表 1-2 列出了与十进制数 0～15 对应的二进制、八进制、十六进制数。

表 1-2　十进制数与二、八、十六进制数对照表

十 进 制 数	二 进 制 数	八 进 制 数	十六进制数
0	0000	00	0
1	0001	01	1
2	0010	02	2
3	0011	03	3
4	0100	04	4
5	0101	05	5
6	0110	06	6
7	0111	07	7
8	1000	10	8
9	1001	11	9
10	1010	12	A
11	1011	13	B
12	1100	14	C
13	1101	15	D
14	1110	16	E
15	1111	17	F

1-2-5　数制转换

1. 二、八、十六进制数转换为十进制数

二进制、八进制、十六进制数转换成十进制数非常简单，只须采用多项式替代法，即将 2^n（n=1，3，4）进制数写成按权展开式，再按十进制运算规则求和，即可得到与 2^n 进制数等同的十进制数。

【例 1-5】将二进制数 11010.11 转换成十进制数。

解： $(11010.11)_2 = 1\times 2^4 + 1\times 2^3 + 0\times 2^2 + 1\times 2^1 + 0\times 2^0 + 1\times 2^{-1} + 1\times 2^{-2} = (26.75)_{10}$

【例 1-6】将八进制数 204.5 转换成十进制数。

解： $(204.5)_8 = 2 \times 8^2 + 0 \times 8^1 + 4 \times 8^0 + 5 \times 8^{-1} = (132.625)_{10}$

【例 1-7】将十六进制数 EB5.C 转换成十进制数。

解： $(EB5.C)_{16} = 14 \times 16^2 + 11 \times 16^1 + 5 \times 16^0 + 12 \times 16^{-1} = (3765.75)_{10}$

注意： 十六进制数转换成十进制数时，应将其字母 A～F 转换成相应的十进制数。

2．十进制数转换为二、八、十六进制数

十进制数转换成 2^n（$n=1$，3，4）进制数时，需将待转换的数分成整数部分和小数部分，分别按基数除法和基数乘法进行转换。

（1）整数转换

十进制整数部分采用基数除法，即"除 2^n 取余"进行转换。把十进制整数 N 除以 2^n，取余数计为 K_0，作为相应 2^n 进制数的最低位，把得到的商再除以 2^n，再取余数计为 K_1，作为 2^n 进制数的次低位，……，依此类推，直至商为 0，取余数计为 K_{m-1}，作为 2^n 进制数的最高位为止。这样可得到与十进制整数 N 对应的 m 位 2^n 进制整数 $K_{m-1} \cdots K_1 K_0$。

【例 1-8】将十进制数 45 转换为二进制数。

解：

余数

2	45	…	1 (K_0)	低位
2	22	…	0 (K_1)	
2	11	…	1 (K_2)	
2	5	…	1 (K_3)	
2	2	…	0 (K_4)	
2	1	…	1 (K_5)	高位
	0			

即 $(45)_{10} = (101101)_2$

【例 1-9】将十进制数 380 转换成八进制数和十六进制数。

解：

余数

8	380	…	4 (K_0)	低位
8	47	…	7 (K_1)	
8	5	…	5 (K_2)	高位
	0			

即 $(380)_{10} = (574)_8$

余数

16	380	…	12(C) (K_0)	低位
16	23	…	7 (K_1)	
16	1	…	1 (K_2)	高位
	0			

即 $(380)_{10} = (17C)_{16}$

注意：十进制数转换成十六进制数时，应将整数部分 10～15 转换成相应的字母 A～F。

（2）小数转换

十进制小数部分采用基数乘法，即"乘 2^n 取整"进行转换。把十进制小数乘 2^n，取其整数部分记为 K_{-1}，作为 2^n 进制小数的最高位，然后将所得的乘积的小数部分乘 2^n，并再取整数部分记为 K_{-2}，作为 2^n 进制小数的次高位，……，依此类推，直至小数部分为 0 或达到所要求的精度为止，取整数部分记为 K_{-m}。这样可得到与 N 对应的 m 位 2^n 进制小数 $0.K_{-1}K_{-2}\cdots K_{-m}$。

【例 1-10】将十进制数 0.3125 分别转换成二进制、八进制和十六进制小数。

解：

$$
\begin{array}{rl}
& 0.3125 \\
\text{整数部分} & \times \quad 2 \\
\hline
\text{高位} \quad (K_{-1})\ 0 \cdots & (0).6250 \\
& \times \quad 2 \\
\hline
(K_{-2})\ 1 \cdots & (1).2500 \\
& \times \quad 2 \\
\hline
(K_{-3})\ 0 \cdots & (0).5000 \\
& \times \quad 2 \\
\hline
\text{低位} \quad (K_{-4})\ 1 \cdots & (1).0000 \\
\end{array}
$$

即 $(0.3125)_{10} = (0.0101)_2$

$$
\begin{array}{rl}
& 0.3125 \\
\text{整数部分} & \times \quad 8 \\
\hline
\text{高位} \quad (K_{-1})\ 2 \cdots & (2).5000 \\
& \times \quad 8 \\
\hline
\text{低位} \quad (K_{-2})\ 4 \cdots & (4).0000 \\
\end{array}
$$

即 $(0.3125)_{10} = (0.24)_8$

$$
\begin{array}{rl}
& 0.3125 \\
\text{整数部分} & \times \quad 16 \\
\hline
(K_{-1})\ 5 \cdots & (5).0000 \\
\end{array}
$$

即 $(0.3125)_{10} = (0.5)_{16}$

注意：所得乘积中的整数不再参加连乘。

值得注意的是，不是每个十进制小数都能用有限位 2^n 进制小数精确表示。这时，只能根据精度要求，求出相应的 2^n 进制位数近似地表示即可。一般地，当要求 2^n 进制取 m 位小数时，可求出 $m+1$ 位，然后对最低位作舍入处理（二进制 0 舍 1 入，八进制 3 舍 4 入，十六进制 7 舍 8 入）。

【例 1-11】将十进制数 0.6 分别转换成二、八、十六进制数（保留 4 位小数）。

解：

		0.6
整数部分	×	2
(K_{-1}) 1 ···		(1).2
	×	2
(K_{-2}) 0 ···		(0).4
	×	2
(K_{-3}) 0 ···		(0).8
	×	2
(K_{-4}) 1 ···		(1).6
	×	2
(K_{-5}) 1 ···		(1).2

转换成二进制数时，第 5 位为 1 则入，若为 0 则舍，所以精确到小数点后 4 位的结果为$(0.6)_{10}$ = $(0.1010)_2$。

		0.6
整数部分	×	8
(K_{-1}) 4 ···		(4).8
	×	8
(K_{-2}) 6 ···		(6).4
	×	8
(K_{-3}) 3 ···		(3).2
	×	8
(K_{-4}) 1 ···		(1).6
	×	8
(K_{-5}) 4 ···		(4).8

转换成八进制数时，第 5 位大于等于 4 则入，若小于等于 3 则舍，所以精确到小数点后 4 位的结果为$(0.6)_{10}$ = $(0.4632)_8$。

		0.6
整数部分	×	16
(K_{-1}) 9 ···		(9).6
	×	16
(K_{-2}) 9 ···		(9).6
	×	16
(K_{-3}) 9 ···		(9).6
	×	16
(K_{-4}) 9 ···		(9).6
	×	16
(K_{-5}) 9 ···		(9).6

转换成十六进制数时，第 5 位大于等于 8 则入，若小于等于 7 则舍，所以精确到小数点后 4 位的结果为$(0.6)_{10} = (0.999A)_{16}$。

此外，当一个十进制数既有整数部分，又有小数部分时，则转换时分别进行转换，再将转换的结果合并。

【例 1-12】将十进制数 45.3125 转换成二进制数。

解：$(45.3125)_{10} = (45)_{10}+(0.3125)_{10}$

$\qquad\qquad = (101101)_2+(0.0101)_2$

$\qquad\qquad = (101101.0101)_2$

3. 二进制、八进制、十六进制数间的转换

二进制数、八进制数和十六进制数的基数都是 2^n（n =1，3，4），1 位 2^n 进制数所能表示的数值恰好等于 n 位二进制数所能表示的数值，即八（2^3）进制中的基本数字符号 0～7 正好和 3 位二进制数的 8 种取值 000～111 对应，十六（2^4）进制中的基本数字符号 0～9，A～F 正好和 4 位二进制数的 16 种取值 0000～1111 对应。所以二进制数与 2^n（n =3，4）进制数之间的转换可以按位进行。

（1）二进制数转换成八、十六进制数

将二进制数转换成 2^n（n =3，4）进制数的具体方法是以小数点为界，分别向左、右按 n 位进行分组，最后不满 n 位的则补 0，将每组以对应的 2^n 进制数代替，即为等值的 2^n 进制数，这也称为 n 分法。

【例 1-13】将二进制数 10110001101011.1111001 分别转换成八进制和十六进制数。

解：

二进制　　　　　(0)10　110　001　101　011　.　111　100　1(00)

八进制　　　　　2　6　1　5　3　.　7　4　4

即　　　　$(10110001101011.1111001)_2 = (26153.744)_8$

二进制　　　　　(00)10　1100　0110　1011　.　1111　001(0)

十六进制　　　　2　C　6　B　.　F　2

即　　　　$(10110001101011.1111001)_2 = (2C6B.F2)_{16}$

知道上述方法后，将十进制数转换为十六、八进制数时也可分步进行。先将十进制数转换成二进制数，再将二进制数转换成八进制数或十六进制数。

（2）八进制、十六进制数转换成二进制数

将八进制、十六进制数转换为二进制数为上述方法的逆过程。

【例 1-14】将八进制数 673.124 转换成二进制数。

解：

八进制　　　　　　6　7　3　.　1　2　4

二进制　　　　110　111　011　.　001　010　1(00)

即　　　　$(673.124)_8 = (110111011.0010101)_2$

【例 1-15】将十六进制数 306.D 转换成二进制数。

解：

十六进制	3	0	6	.	D
二进制	(00)11	0000	0110	.	1101

即 $(306.D)_{16} = (1100000110.1101)_2$

通过以上讨论，知道十、二、八、十六进制数任何两者之间都可进行相互转换。而其中涉及的方法不外 3 种：多项式替代法、基数乘除法和 n 分法。熟练掌握这 3 种方法即可将任何一种数制的数转化成其他数制的数。

1-3　带符号二进制数的代码表示

以上讨论的数都未涉及符号，可认为都是正数。在进行算术运算时，必然涉及数的符号问题。

1-3-1　机器码与真值

人们通常在数值的前面加"+"表示正数（"+"通常也可以省略），加"−"表示负数，如：

$$(+5)_{10} = (+101)_2$$
$$(-7)_{10} = (-111)_2$$

上述这种表示称为符号数的真值。

在数字系统中，符号和数值一样是用 0 和 1 来表示的，一般将数的最高位作为符号位，通常用 0 表示正，用 1 表示负。这种将符号和数值统一编码表示的二进制数称为机器数或机器码。常用的机器码主要有原码、反码和补码 3 种。

1-3-2　原码

原码又称为符号–数值表示。用原码表示真值时，第一位为符号位，正负数的符号位分别用"0""1"表示，其余各位不变。正数的原码是其本身，负数的原码与负数的区别是增加一位用 1 表示的符号位。而 0 在原码表示中有两种形式"+0"和"−0"。下面给出原码的数学公式定义。

1．定点小数原码的定义

设二进制小数 $X = \pm 0.x_{-1}x_{-2}\cdots x_{-m}$，则其原码定义为

$$[X]_{原} = \begin{cases} X & (0 \leqslant X < 1) \\ 1 - X & (-1 < X \leqslant 0) \end{cases} \tag{1-7}$$

注意： 这里 X 在计算机中需要（$m+1$）位来存储。

【**例 1-16**】求 $X_1 = +0.1011001$，$X_2 = -0.1011001$ 的原码。

解： $[X_1]_{原} = 0.1011001$

$\qquad [X_2]_{原} = 1 - (-0.1011001)$

$\qquad\qquad = 1 + 0.1011001$

$\qquad\qquad = 1.1011001$

一般情况下，对于正小数有 $[X]_{原} = 0.x_{-1}x_{-2}\cdots x_{-m}$，对于负小数有 $[X]_{原} = 1.x_{-1}x_{-2}\cdots x_{-m}$，对于小数 0 有"+0"和"−0"之分，故小数"0"的原码可以表示成 0.0$\cdots$0 或 1.0$\cdots$0。

2．整数原码的定义

设二进制整数 $X = \pm x_{n-1}x_{n-2}\cdots x_0$，则其原码定义为

$$[X]_{原} = \begin{cases} X & (0 \leqslant X < 2^n) \\ 2^n - X & (-2^n < X \leqslant 0) \end{cases} \tag{1-8}$$

注意：这里的 2^n 表示二进制数，X 在计算机中需要 $n+1$ 位来存储。

【例 1-17】求 $X_1 = +1001011$，$X_2 = -1001011$ 的原码。

解：$[X_1]_{原} = 01001011$

$[X_2]_{原} = 2^7 - (-1001011)$

$\qquad = 10000000 + 1001011$

$\qquad = 11001011$

一般情况下，对于正整数有 $[X]_{原} = 0x_{n-1}x_{n-2}\cdots x_0$，对于负整数有 $[X]_{原} = 1x_{n-1}x_{n-2}\cdots x_0$。同样，整数"0"的原码也有两种形式，即 $0\,0\cdots 0$ 或 $1\,0\cdots 0$。

由上面可知，真值表示与原码表示形式很相似，故由真值求原码简单易懂。但计算机用原码实现加减运算则较为复杂。假如要建立一个原码加法的数字逻辑电路，此电路必须首先判断加数的符号，才能确定进行何种操作。如果加数的符号相同，它就将两数的真值相加，然后在结果前加上相同的符号；如果加数的符号不同，它必须先比较两数的真值的大小，然后用大数减去小数，再把大数的符号赋给结果。可见这些"加""减""比较"会使逻辑电路变得相当复杂。而这些工作对于反码和补码运算的电路来说要简单很多。

1-3-3　反码

反码又称对 1 的补码，简称"1 补"。用反码表示时，左边第一位也是符号位，符号位为 0 表示正数，符号位为 1 表示负数。对于负数，反码的数值是将原码数值按位求反，即 1 变 0，0 变 1；对于正数，反码的数值与原码相同，即与真值也相同。0 的反码表示也有两种形式。

1．定点小数反码的定义

设二进制小数 $X = \pm 0.x_{-1}x_{-2}\cdots x_{-m}$，则其反码定义为

$$[X]_{反} = \begin{cases} X & (0 \leqslant X < 1) \\ 2 + X - 2^{-m} & (-1 < X \leqslant 0) \end{cases} \tag{1-9}$$

注意：这里的 2^{-m} 表示二进制数，X 在计算机中需要 $m+1$ 位来存储。

【例 1-18】求 $X_1 = +0.1011001$，$X_2 = -0.1011001$ 的反码。

解：$[X_1]_{反} = 0.1011001$

$[X_2]_{反} = 2 + (-0.1011001) - 2^{-7}$

$\qquad = 10 - 0.1011001 - 0.0000001$

$\qquad = 1.0100110$

一般情况下，对于正小数有 $[X]_{反} = 0.x_{-1}x_{-2}\cdots x_{-m}$，对于负小数有 $[X]_{反} = 1.\overline{x_{-1}}\,\overline{x_{-2}}\cdots \overline{x_{-m}}$，对于 0 也有"+0"和"−0"之分，故小数"0"的反码可以表示成 $0.0\cdots 0$ 或 $1.1\cdots 1$。

2. 整数反码的定义

设二进制整数 $X = \pm x_{n-1}x_{n-2}\cdots x_0$，则其反码定义为

$$[X]_{反} = \begin{cases} X & (0 \leqslant X < 2^n) \\ 2^{n+1} + X - 1 & (-2^n < X \leqslant 0) \end{cases} \qquad (1\text{-}10)$$

注意：这里的 2^{n+1} 表示二进制数，X 在计算机中需要 $n+1$ 位来存储。

【例1-19】求 $X_1 = +1001011$，$X_2 = -1001011$ 的反码。

解： $[X_1]_{反} = 01001011$

$\quad [X_2]_{反} = 2^8 + (-1001011) - 1$

$\quad\quad\quad = 100000000 - 1001011 - 1$

$\quad\quad\quad = 10110100$

一般情况下，对于正整数有 $[X]_{反} = 0x_{n-1}x_{n-2}\cdots x_0$，对于负整数有 $[X]_{反} = 1\overline{x_{n-1}}\,\overline{x_{n-2}}\cdots\overline{x_0}$，整数"0"的反码也有两种形式，即 $00\cdots 0$ 或 $11\cdots 1$。

1-3-4 补码

补码又称对2的补码或基数的补码，简称"2补"。在补码表示法中，正数的表示同原码和反码的表示相同，而负数的补码的符号位为1，数值部分是将原数值按位求反，并在最低位加1。0的补码是唯一的。

1. 定点小数补码的定义

设二进制小数 $X = \pm 0.x_{-1}x_{-2}\cdots x_{-m}$，则其补码定义为

$$[X]_{补} = \begin{cases} X & (0 \leqslant X < 1) \\ 2 + X & (-1 \leqslant X \leqslant 0) \end{cases} \qquad (1\text{-}11)$$

【例1-20】求 $X_1 = +0.1011001$，$X_2 = -0.1011001$ 的补码。

解： $[X_1]_{补} = 0.1011001$

$\quad [X_2]_{补} = 2 + (-0.1011001)$

$\quad\quad\quad = 10 - 0.1011001$

$\quad\quad\quad = 1.0100111$

一般情况下，对于正小数有 $[X]_{补} = 0.x_{-1}x_{-2}\cdots x_{-m}$，对于负小数有 $[X]_{补} = 10.00\cdots 0 - 0.x_{-1}x_{-2}\cdots x_{-m}$ $= 1.\overline{x_{-1}}\,\overline{x_{-2}}\cdots\overline{x_{-m}} + 2^{-m}$，对于小数"0"而言，其补码是唯一的，即 $[+0]_{补} = [-0]_{补} = 0.0\cdots 0$。

2. 整数补码的定义

设二进制整数 $X = \pm x_{n-1}x_{n-2}\cdots x_0$，则其补码定义为

$$[X]_{补} = \begin{cases} X & (0 \leqslant X < 2^n) \\ 2^{n+1} + X & (-2^n \leqslant X \leqslant 0) \end{cases} \qquad (1\text{-}12)$$

注意：这里的 2^{n+1} 表示二进制数，X 在计算机中需要 $(n+1)$ 位来存储。

【例1-21】求 $X_1 = +1001011$，$X_2 = -1001011$ 的补码。

解：$[X_1]_补 = 01001011$

$[X_2]_补 = 2^8 + (-1001011)$

$= 100000000 - 1001011$

$= 10110101$

一般情况下，对于正整数有$[X]_补 = 0x_{n-1}x_{n-2}\cdots x_0$，对于负整数有$[X]_补 = 1\overline{x_{n-1}}\,\overline{x_{n-2}}\cdots\overline{x_0}+1$，同样，整数"0"的补码也是唯一的，即$[+0]_补 = [-0]_补 = 0\,0\cdots0$。

从定义还可看出补码的数域比原码和反码的数域大。

1-3-5　数码运算

上面介绍了带符号数的 3 种表示法，它们的形成规则不同，算术运算的方法也不相同。

用原码来计算时，其加减法有不同的规则，所以使用起来很不方便，使用补码和反码的目的就是使加减法可以统一起来。

在补码和反码运算规则中，把减去一个数看成加上一个负数，并把该负数用补码或反码表示出来，然后按照加法规则进行运算，当然结果也为补码或反码。在补码、反码运算中，符号位也被看成一位数码，并与数值位一样参与加法运算，所得结果的符号位也就是正确结果的符号位，但前提是结果不超出有效的数值范围。

补码和反码运算的差异在于：在补码运算时，符号位产生的进位要丢掉；而在反码运算时，符号位产生的进位要加到数值位的最低位上去。

【例 1-22】 求 $Z = X - Y$。其中，$X = +1011010$，$Y = +0011001$。

解：（1）原码运算

$$[X]_原 = 01011010 \qquad [Y]_原 = 00011001$$

因为$|X| > |Y|$，所以将 X 作被减数，Y 作减数，差值为正（与 X 符号相同）。

```
    0 1 0 1 1 0 1 0
  - 0 0 0 1 1 0 0 1
  ─────────────────
    0 1 0 0 0 0 0 1
```

即$[Z]_原 = 01000001$，其真值为 $Z = +1000001$。

（2）反码运算

反码运算的规则是两数和的反码等于两数的反码之和，两数差的反码可以用两数反码的加法来实现，即

$$[X+Y]_反 = [X]_反 + [Y]_反 \qquad\qquad (1-13)$$

$$[X-Y]_反 = [X]_反 + [-Y]_反 \qquad\qquad (1-14)$$

$$[X]_反 = 0101\ 1010 \qquad [-Y]_反 = 1110\ 0110$$

```
        0 1 0 1 1 0 1 0
    +   1 1 1 0 0 1 1 0
    ─────────────────────
   (1)  0 1 0 0 0 0 0 0
    +   └──────────────→ 1
    ─────────────────────
        0 1 0 0 0 0 0 1
```

即$[Z]_反 = 0100\ 0001$，其真值为 $Z = +100\ 0001$。

运算时，符号位和数值一起参加运算，若符号位产生了进位，则此进位应加至和的最低位，称为循环进位。

反码比原码运算更方便，因为它可用加法代替减法，而且符号位不用单独处理，但它有两个缺点：一是数 0 在反码系统中有+0 和−0 之分，给运算器设计带来麻烦；二是反码加法运算后，需判断是否需要循环进位，而完成循环进位又相当于再进行一次加法操作，影响运算速度。

（3）补码运算

补码的运算规，则

$$[X+Y]_{补} = [X]_{补} + [Y]_{补} \qquad (1-15)$$

$$[X-Y]_{补} = [X]_{补} + [-Y]_{补} \qquad (1-16)$$

$$[X]_{补} = 01011010 \qquad [-Y]_{补} = 11100111$$

$$
\begin{array}{r}
0\ 1\ 0\ 1\ 1\ 0\ 1\ 0 \\
+\quad 1\ 1\ 1\ 0\ 0\ 1\ 1\ 1 \\
\hline
(1)\ \ 0\ 1\ 0\ 0\ 0\ 0\ 0\ 1
\end{array}
$$

舍弃 ←┘

即$[Z]_{补} = 01000001$，其真值为 $Z = +1000001$。

补码和反码一样符号位也参加运算，不用单独处理；补码运算完全克服了反码运算的缺点：一是运算时若符号位产生进位，要将进位丢掉，不用循环进位；二是 0 的补码有唯一性，不会给运算器的识别和运算带来不便，从而简化了电路的设计与实现。

【例 1-23】求 $Z = X-Y$。其中，$X = +0010110$，$Y = +1011001$。

解：（1）原码运算

$$[X]_{原} = 00010110 \qquad [Y]_{原} = 01011001$$

因为$|X| < |Y|$，所以将 Y 作被减数，X 作减数，差值为负（与 Y 符号相同）。

$$
\begin{array}{r}
0\ 1\ 0\ 1\ 1\ 0\ 0\ 1 \\
-\quad 0\ 0\ 0\ 1\ 0\ 1\ 1\ 0 \\
\hline
0\ 1\ 0\ 0\ 0\ 0\ 1\ 1
\end{array}
$$

即$[Z]_{原} = 11000011$，其真值为 $Z = -1000011$。

（2）反码运算

$$[X]_{反} = 00010110 \qquad [-Y]_{反} = 10100110$$

$$
\begin{array}{r}
0\ 0\ 0\ 1\ 0\ 1\ 1\ 0 \\
+\quad 1\ 0\ 1\ 0\ 0\ 1\ 1\ 0 \\
\hline
1\ 0\ 1\ 1\ 1\ 1\ 0\ 0
\end{array}
$$

即$[Z]_{反} = 10111100$，其真值为 $Z = -1000011$。

（3）补码运算

$$[X]_{补} = 00010110 \qquad [-Y]_{补} = 10100111$$

$$
\begin{array}{r}
0\ 0\ 0\ 1\ 0\ 1\ 1\ 0 \\
+\quad 1\ 0\ 1\ 0\ 0\ 1\ 1\ 1 \\
\hline
1\ 0\ 1\ 1\ 1\ 1\ 0\ 1
\end{array}
$$

即$[Z]_{补} = 10111101$，其真值为 $Z = -1000011$。

1-4　编　码

所谓编码是指用一组二进制数去表示某一指定的信息。人们日常生活中使用各种各样的信息，如数值、文字、字母、视频、音频、图形、图像等，这些信息要在计算机中进行处理，就必须进行编码。本节主要介绍二-十进制编码、可靠性编码和字符编码。

1-4-1　BCD 码

在计算机中，为了既满足系统中使用二进制数的要求，又适应人们使用十进制数的习惯，所以在数字系统的输入/输出中仍采用十进制数，这样就产生了用 4 位二进制代码对 1 位十进制数字进行编码的方法，这种编码称为十进制数的二进制编码，简称二-十进制编码，又称 BCD 码（Binary Coded Decimal）。

二-十进制编码有多种不同的编码方法，不同的方法形成不同的 BCD 码，如 8421BCD 码、2421BCD 码、余 3 码等，其中 8421BCD 码是最常见的一种，简称 8421 码。通常情况下，若不加以特别说明，BCD 码就是指 8421 码。

1. 8421 码

8421BCD 码的编码方法是：将每个十进制数用 4 位二进制数表示，且指定按序排列的二进制数的前 10 种代码依次表示十进制数的 0～9。8421BCD 码具有 3 个特点：

① 有权性。每位都有固定权值，从左到右各位的权分别为 8（2^3）、4（2^2）、2（2^1）、1（2^0），这也是其名称的来由。设 1 位十进制数 N 的 8421 码为 $x_3x_2x_1x_0$，将其按权展开，则

$$N = 8x_3+4x_2+2x_1+x_0 \tag{1-17}$$

【例 1-24】求 8421BCD 码 0101 对应的十进制数。

解：8421BCD 码 0101 的按权展开式为

$$N = 8×0+4×1+2×0+1×1 = 4+1 = 5$$

即 8421BCD 码 0101 表示十进制数 5。

② 奇偶性。当十进制数为奇数时，对应的 8421BCD 码的最低位为 1；反之为 0。故采用 8421BCD 码容易判别奇偶。

③ 非一一对应性。因为十进制数有 0～9 共 10 个数码，所以表示 1 位十进制数，至少需要 4 位二进制数（$2^3<10<2^4$）。但这样就有 6 种组合多余，因为 4 位二进制数可产生 $2^4=16$ 种组合。故在 8421 BCD 码中的 1010～1111 这 6 个代码没有相应的十进制数码与之对应，也就是说不允许出现这 6 个代码。

8421 码和十进制数之间的转换是一种直接按位（按组）转换，例如：

$$(13)_{10} = (00010011)_{BCD}$$

$$(1\ 011101010000)_{BCD} = (1750)_{10}$$

2. 余 3 码

余 3 码是另一种 BCD 码，它是由 8421 码加 3 后形成的。因为 8421 码中无 1010～1111 这 6 个代码，所以余 3 码中无 0000～0010、1101～1111 这 6 个代码。余 3 码不具有有权性，但具有自补性，是一种"对 9 的自补码"。

【例 1-25】用余 3 码对 $(28)_{10}$ 进行编码，并求 $(28)_{10}$ 对 9 的补数。

解：2、8 对应的余 3 码分别是 0010+0011=0101，1000+0011=1011。

即 $(28)_{10} = (0101\ 1011)_{余3}$。

因为余 3 码具有自补性，故对其按位求反即可得对 9 的补数。

$$(0101\ 1011)_{9补} = (1010\ 0100)_{余3} = (71)_{10}$$

即 $(28)_{9补} = (71)_{10}$。

为方便查找，在表 1-3 中给出 3 种常用的二–十进制编码（BCD 码）。

表 1-3　常用的二–十进制编码（BCD 码）

十进制数	8421 码	余 3 码	2421 码
0	0000	0011	0000
1	0001	0100	0001
2	0010	0101	0010
3	0011	0110	0011
4	0100	0111	0100
5	0101	1000	1011
6	0110	1001	1100
7	0111	1010	1101
8	1000	1011	1110
9	1001	1100	1111

1-4-2　格雷码

由于人为或非人为的原因，代码在计算机或其他数字系统中形成、传送和运算过程中都有可能出现错误。于是人们在提高计算机本身的可靠性的同时，也创造了一些可靠性编码。它们令代码本身具有一种特征或能力，使得代码在形成中不容易出错，或代码在出错时容易被发现，甚至能查出出错的位置并予以纠正。格雷码就是一种可靠性编码。

在一组数的编码中，若任意两个相邻的代码只有 1 位二进制数不同，则称这种编码为格雷码（Gray Code），另外由于最大数与最小数之间也仅 1 位数不同，即"首尾相连"，因此又称循环码。在数字系统中，常要求代码按一定顺序变化。例如，按自然数递增计数，若采用 8421 码，则数 0111 变到 1000 时 4 位均要变化，而在实际电路中，4 位的变化不可能绝对同时发生，则计数中可能出现短暂的其他代码（1100、1111 等）。在特定情况下可能导致电路状态错误或输入错误，使用格雷码可以避免这种错误。格雷码也有多种编码形式，如表 1-4 所示。

表 1-4　几种格雷码与二进制码对照表

十进制数	二进制码	典型格雷码	十进制格雷码(1)	十进制格雷码(2)	步进码
0	0000	0000	0000	0000	00000
1	0001	0001	0001	0001	00001
2	0010	0011	0011	0011	00011
3	0011	0010	0010	0010	00111
4	0100	0110	0110	0110	01111

续表

十进制数	二进制码	典型格雷码	十进制格雷码(1)	十进制格雷码(2)	步进码
5	0101	0111	1110	0111	11111
6	0110	0101	1010	0101	11110
7	0111	0100	1011	0100	11100
8	1000	1100	1001	1100	11000
9	1001	1101	1000	1000	10000
10	1010	1111	—	—	—
11	1011	1110	—	—	—
12	1100	1010	—	—	—
13	1101	1011	—	—	—
14	1110	1001	—	—	—
15	1111	1000	—	—	—

表 1-4 中典型格雷码具有代表性。若不作特别说明，格雷码就是指典型格雷码，它可从二进制码转换而来。

在说明这种转换之前，先介绍一种逻辑运算"模 2 加"，又称"异或运算"或"半加"，即不考虑进位的加法，运算符号是"$\oplus$"。其运算规则如下：

$$0\oplus0=0 \quad 1\oplus1=0 \quad 0\oplus1=1 \quad 1\oplus0=1$$

从二进制码转换成格雷码的规则如下：设二进制码为 $B=B_{n-1}\cdots B_{i+1}B_i\cdots B_0$，对应的格雷码为 $G=G_{n-1}\cdots G_{i+1}G_i\cdots G_0$，则

$$G_{n-1}=B_{n-1}, \quad G_i=B_{i+1}\oplus B_i \tag{1-18}$$

【例 1-26】已知二进制码为 1110，求其对应的格雷码。

解：

```
    1     1     1     0     二进制码 B
    ↓  ↘  ↓  ↘  ↓  ↘  ↓
    ↓     ⊕     ⊕     ⊕
    ↓     ↓     ↓     ↓
    1     0     0     1     格雷码 G
```

即二进制码 1110 对应的格雷码为 1001。

反之，若已知一组格雷码，也可以方便地求出对应的二进制码，方法如下：

$$B_{n-1}=G_{n-1}, \quad B_i=B_{i+1}\oplus G_i \tag{1-19}$$

【例 1-27】已知格雷码为 1110101，求其对应的二进制码。

解：

```
 1     1     1     0     1     0     1     格雷码 G
 ↓     ↓     ↓     ↓     ↓     ↓     ↓
 ↓     ⊕     ⊕     ⊕     ⊕     ⊕     ⊕
 ↓  ↗  ↓  ↗  ↓  ↗  ↓  ↗  ↓  ↗  ↓  ↗  ↓
 1     0     1     1     0     0     1     二进制码 B
```

即格雷码 1110101 对应的二进制码为 1011001。

1-4-3　奇偶检验码

奇偶检验码是在计算机存储器和其他通信设备中广泛采用的可靠性编码，它由若干个信息位加一个检验位构成，其中检验位的取值（0 或 1）将使整个代码中的"1"的个数为奇数或为偶数。若"1"的个数为奇数则称为奇检验；若"1"的个数为偶数则称为偶检验。表 1-5 给出带奇偶检验的 8421 码。

表 1-5　奇偶检验的 8421 码

十进制数	8421 奇检验码		8421 偶检验码	
	信　息　位	检　验　位	信　息　位	检　验　位
0	0000	1	0000	0
1	0001	0	0001	1
2	0010	0	0010	1
3	0011	1	0011	0
4	0100	0	0100	1
5	0101	1	0101	0
6	0110	1	0110	0
7	0111	0	0111	1
8	1000	0	1000	1
9	1001	1	1001	0

奇偶检验码的一个主要特点是具有发现一位出错的能力。但是奇偶检验码不能确定哪一位出错，因而不具有自动纠正能力。由于两位出错的概率远小于一位出错的概率，因而奇偶检验码仍不失为一种增加设备不多而收益不少的实用可靠性编码。

1-4-4　CRC 码

循环冗余检验码（Cyclic Redundancy Check，CRC）。它不仅具有检错能力，还具有纠错能力，被广泛地应用于磁盘驱动器和数据网络。

CRC 码中采用"模 2 运算"，即加减无进位或借位。CRC 码中引入了代码多项式的概念，即将一个二进制序列与代码多项式一一对应。如二进制序列 101100111 对应代码多项式为

$$M(x) = x^8 + x^6 + x^5 + x^2 + x^1 + 1$$

CRC 码是由 k 位信息位与 r 位检验位组成。k 位信息位对应 $k-1$ 阶代码多项式 $M(x)$，给定 r 阶的检验多项式 $G(x)$，则发送方编码方法是将 $M(x)$ 乘 x^r（即将对应的二进制码序列左移 r 位），再除以 $G(x)$，所得商式为 $q(x)$，余式为 $R(x)$，即

$$\frac{M(x) \cdot x^r}{G(x)} = q(x) + \frac{R(x)}{G(x)} \tag{1-20}$$

最后发送的码为 $n+r$ 阶代码多项式 $T(x)$，即

$$T(x) = M(x) \cdot x^r \pm R(x) = q(x) \cdot G(x) \tag{1-21}$$

接收方解码方法是将接收到的多项式 $T(x)$ 除以 $G(x)$，如果余数为 0，则说明传输中无错误发生，否则说明传输有误。

【例 1-28】已知生成多项式为 1011，设信息码为 1100，求其 CRC 码。

解： 根据题意可知

$$G(x) = x^3 + x + 1 \qquad r=3$$
$$M(x) = x^3 + x^2$$

根据式（1-20）有

$$\frac{M(x) \cdot x^r}{G(x)} = \frac{\left(x^3 + x^2\right) x^3}{x^3 + x + 1} = \frac{x^6 + x^5}{x^3 + x + 1} = \left(x^3 + x^2 + x\right) + \frac{x}{x^3 + x + 1}$$

所以 $R(x) = x$，即 10，则：CRC 码为 $T(x) = M(x) \cdot x^r \pm R(x) = 1100010$。

1-4-5 ASCII 码

前面涉及的编码都仅局限于数码，没涉及字符，但在计算机中字符、文字以及特殊符号都必须用二进制代码来表示。用于各种字符（包括字母、数字、标点符号、运算符号及其他特殊符号）的二进制代码称为字符编码。

美国信息交换标准代码（American Standard Code for Information Interchange，ASCII）是国际上通用的字符代码。它采用 7 位二进制编码，使用时加第 8 位作为奇偶检验位，共表示 128 种字符，其中包括 10 个十进制数码，26 个英文字母和一定数量的专用符号以及 33 个控制字符。ASCII 码的编码规则如表 1-6 所示。

表 1-6 ASCII 码表

低 4 位 $b_3b_2b_1b_0$	高 3 位 $b_6b_5b_4$							
	000	001	010	011	100	101	110	111
0 0 0 0	NUL	DLE	SP	0	@	P	`	p
0 0 0 1	SOH	DC1	!	1	A	Q	a	q
0 0 1 0	STX	DC2	"	2	B	R	b	r
0 0 1 1	ETX	DC3	#	3	C	S	c	s
0 1 0 0	EOT	DC4	$	4	D	T	d	t
0 1 0 1	ENQ	NAK	%	5	E	U	e	u
0 1 1 0	ACK	SYN	&	6	F	V	f	v
0 1 1 1	BEL	ETB	'	7	G	W	g	w
1 0 0 0	BS	CAN	(	8	H	X	h	x
1 0 0 1	HT	EM	)	9	I	Y	i	y
1 0 1 0	LF	SUB	*	:	J	Z	j	z
1 0 1 1	VT	ESC	+	;	K	[	k	{
1 1 0 0	FF	FS	,	<	L	\	l		
1 1 0 1	CR	GS	-	=	M	]	m	}
1 1 1 0	SO	RS	.	>	N	^	n	~
1 1 1 1	SI	US	/	?	O	_	o	DEL

小 结

本章主要介绍了数制及其转换、带符号的二进制数的代码表示及编码。

进位计数制是用一组统一的符号和规则来表示数的方法。一种进位计数制包含两个基本因素：基数和位权。对于任意进制数都有两种表示方法，即位置计数表示法和多项式表示法。二进制数、八进制数、十六进制数与十进制数可两两进行转换。

其次介绍了机器数的 3 种形式：原码、补码、反码。原码表示法简单直观，易变换，但进行加、减运算较复杂，其减法不能用加法替代，故实现原码所需逻辑电路较复杂、效率较低。反码和补码表示法可将减法变成加法，且不用单独考虑符号位，实现方便。但反码采用"循环进位"比补码复杂。

最后介绍了数码和字符的代码表示即编码。给出了二–十进制编码、可靠性编码以及字符编码。

习 题

1. 什么是数字信号？什么是模拟信号？试各举一例。

2. 把下列数写成按权展开式形式。

    （1）$(541.72)_{10}$ （2）$(11011.101)_2$ （3）$(52.36)_8$ （4）$(D89.A3)_{16}$

3. 将下列二进制数分别转换成十进制数、八进制数和十六进制数。

    （1）1010101   （2）0.1101   （3）1010.01

4. 将下列数转换成十进制数。

    （1）$(10110.0101)_2$ （2）$(16.5)_{16}$ （3）$(26.24)_8$

5. 将下列十进制数转换成二、八、十六进制数（精确到小数点后 4 位）。

    （1）84.75   （2）43   （3）0.6

6. 如何判断一个二进制正整数 $B = b_7b_6b_5b_4b_3b_2b_1b_0$ 能否被 $(4)_{10}$ 整除？

7. 试比较原码、反码和补码各自的优缺点。

8. 写出下列各数的原码、反码和补码（用 8 位表示）。

    （1）+0.110 1000   （2）–000 1011

9. 已知 $[N]_{补}=1.011\ 0100$，求 $[N]_{原}$、$[N]_{反}$ 和 N。

10. 分别用原码、反码和补码完成如下运算（用 8 位表示）。

    （1）0000 1011–0001 0110

    （2）0.101 1000–0.010 1100

    （3）0.101 0000 + 0.101 1000

11. 求下列十进制数的 8421BCD 码和余 3 码。

    （1）875   （2）7025

12. 试用余 3 码和格雷码分别表示下列各数。

    （1）$(247)_{10}$ （2）$(110110)_2$

第2章 逻辑代数基础

英国数学家 George Boole 于 1854 年提出了将人的逻辑思维规律和推理过程归结为一种数学运算的代数系统，即布尔代数（Boolean Algebra）。1938 年，贝尔实验室研究员 Claude E. Shannon 将布尔代数的一些基本前提和定理应用于继电器电路的分析与描述上，称为二值布尔代数，即开关代数，又称逻辑代数。

逻辑代数是研究二值逻辑运算的基本数学工具，它广泛地应用于数字系统的分析和设计中。本章着重介绍逻辑代数的基本概念、基本定律和规则，逻辑函数的表示及逻辑函数的化简。

2-1 逻辑代数的基本定理和规则

逻辑代数中通常用拉丁字母 A，B，C，…表示变量，取值只能是 0 和 1，且 0 和 1 不表示具体数量的大小，只表示两种不同的逻辑状态，因而这种变量叫逻辑变量。逻辑代数中基本运算只有"与""或""非"3 种。

逻辑代数 L 是一个封闭的代数系统，它由一个变量集 K，常量 0 和 1，以及"与""或""非" 3 种基本运算构成，记为

$$L = \{K,\ 0,\ 1,\ \bullet,\ +,\ ^-\}$$

2-1-1 逻辑代数公理

公理是基本的假定，它是客观存在的抽象，无须证明。但是逻辑代数的公理可以用真值表进行检验。下面给出的是一组比较简单的公理：

公理 1　交换律：$A + B = B + A$　　$AB = BA$

公理 2　结合律：$(A + B) + C = A + (B + C)$　　$(AB)C = A(BC)$

公理 3　分配律：$A + (BC) = (A + B)(A + C)$　　$A(B + C) = AB + AC$

公理 4　0-1 律：$A + 0 = A$　　$A \cdot 1 = A$
　　　　　　　　$A + 1 = 1$　　$A \cdot 0 = 0$

公理 5　互补律：$A + \overline{A} = 1$　　$A \cdot \overline{A} = 0$

2-1-2 逻辑代数定理

根据上述的公理，可以推导出下列常用的定理：

定理 1　重叠定理：$A + A = A$　　$AA = A$

证明：
$$
\begin{aligned}
A + A &= A \cdot 1 + A \cdot 1 && \text{（0-1 律）}\\
&= A \cdot (1 + 1) && \text{（分配律）}\\
&= A \cdot 1 && \text{（"或"运算法则）}\\
&= A && \text{（0-1 律）}
\end{aligned}
$$

该定律说明一个变量多次自加或自乘的结果仍为自身，即逻辑代数中不存在倍乘和方幂运算。

定理 2 吸收定理 I： $A + AB = A$ $A(A+B) = A$

证明：

$$A + AB = A \cdot 1 + A \cdot B \qquad （分配律）$$
$$= A \cdot (1 + B) \qquad （分配律）$$
$$= A \cdot 1 \qquad （0-1律）$$
$$= A \qquad （0-1律）$$

该定理说明如果逻辑表达式中的某一项包含了式中另一项，则该项多余。

定理 3 吸收定理 II： $A + \overline{A}B = A + B$ $A(\overline{A} + B) = AB$

证明：

$$A + \overline{A}B = (A + \overline{A})(A + B) \qquad （分配律）$$
$$= 1 \cdot (A + B) \qquad （互补律）$$
$$= A + B \qquad （0-1律）$$

定理 4 吸收定理 III： $AB + A\overline{B} = A$ $(A+B)(A+\overline{B}) = A$

证明：

$$AB + A\overline{B} = A(B + \overline{B}) \qquad （分配律）$$
$$= A \cdot 1 \qquad （互补律）$$
$$= A \qquad （0-1律）$$

定理 5 复原定理（非非律）： $\overline{\overline{A}} = A$

证明：令 $\overline{\overline{A}} = X$，因而存在唯一的 X，使得

$$X\overline{A} = 0, \ X + \overline{A} = 1 \qquad （互补律）$$

但

$$A\overline{A} = 0, \ A + \overline{A} = 1 \qquad （互补律）$$

由互补律可知

$$X = A$$

即

$$\overline{\overline{A}} = A$$

该定理表征了"否定之否定等于肯定"这一规律。

定理 6 多余项定理：

$$AB + \overline{A}C + BC = AB + \overline{A}C$$
$$(A + B)(\overline{A} + C)(B + C) = (A + B)(\overline{A} + C)$$

证明：

$$AB + \overline{A}C + BC = AB + \overline{A}C + BC(A + \overline{A}) \qquad （互补律）$$
$$= AB + \overline{A}C + BCA + BC\overline{A} \qquad （分配律）$$
$$= AB + \overline{A}C + ABC + \overline{A}CB \qquad （交换律）$$
$$= AB(1 + C) + \overline{A}C(1 + B) \qquad （分配律）$$
$$= AB + \overline{A}C \qquad （0-1律）$$

该定理说明当逻辑表达式中的某变量（如 A）分别以原变量和反变量的形式出现在两项中时，该两项的其余部分组成的第三项（如 BC）必定为多余项，可从式中去掉。

推论：

$$AB + \overline{A}C + BCX_1X_2 \cdots X_n = AB + \overline{A}C$$
$$(A + B)(\overline{A} + C)(B + C + X_1 + X_2 + \cdots + X_n) = (A + B)(\overline{A} + C)$$

推论说明若第三项中除了前两项的剩余部分外，还含有其他部分，它仍是多余项。

定理 7 反演定律（摩根定律）： $\overline{A + B} = \overline{A}\,\overline{B}$ $\overline{AB} = \overline{A} + \overline{B}$

证明：令 $X = A + B$，$Y = \overline{A}\,\overline{B}$，则

$$X + Y = A + B + \overline{A}\,\overline{B}$$
$$= [(A+B)+\overline{A}][(A+B)+\overline{B}] \qquad （分配律）$$
$$= [(A+\overline{A})+B][(B+\overline{B})+A] \qquad （交换律、结合律）$$
$$= (1+B)(1+A) \qquad （互补律）$$
$$= 1 \qquad （0-1律）$$

而
$$XY = (A+B)\overline{A}\,\overline{B}$$
$$= \overline{A}A\overline{B} + B\overline{A}\,\overline{B} \qquad （分配律）$$
$$= 0\cdot\overline{B} + 0\cdot\overline{A} \qquad （互补律）$$
$$= 0 \qquad （0-1律）$$

因为 $X+Y=1$，且 $XY=0$，则 $\quad\overline{X}=Y \qquad$（互补律）

即
$$\overline{A+B} = \overline{A}\,\overline{B}$$

摩根定理是一个十分重要的定理，它证明了变量进行"与"和"或"运算时的互补效应，在进行逻辑函数化简以及逻辑变换时非常有用。

推论（n 变量摩根定理）：

$$\overline{X_0 + X_1 + \cdots + X_{n-1}} = \overline{X_0}\,\overline{X_1}\cdots\overline{X_{n-1}} \qquad \overline{X_0 X_1 \cdots X_{n-1}} = \overline{X_0} + \overline{X_1} + \cdots + \overline{X_{n-1}}$$

以上定理的证明还可以通过真值表进行，读者可自行尝试。

2-1-3 逻辑代数规则

逻辑代数还有 3 条重要规则：代入规则、反演规则和对偶规则。它们与基本公理、基本定理构成完整的逻辑代数系统。下面分别予以介绍。

1. 代入规则

任何一个含有变量 X_i 的等式，若将所有出现 X_i 的位置都代之以统一逻辑函数 h，等式仍然成立。已知

$$f(X_0, X_1, \cdots, X_i, \cdots, X_{n-1}) = g(X_0, X_1, \cdots, X_i, \cdots, X_{n-1})$$

函数 h 是一任意逻辑函数，如果用 h 替换等式两边的 X_i，则等式仍然成立，即

$$f(X_0, X_1, \cdots, h, \cdots, X_{n-1}) = g(X_0, X_1, \cdots, h, \cdots, X_{n-1})$$

证明：由于函数 h 与逻辑变量一样只有 0 或 1 两种取值，而且当 h 取 0 或 1 时等式成立，所以，代入规则必然成立。

代入规则在推导公式中有重要意义。利用这条规则可以将逻辑代数基本定律中的变量用任意逻辑函数代替，从而推导出更多公式。

利用代入规则可以证明 n 变量的摩根定理，即

$$\overline{X_0 + X_1 + \cdots + X_{n-1}} = \overline{X_0}\,\overline{X_1}\cdots\overline{X_{n-1}} \qquad \overline{X_0 X_1 \cdots X_{n-1}} = \overline{X_0} + \overline{X_1} + \cdots + \overline{X_{n-1}}$$

证明：由于
$$\overline{X_0 + A} = \overline{X_0}\,\overline{A}$$

将 $A = X_1 + B$ 代入，则可得

$$\overline{X_0 + X_1 + B} = \overline{X_0}\,\overline{X_1}\,\overline{B}$$

将 $B=X_2+C$ 代入，则可得

$$\overline{X_0+X_1+X_2+C} = \overline{X_0}\,\overline{X_1}\,\overline{X_2}\,\overline{C}$$

依此类推，则得

$$\overline{X_0+X_1+\cdots+X_{n-1}} = \overline{X_0}\,\overline{X_1}\cdots\overline{X_{n-1}}$$

2. 反演规则

原函数求反函数的过程称为反演。求任何函数的反函数时，可将该函数的所有变量和常量（0 和 1）取反，并将运算符"+"变为"·"、"·"变为"+"，即可得反函数，即若

$$f = f(X_0,\ X_1,\ \cdots,\ X_{n-1},\ 0,\ 1,\ +,\ \bullet)$$

则

$$\overline{f}(X_0,\ X_1,\ \cdots,\ X_{n-1},\ 0,\ 1,\ +,\ \bullet) = f(\overline{X_0},\ \overline{X_1},\ \cdots,\ \overline{X_{n-1}},\ 1,\ 0,\ \bullet,\ +)$$

反演规则又称香农定理（Shannon Theorem）。这一规则实际上是反演律以及代入规则的推广结果。

【例 2-1】已知函数 $Y=(\overline{A}+B)(C+\overline{D})$，求其反函数。

解：根据反演规则可求得其反函数为

$$\overline{Y} = A\overline{B}+\overline{C}D$$

【例 2-2】已知函数 $Y=A[\overline{B}+(C\overline{D}+\overline{E})G]$，求其反函数。

解一：根据反演规则可求得其反函数为

$$\overline{Y} = \overline{A}+B[(\overline{C}+D)E+\overline{G}]$$

解二：如果应用反演定理和代入规则求解该题，可得

$$\begin{aligned}
\overline{Y} &= \overline{A[\overline{B}+(C\overline{D}+\overline{E})G]}\\
&= \overline{A}+\overline{\overline{B}+(C\overline{D}+\overline{E})G}\\
&= \overline{A}+B\overline{(C\overline{D}+\overline{E})G}\\
&= \overline{A}+B[\overline{(C\overline{D}+\overline{E})}+\overline{G}]\\
&= \overline{A}+B[\overline{C}\overline{\overline{D}}E+\overline{G}]\\
&= \overline{A}+B[(\overline{C}+D)E+\overline{G}]
\end{aligned}$$

可见，两种方法求解的结果相同，但反演规则求解要简单得多。在使用反演规则时，要特别注意必须保持原有的运算次序，必要时加上各种括号。

3. 对偶规则

对偶函数的定义是：将逻辑函数表达式 f 中所有的"+"变为"·"、"·"变为"+"，"0"变为"1"、"1"变为"0"，而逻辑变量保持不变，则所得的新函数称为原函数的对偶函数，记为 f'。即若

$$f = f(X_0,\ X_1,\ \cdots,\ X_{n-1},\ 0,\ 1,\ +,\ \bullet)$$

则

$$f'(X_0,\ X_1,\ \cdots,\ X_{n-1},\ 0,\ 1,\ +,\ \bullet) = f(X_0,\ X_1,\ \cdots,\ X_{n-1},\ 1,\ 0,\ \bullet,\ +)$$

【例 2-3】已知函数 $Y=(\overline{A}+B)(C+\overline{D})$，求其对偶函数。

解： 根据对偶规则，其对偶数为

$$Y' = \overline{AB} + C\overline{D}$$

【例 2-4】已知函数 $Y = A[\overline{B} + (C\overline{D} + \overline{E})G]$，求其对偶函数。

解： 根据对偶规则，其对偶数为

$$Y' = A + \overline{B}[(C + \overline{D})\overline{E} + G]$$

求一个函数的对偶函数 Y' 和求其反函数 $\overline{Y}$ 的区别在于：求 Y' 时逻辑变量不变，所以一般 $Y' \neq \overline{Y}$。

在特殊情况下，Y' 和 $\overline{Y}$ 也可能相等。例如 $Y = A\overline{B} + \overline{A}B$，$Y' = \overline{Y} = (A + \overline{B})(\overline{A} + B)$。此时，称函数 Y 为自对偶函数。

对偶规则是指如果两个逻辑函数表达式相等时，那么它们的对偶式也相等。若

$$f(X_0, X_1, \cdots, X_{n-1}) = g(X_0, X_1, \cdots, X_{n-1})$$

则

$$f'(X_0, X_1, \cdots, X_{n-1}) = g'(X_0, X_1, \cdots, X_{n-1})$$

读者已经注意到，在前面的公理和定理中公式是成对出现的，它们互为对偶式。在证明定理时，只需证明其中一个公式，另一个公式可根据对偶规则自行得到。

例如摩根定理，已经证明了 $\overline{A + B} = \overline{A}\,\overline{B}$，则根据对偶规则，就可得

$$\overline{AB} = \overline{A} + \overline{B}$$

2-2　逻辑函数的表示方法

逻辑函数的常见表示方法有逻辑表达式、真值表、卡诺图和逻辑图 4 种，各种表示方法之间可以相互转换。其中真值表是逻辑函数的最基本形式，从真值表可以导出逻辑表达式及卡诺图。本节重点介绍逻辑表达式和真值表，而卡诺图将在 2-5 节详细介绍。

2-2-1　逻辑表达式

逻辑表达式是由逻辑变量及"与""或""非" 3 种运算符构成的式子。例如：

$$Y = A + \overline{B}$$
$$Y = AB + \overline{A}C$$
$$Y = (\overline{A} + B)(C + \overline{D})$$

2-2-2　真值表

真值表是一种表格表示法。真值表实际上是利用穷举法描述逻辑函数。由于任意逻辑变量只有两种取值可能，故 n 个逻辑变量共有 2^n 种有限的可能取值组合，因而可对一个函数求出所有输入变量取值下的函数值，并用表格记录，这样的表格即为真值表。

简言之，真值表的结果由逻辑变量的所有可能的取值组合按二进制数码顺序给出。

【例 2-5】求两变量函数 $Y = A + \overline{B}$ 的真值表。

解： 函数 $Y = A + \overline{B}$ 的真值表如表 2-1 所示。

【例 2-6】 求三变量函数 $Y = AB + \overline{A}C$ 的真值表。

解： 函数 $Y = AB + \overline{A}C$ 的真值表如表 2-2 所示。

表 2-1　函数 $Y = A + \overline{B}$ 的真值表

A	B	Y
0	0	1
0	1	0
1	0	1
1	1	1

表 2-2　函数 $Y = AB + \overline{A}C$ 的真值表

A	B	C	Y
0	0	0	0
0	0	1	1
0	1	0	0
0	1	1	1
1	0	0	0
1	0	1	0
1	1	0	1
1	1	1	1

【例 2-7】 求四变量函数 $Y = (\overline{A} + B)(C + \overline{D})$ 的真值表。

解： 函数 $Y = (\overline{A} + B)(C + \overline{D})$ 的真值表如表 2-3 所示。

表 2-3　函数 $Y = (\overline{A} + B)(C + \overline{D})$ 的真值表

A	B	C	D	Y	A	B	C	D	Y
0	0	0	0	1	1	0	0	0	0
0	0	0	1	0	1	0	0	1	0
0	0	1	0	1	1	0	1	0	0
0	0	1	1	1	1	0	1	1	0
0	1	0	0	1	1	1	0	0	1
0	1	0	1	0	1	1	0	1	0
0	1	1	0	1	1	1	1	0	1
0	1	1	1	1	1	1	1	1	1

2-2-3　逻辑图

逻辑函数表示的逻辑关系可以用逻辑电路来实现。用逻辑符号画出的电路图称为逻辑图，如图 2-1 所示。对逻辑符号和逻辑图的具体介绍将在第 3 章中给出。

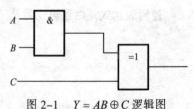

图 2-1　$Y = AB \oplus C$ 逻辑图

2-3　逻辑函数表达形式与变换

一个逻辑命题可以用多种形式的逻辑函数来描述，这些逻辑函数的真值表都是相同的。如果以函数式中所含的变量乘积项的特点以及乘积项之间的逻辑关系来分类，逻辑函数表达式可以分成与或、或与、与非、或非、与或非、或与非等形式，各种形式之间可以相互变换。

例如，函数 $Y = A\overline{B} + \overline{A}B$ 可以表达为

$$Y = A\overline{B} + \overline{A}B \qquad \text{与或式}$$

$$= (A + B)(\overline{A} + \overline{B}) \qquad \text{或与式}$$

$$= \overline{\overline{A\overline{B}}\,\overline{\overline{A}B}} \qquad \text{与非式}$$

$$= \overline{\overline{A + B} + \overline{\overline{A} + \overline{B}}} \qquad \text{或非式}$$

$$= \overline{\overline{AB} + \overline{\overline{A}B}} \qquad \text{与或非式}$$

$$= \cdots$$

2-3-1 积之和

所谓"积之和"又称"与或"表达式，是指一个函数表达式由若干个积项的和组成，即若干个与项进行或运算形成的表达式。例如：

$$Y = A + A\overline{B} + \overline{A}BC$$

式中，A、$A\overline{B}$、$\overline{A}BC$ 都是积项（与项）。

2-3-2 和之积

所谓"和之积"又称"或与"表达式，是指一个函数表达式由若干个和项的积组成，即若干个或项进行与运算形成的表达式。例如：

$$Y = A(A + \overline{B})(\overline{A} + B + C)$$

式中，A、$A + \overline{B}$、$\overline{A} + B + C$ 都是和项（或项）。

2-3-3 最小项标准形式

逻辑函数表达式有多种表达形式，从真值表导出的逻辑函数表达式将是一种标准形式，即逻辑函数的最小项之和式或最大项之积式。

1. 最小项

设有 n 个逻辑变量，它们组成的与项中每个变量或以原变量形式或以反变量形式出现一次，且仅出现一次，此与项称为 n 个变量的最小项。

由最小项定义可知，n 个变量可构成 2^n 个最小项。为了书写方便，通常用 m_i 表示最小项。例如三变量的 8 个最小项可表示如表 2-4 所示。

表 2-4　三变量最小项

A	B	C	最 小 项	代 号
0	0	0	$\overline{A}\,\overline{B}\,\overline{C}$	m_0
0	0	1	$\overline{A}\,\overline{B}C$	m_1
0	1	0	$\overline{A}B\overline{C}$	m_2
0	1	1	$\overline{A}BC$	m_3
1	0	0	$A\overline{B}\,\overline{C}$	m_4
1	0	1	$A\overline{B}C$	m_5
1	1	0	$AB\overline{C}$	m_6
1	1	1	ABC	m_7

确定下标 i 的规则是：当变量按一定顺序（$A, B, C, \cdots$）排好后，用 1 代替原变量，用 0 代替

反变量，由此得到一个二进制数，其对应的十进制数即为下标值 i。

从上表还可以看出最小项具有如下性质。

性质 1：任意一个最小项，相应变量有且只有一组取值使这个最小项的值为 1。换言之，最小项不同，其值为 1 的变量取值组合也不同。

性质 2：任意两个最小项之积必为 0，记为

$$m_i \cdot m_j = 0 \quad (i \neq j)$$

性质 3：n 个变量的全部最小项之和为 1，记为

$$\sum_{i=0}^{2^n-1} m_i = 1$$

2. 函数的最小项标准形式

前面提到函数的积之和（与或）表达式，如果构成函数的积之和表达式中每一个乘积项（与项）均为最小项，则称之为最小项之和标准式。例如：

$$Y(A,B,C) = ABC + A\overline{B}C + \overline{A}BC + \overline{A}B\overline{C}$$

是一个最小项之和标准式，为了书写方便，上式可记为

$$Y(A,B,C) = m_7 + m_5 + m_3 + m_2 = \sum m^3(2,3,5,7)$$

式中，上标 3 表示函数的变量数，在变量数确定的情况下可以省略。

3. 一般与或式转换成最小项标准式

如果给定的函数为一般的与或表达式，可以反复利用公式 $A = A(B + \overline{B}) = AB + A\overline{B}$ 配项将之转换成最小项标准式。

【例 2-8】 将函数 $Y(A,B,C) = A\overline{B} + AC + BC$ 转换成最小项标准式。

解：利用与项中没有出现的变量进行配项，根据分配律得

$$
\begin{aligned}
Y(A,B,C) &= A\overline{B} + AC + BC \\
&= A\overline{B}(C + \overline{C}) + A(B + \overline{B})C + (A + \overline{A})BC \\
&= A\overline{B}C + A\overline{B}\overline{C} + ABC + A\overline{B}C + ABC + \overline{A}BC \\
&= A\overline{B}C + A\overline{B}\overline{C} + ABC + \overline{A}BC \\
&= \sum m(3,4,5,7)
\end{aligned}
$$

4. 由真值表导出最小项标准式

如果给定函数用真值表表示，显然真值表每一行变量的组合对应一个最小项。如果对应该行的函数值为 1，则函数的最小项标准式中应包含对应该行的最小项；如果对应该行的函数值为 0，则函数的最小项标准式中不包含对应该行的最小项。表 2-5 给出了 $Y(A,B,C)$ 和 $\overline{Y}$ 的真值以及对应的最小项代号。

表 2-5 函数 $Y(A,B,C)$ 和 $\overline{Y}$ 的真值表

A	B	C	Y	$\overline{Y}$	最 小 项
0	0	0	0	1	m_0
0	0	1	1	0	m_1
0	1	0	0	1	m_2
0	1	1	0	0	m_3

续表

A	B	C	Y	$\overline{Y}$	最 小 项
1	0	0	1	0	m_4
1	0	1	1	0	m_5
1	1	0	0	1	m_6
1	1	1	1	0	m_7

显然，由表 2-5 可以方便地得

$$Y(A,B,C) = \sum m(1,3,4,5,7)$$

$$\overline{Y}(A,B,C) = \sum m(0,2,6)$$

从上例中可以看出，由三变量组成的最小项不是包含在 $Y(A,B,C)$ 中，就是包含在 $\overline{Y}(A,B,C)$ 中。

推广到一般的情况，对于 n 个变量的函数 Y，它共有 2^n 个最小项，这些最小项不是包含在 Y 的最小项标准式中，就是包含在 $\overline{Y}$ 的最小项标准式中。

用逻辑代数可以证明

$$Y(X_0,X_2,\cdots,X_{n-1}) + \overline{Y}(X_0,X_2,\cdots,X_{n-1}) = \sum_{i=0}^{2^n-1} m_i^n = 1$$

【例 2-9】已知函数 $Y = \sum m^4(0,2,4,7,13)$，求其反函数。

解： 函数 Y 包含最小项（0，2，4，7，13），那么最小项（1，3，5，6，8，9，10，11，12，14，15）一定包含在 $\overline{Y}$ 中，即

$$\overline{Y} = \sum m^4(1,\ 3,\ 5,\ 6,\ 8,\ 9,\ 10,\ 11,\ 12,\ 14,\ 15)$$

2-3-4　最大项标准形式

1. 最大项

设有 n 个逻辑变量，它们组成的和项中每个变量或以原变量形式或以反变量形式出现一次，且仅出现一次，此和项称为 n 个变量的最大项。

由最大项定义可知，n 个变量可构成 2^n 个最大项。为了书写方便，通常用 M_i 表示最大项。例如三变量的 8 个最大项可表示如表 2-6 所示。

表 2-6　三变量最大项

A	B	C	最 大 项	代　号
0	0	0	$A+B+C$	M_0
0	0	1	$A+B+\overline{C}$	M_1
0	1	0	$A+\overline{B}+C$	M_2
0	1	1	$A+\overline{B}+\overline{C}$	M_3
1	0	0	$\overline{A}+B+C$	M_4
1	0	1	$\overline{A}+B+\overline{C}$	M_5
1	1	0	$\overline{A}+\overline{B}+C$	M_6
1	1	1	$\overline{A}+\overline{B}+\overline{C}$	M_7

确定下标 i 的规则与最小项相反：当变量按一定顺序（$A, B, C, \cdots$）排好后，用 0 代替原变量，用 1 代替反变量，由此得到一个二进制数，其对应的十进制数即为下标值 i。

从表 2-6 还可以看出最大项具有如下性质。

性质 1：任意一个最大项，相应变量有且只有一组取值使这个最大项的值为 0。换言之，最大项不同，其值为 0 的变量取值组合也不同。

性质 2：任意两个最大项之和必为 1，记为

$$M_i + M_j = 1 \quad (i \neq j)$$

性质 3：n 个变量的全部最大项之积为 0，记为

$$\prod_{i=0}^{2^n-1} M_i = 0$$

性质 4：同变量数下标相同的最大项和最小项互为反函数，即

$$\overline{m_i} = M_i, \quad \overline{M_i} = m_i$$

$$\overline{\sum m_i} = \prod M_i, \quad \overline{\prod M_i} = \sum m_i$$

2. 函数的最大项标准形式

前面提到函数的和之积（或与）表达式，如果构成函数的和之积表达式中每一个和项（或项）均为最大项，则称之为最大项之积标准式。例如：

$$Y(A,B,C) = (A+B+C)(A+\overline{B}+C)(\overline{A}+B+C)(\overline{A}+B+\overline{C})$$

是一个最大项之积标准式，为了书写方便，上式可记为

$$Y(A,B,C) = M_0 M_2 M_4 M_5 = \prod M^3(0,2,4,5)$$

式中，上标 3 表示函数的变量数，在变量数确定的情况下可以省略。

3. 一般或与式转换成最大项标准式

如果给定的函数为一般的或与表达式，可以反复利用公式 $A = A + B\overline{B} = (A+B)(A+\overline{B})$ 配项将之转换成最大项标准式。

【例 2-10】 将函数 $Y(A,B,C) = (A+\overline{B})(A+C)$ 转换成最大项标准形式。

解：利用或项中没有出现的变量进行配项，根据分配律得

$$
\begin{aligned}
Y(A,B,C) &= (A+\overline{B})(A+C) \\
&= (A+\overline{B}+C\overline{C})(A+B\overline{B}+C) \\
&= (A+\overline{B}+C)(A+\overline{B}+\overline{C})(A+B+C)(A+\overline{B}+C) \\
&= (A+B+C)(A+\overline{B}+C)(A+\overline{B}+\overline{C}) \\
&= \prod M(0,2,3)
\end{aligned}
$$

4. 由真值表导出最大项标准式

如果给定函数用真值表表示，显然真值表每一行变量的组合对应一个最大项。如果对应该行的函数值为 0，则函数的最大项标准式中应包含对应该行的最大项；如果对应该行的函数值为 1，则函数的最大项标准式中不包含对应该行的最大项。表 2-7 给出了 $Y(A,B,C)$ 和 $\overline{Y}$ 的真值以及对应的最大项代号。

表 2-7 函数 $Y(A,B,C)$ 和 $\overline{Y}$ 的真值表

A	B	C	Y	$\overline{Y}$	最大项
0	0	0	0	1	M_0
0	0	1	0	1	M_1
0	1	0	1	0	M_2
0	1	1	0	1	M_3
1	0	0	1	0	M_4
1	0	1	1	0	M_5
1	1	0	0	1	M_6
1	1	1	0	1	M_7

显然，由表 2-7 可以方便地得

$$Y(A,B,C) = \prod M(0,1,3,6,7)$$

$$\overline{Y}(A,B,C) = \prod M(2,4,5)$$

从上例中可以看出，由三变量组成的最大项不是包含在 $Y(A,B,C)$ 中，就是包含在 $\overline{Y}(A,B,C)$ 中。

推广到一般的情况，对于 n 个变量的函数 Y，它共有 2^n 个最大项，这些最大项不是包含在 Y 的最大项标准式中，就是包含在 $\overline{Y}$ 的最大项标准式中。

用逻辑代数可以证明

$$Y(X_0,X_2,\cdots,X_{n-1}) \cdot \overline{Y}(X_0,X_2,\cdots,X_{n-1}) = \prod_{i=0}^{2^n-1} M_i^n = 0$$

【例 2-11】已知函数 $Y = \prod M^4(1,3,4,6,10)$，求其反函数。

解：函数 Y 包含最大项（1, 3, 4, 6, 10），那么最大项（0, 2, 5, 7, 8, 9, 10, 11, 12, 13, 14, 15）一定包含在 $\overline{Y}$ 中，即

$$\overline{Y} = \prod M^4(0,\ 2,\ 5,\ 7,\ 8,\ 9,\ 11,\ 12,\ 13,\ 14,\ 15)$$

5. 最小项标准式与最大项标准式的关系

同一逻辑函数可以用最小项标准式表示，也可以用最大项标准式表示，两者之间也可以相互转换。

【例 2-12】已知函数的最小项标准式为 $Y(A,B,C) = \sum m(1,3,4,5,7)$，求其最大项标准式。

解：对原函数两边求反，得 $\overline{Y}(A,B,C) = \sum m(0,2,6)$，再对 $\overline{Y}(A,B,C)$ 求反，得

$$Y(A,B,C) = \overline{\sum m(0,2,6)}$$

$$= \overline{m_0 + m_2 + m_6}$$

$$= \overline{m_0}\ \overline{m_2}\ \overline{m_6}$$

根据真值表，可得出 Y 的最大项标准式为 $Y(A,B,C) = M_0 M_2 M_6 = \prod M(0,2,6)$。

由此，可得到同一函数的最小项标准式与其最大项标准式之间的关系

$$Y(A,B,C) = \sum m(1,3,4,5,7) = \prod M(0,2,6)$$

推广到一般情况，同一逻辑函数的一种标准式（原式）转换成另一种标准式，互换 $\sum m^n$ 和

$\prod M^n$ 符号，并在符号后列出原式中缺少的那些数字。换言之，若将所示下标{0, 1, …, 2^n-1}看成全集，则 $\sum m^n$ 和 $\prod M^n$ 的下标集合互为补集。例如：

$$Y = \sum m^4(1,3,4,5,7) = \prod M^4(0,2,6,8,9,10,11,12,13,14,15)$$

逻辑函数的最小项标准式及最大项标准式与该函数的真值表有着密切的关系，一个逻辑函数的最小项标准式及最大项标准式都是唯一的。

2-4 逻辑函数的化简

同一逻辑函数有着不同的表达式，不同的表达式对应着实现此函数的不同逻辑电路。逻辑电路设计者总是希望在保证技术指标满足需求的条件下，选用最简的逻辑电路，这就要求得到的逻辑函数表达式最简。把逻辑函数转换成最简表达式的过程称为逻辑函数化简，或最小化。

门级最简需满足下列条件之一：

① 最简与或式：与项的数目最少、每个与项的变量数最少。

② 最简或与式：或项的数目最少、每个或项的变量数最少。

满足了上述条件之一，就可以使逻辑电路的门数最少、门的输入端数最少、门的级数最少。因此这种化简又称门级最简，或门级最优。

逻辑函数的化简方法有 3 种：代数法、卡诺图法和蕴涵法。代数法化简是利用逻辑代数的基本定律和规则简化逻辑函数表达式。代数法技巧性强，要求能熟练掌握并灵活运用逻辑代数的基本定律和规则。

2-4-1 与或式的化简

与或式化简常用的公式主要有 5 个：

$$A + \overline{A} = 1$$
$$A + AB = A$$
$$AB + A\overline{B} = A$$
$$A + \overline{A}B = A + B$$
$$AB + \overline{A}C + BC = AB + \overline{A}C$$

根据代入规则，这些常用公式可以演化出多种形式。例如，由

$$A + \overline{A}B = A + B$$

可推得

$$\overline{A} + AB = \overline{A} + B$$

所谓化简过程就是应用代入规则，把某子函数看成一个变量，进而应用公式简化。在这一过程中经常需要变换子函数的形式，以便能够应用公式进行简化。常用的方法有以下 6 种。

1. 吸收法

利用公式 $A + AB = A$ 和 $A + \overline{A}B = A + B$，消去多余变量。

【例 2-13】化简函数 $Y = AB + AB(C + D)E$。

解：根据公式 $A + AB = A$ 得

$$Y = AB + AB(C+D)E$$
$$= AB[1+(C+D)E]$$
$$= AB$$

【例 2-14】 化简函数 $Y = AB + \overline{A}C + \overline{B}C$ 。

解： 根据公式 $A + \overline{A}B = A + B$ 得

$$Y = AB + \overline{A}C + \overline{B}C$$
$$= AB + (\overline{A} + \overline{B})C$$
$$= AB + \overline{AB}C$$
$$= AB + C$$

2. 并项法

利用公式 $AB + A\overline{B} = A$ ，两项合并为一项且消去一个变量。

【例 2-15】 化简函数 $Y = \overline{A}B\overline{C}D + \overline{A}BCD + AB\overline{C}D + ABCD$ 。

解： 根据公式 $AB + A\overline{B} = A$ 得

$$Y = \overline{A}B\overline{C}D + \overline{A}BCD + AB\overline{C}D + ABCD$$
$$= \overline{A}BD(\overline{C}+C) + ABD(\overline{C}+C)$$
$$= \overline{A}BD + ABD$$
$$= BD$$

3. 消去法

利用多余项定理 $AB + \overline{A}C + BC = AB + \overline{A}C$ ，消去多余项。

【例 2-16】 化简函数 $Y = AC + ADE + \overline{C}D$ 。

解： 根据多余项定理，得

$$Y = AC + ADE + \overline{C}D$$
$$= AC + \overline{C}D + AD + ADE$$
$$= AC + \overline{C}D$$

4. 配项法

当无法使用可用公式时，可先增加一些项，再利用增加项消去多余项，最终减少总的项数。一是利用互补律 $1 = A + \overline{A}$ ，增加项数，二是利用公式多余项定理 $AB + \overline{A}C = AB + \overline{A}C + BC$ ，增加项数。

【例 2-17】 化简函数 $Y = A\overline{B} + B\overline{C} + \overline{B}C + \overline{A}B$ 。

解一： 根据互补律，得

$$Y = A\overline{B} + B\overline{C} + \overline{B}C + \overline{A}B$$
$$= A\overline{B} + B\overline{C} + \overline{B}C(A+\overline{A}) + \overline{A}B(C+\overline{C})$$
$$= (A\overline{B} + A\overline{B}C) + (B\overline{C} + \overline{A}B\overline{C}) + (\overline{A}BC + \overline{A}\overline{B}C)$$
$$= A\overline{B} + B\overline{C} + \overline{A}C$$

解二： 根据多余项定理，得

$$Y = A\overline{B} + B\overline{C} + \overline{B}C + \overline{A}B$$
$$= A\overline{B} + B\overline{C} + (\overline{B}C + \overline{A}B + \overline{A}C)$$
$$= (A\overline{B} + \overline{A}C + \overline{B}C) + (B\overline{C} + \overline{A}C + \overline{A}B)$$
$$= A\overline{B} + \overline{A}C + B\overline{C}$$

5. 综合法

以上方法并不孤立，通常在化简一个函数时要综合利用多种方法。

【例 2-18】化简函数 $Y = AB + A\overline{C} + \overline{B}C + B\overline{C} + \overline{B}D + B\overline{D} + ADE(F+G)$。

$$Y = AB + A\overline{C} + \overline{B}C + B\overline{C} + \overline{B}D + B\overline{D} + ADE(F+G)$$
$$= A\overline{\overline{B}C} + \overline{B}C + B\overline{C} + \overline{B}D + B\overline{D} + ADE(F+G)$$
$$= A + \overline{B}C + B\overline{C} + \overline{B}D + B\overline{D} + ADE(F+G)$$
$$= A + \overline{B}C + B\overline{C} + \overline{B}D + B\overline{D}$$
$$= A + \overline{B}C + B\overline{C} + \overline{B}D + B\overline{D} + \overline{C}D$$
$$= A + \overline{B}C + B\overline{D} + \overline{C}D$$

或者

$$= A + B\overline{C} + \overline{B}D + C\overline{D}$$

2-4-2　或与式的化简

或与式的化简有 3 种方法。

1. 常规法

常规法化简类似于或与的化简，化简中常用的公式主要有

$$(A+B)(A+\overline{B}) = A$$
$$A(A+B) = A$$
$$A(\overline{A}+B) = AB$$
$$(A+B)(\overline{A}+C)(B+C) = (A+B)(\overline{A}+C)$$

2. 二次对偶法

利用对偶规则，先求出对偶式，再将对偶式化简为最简与或式，最后再求一次对偶，则得到最简或与式。

【例 2-19】将函数 $Y = \overline{A}(A+B)(B+C)(B+\overline{C})$ 化简成最简或与式。

解： 先求其对偶函数 Y' 为

$$Y' = \overline{A} + AB + BC + B\overline{C}$$
$$= \overline{A} + B + B(C + \overline{C})$$
$$= \overline{A} + B$$

再次求对偶，得

$$Y = (Y')' = \overline{A}B$$

3. 二次求反法

利用反演规则,先求出反函数,再将反函数化简成最简与或式,再求一次反,则得到最简或与式。

【例 2-20】 将函数 $Y = \overline{A}B + AB + \overline{A}C + B\overline{D}$ 化简成最简或与式。

解: 先求其反函数 $\overline{Y}$ 为

$$\overline{Y} = (A+B)(\overline{A}+\overline{B})(A+C)(\overline{B}+D)$$
$$= (\overline{A}B + A\overline{B})(A+C)(\overline{B}+D)$$
$$= (A\overline{B} + \overline{A}BC + A\overline{B}C)(\overline{B}+D)$$
$$= A\overline{B} + \overline{A}BCD$$

再次求反函数,得

$$Y = \overline{\overline{Y}} = (\overline{A}+B)(A+\overline{B}+\overline{C}+\overline{D})$$

从上述的代数法化简看出,它主要是应用逻辑代数中的基本公式和规则,以及一定的技巧,没有严格的规则可循,得到的结果是否是最简也难以判断。

2-5 卡 诺 图

卡诺图(Karnaugh Map)是逻辑函数真值表的一种图形表示。利用卡诺图可以有规律地化简逻辑函数表达式,并能直观地写出逻辑函数的最简式。卡诺图化简法又称图形化简法。

2-5-1 卡诺图构成

卡诺图是一种平面方格阵列图,n 个变量的卡诺图由 2^n 个小方格构成。卡诺图是真值表图形化的结果,n 个变量函数的真值表是用 2^n 行的纵列依次给出变量的 2^n 种取值,每行的取值与一个最小项对应;而 n 个变量函数的卡诺图是用二维图形中 2^n 个小方格的坐标值给出变量的 2^n 种取值,每个小方格与一个最小项对应。

图 2-2 为二变量卡诺图,它由 4 个方格组成。图 2-2(b)表明各个方格与这两变量的关系。每一列和每一行上的 0 和 1 分别代表变量 A 和 B 的值。类似,可以画出三、四、五变量的卡诺图,它们由 2^n(n=3,4,5)个方格构成,如图 2-3 所示。

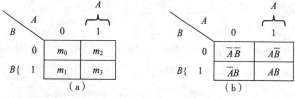

图 2-2 二变量卡诺图的构成

为表示方便,图中小方格也可省略最小项符号 m 而只标明下标。变量沿坐标轴方向按循环码的规律进行取值。如图 2-3(a)中,变量 AB 的取值依次是 00、01、11、10,也可以依次取为 10、11、01、00 等,但此时最小项与小方格的对应关系发生了变化,应该作出相应的调整。五变量卡诺图可看做是由两个四变量卡诺图组成,而六变量卡诺图可看做是由 4 个四变量卡诺图所组成,因为其比较复杂并且用得不多,所以以不再给出。

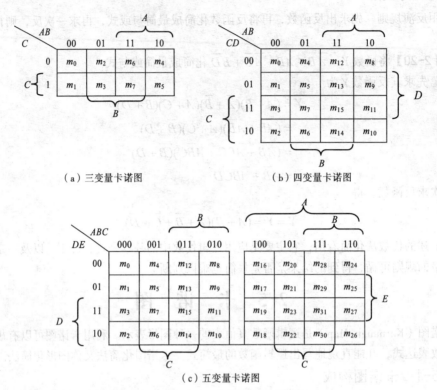

（a）三变量卡诺图　　　　　（b）四变量卡诺图

（c）五变量卡诺图

图 2-3　三、四、五变量卡诺图的构成

从以上各卡诺图可看出：卡诺图上变量的排列有一定的规律性。假定把彼此只有一个变量不同，且这个不同变量互为反变量的两个最小项称为相邻最小项，那么卡诺图上变量的排列规律将使最小项的相邻关系能在图形上清晰地反映出来。根据此定义，可发现在卡诺图中只存在 3 种最小项间的相邻关系。

（1）几何相邻

即几何位置上相邻的最小项，如四变量卡诺图中与 m_0 的相邻最小项 m_1 和 m_4，这些最小项对应的小方格与 m_0 对应的小方格分别相连。

（2）相对相邻

如四变量卡诺图中 m_0 的相邻最小项中的 m_2 和 m_8。m_0 和 m_2 处在同一列的两端，m_0 和 m_8 处在同一行的两端，它们之间的位置都是"相对的"。

（3）重叠相邻

如五变量卡诺图中的 m_3 与 m_1、m_2、m_7 为几何相邻，与 m_{11} 相对相邻，与 m_{19} 则是重叠相邻。对这种情形，可将卡诺图左右两边的矩形重叠，凡上下重叠的最小项即为重叠相邻，只有 5 个及其以上变量的卡诺图中可能存在重叠相邻。

总之，卡诺图的构成有两大特点。

① n 个变量的卡诺图由 2^n 个小方格组成，小方格与最小项一一对应。

② 卡诺图上处在相邻、相对、重叠位置的小方格所代表的最小项为相邻最小项。

2-5-2 典型卡诺圈

1. 逻辑函数在卡诺图上的表示

当逻辑函数表达式是"最小项之和"的形式时，只要在卡诺图上找出那些与给定逻辑函数包含的最小项相对应的小方格，并标以 1，其余标 0，即得到该函数的卡诺图。

例如，$Y(A,B) = m_1 + m_3$ 的卡诺图如图 2-4 所示；又如，$Y(A,B,C) = \sum m(1,3,5)$ 的卡诺图如图 2-5 所示。

当逻辑函数是与或表达式，则要找出与各项所对应的方格（可能不止一个），并在这些方格中标以 1，其余的方格标 0。

例如，$Y(A,B,C,D) = \overline{A}BC + CD$，$\overline{A}BC$ 对应的方格为 0111 和 0110，CD 对应的方格为 0011、0111、1111、1011，它的卡诺图如图 2-6 所示。

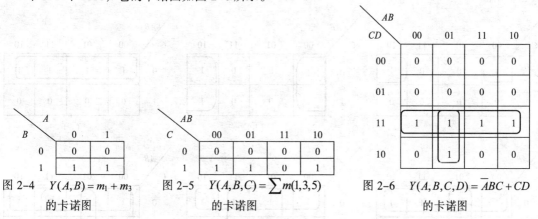

图 2-4　$Y(A,B) = m_1 + m_3$ 的卡诺图　　图 2-5　$Y(A,B,C) = \sum m(1,3,5)$ 的卡诺图　　图 2-6　$Y(A,B,C,D) = \overline{A}BC + CD$ 的卡诺图

当逻辑函数表达式为其他形式时，可将其变换成上述形式后再作卡诺图。

根据上述讨论，若某小方格为 1，说明逻辑函数包含对应的最小项，否则就不包含。通常将卡诺图上填 1 的小方格称为 1 方格，填 0 的小方格称为 0 方格。

2. 卡诺圈

根据定律 $AB + A\overline{B} = A$ 和相邻最小项的定义可知，两相邻最小项可以合并为一项并消去一个变量，如三变量相邻最小项 $AB\overline{C}$ 和 $\overline{A}B\overline{C}$ 可合并为 $B\overline{C}$。

卡诺图能直观地反映最小项的相邻关系。用卡诺图化简逻辑函数的基本原理是通过把卡诺图上表征相邻最小项的小方格"圈"在一起进行合并，从而达到用一个简单的"与"项代替若干最小项的目的。通常把用来覆盖那些能由一个简单"与"项代替的若干最小项的"圈"称为卡诺圈。

（1）二变量卡诺图的典型卡诺圈

图 2-7 给出了二变量卡诺图的典型卡诺圈。

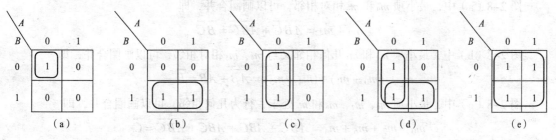

图 2-7　二变量典型卡诺圈

图 2-7（a）中，只有一个最小项 m_0，所以单独画圈，也就是说该函数已经是最简；

图 2-7（b）中，最小项 m_1 和 m_3 几何相邻，可以画圈合并，即 $m_1 + m_3 = \overline{A}B + AB = B$；

图 2-7（c）中，最小项 m_0 和 m_1 几何相邻，可以画圈合并，即 $m_0 + m_1 = \overline{A}\,\overline{B} + \overline{A}B = \overline{A}$；

图 2-7（d）中，最小项 m_1 和 m_0 几何相邻，可以画圈合并，同时最小项 m_1 和 m_3 几何相邻，也可以画圈合并，即 $(m_1 + m_0) + (m_1 + m_3) = \overline{A} + B$；

图 2-7（e）中，所有 4 个最小项都相邻，可以画圈合并，即 $m_0 + m_1 + m_2 + m_3 = 1$。

根据上述讨论，可以发现任意 $2（2^1）$ 个相邻 1 方格合并可以消去一个变量。

（2）三变量卡诺图的典型卡诺圈

三变量卡诺图的典型卡诺圈除了以上二变量典型卡诺圈的情形外，还具有图 2-8 所示的一些典型卡诺圈。

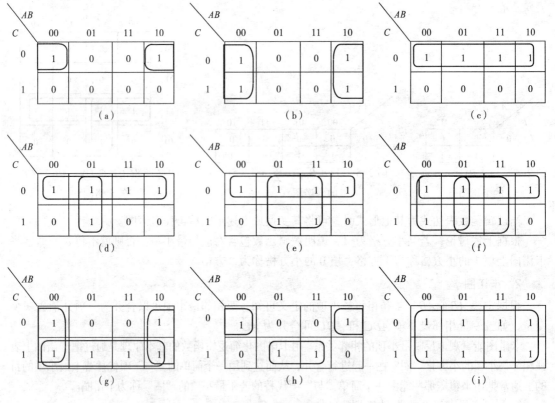

图 2-8　三变量典型卡诺圈

图 2-8（a）中，最小项 m_0 和 m_4 相对相邻，可以画圈合并，即

$$m_0 + m_4 = \overline{A}\,\overline{B}\,\overline{C} + A\overline{B}\,\overline{C} = \overline{B}\,\overline{C}$$

图 2-8（b）中，最小项 m_0 和 m_1 几何相邻又与 m_4、m_5 相对相邻，可以画圈合并，即

$$(m_0 + m_1) + (m_4 + m_5) = \overline{A}\,\overline{B} + A\overline{B} = \overline{B}$$

图 2-8（c）中，最小项 m_0、m_2、m_6 和 m_4 处于一行为几何相邻，可以画圈合并，即

$$m_0 + m_2 + m_6 + m_4 = \overline{A}\,\overline{B}\,\overline{C} + \overline{A}B\overline{C} + AB\overline{C} + A\overline{B}\,\overline{C} = \overline{C}$$

其他情形请读者自行分析。

同样的原因，任意 $4（2^2）$ 相邻的 1 方格合并可以消去两个变量。

（3）四变量卡诺图的典型卡诺圈

四变量卡诺图的典型卡诺圈除了以上二变量和三变量典型卡诺圈的情形外，还具有图 2-9 所示的一些典型卡诺圈。

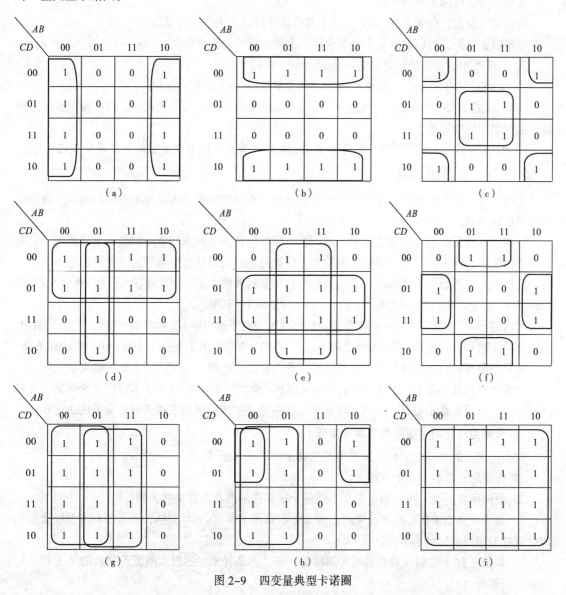

图 2-9　四变量典型卡诺圈

图 2-9（a）中，最小项 m_0、m_1、m_3、m_2 几何相邻又与 m_8、m_9、m_{11}、m_{10} 相对相邻，可以画圈合并，即

$$(m_0 + m_1 + m_3 + m_2) + (m_8 + m_9 + m_{11} + m_{10}) = \overline{A}\,\overline{B} + A\overline{B} = \overline{B}$$

图 2-9（c）中，最小项 m_0、m_2 相对相邻又与 m_8、m_{10} 相对相邻，可以画圈合并，即

$$(m_0 + m_2) + (m_8 + m_{10}) = \overline{A}\,\overline{B}\,\overline{D} + A\overline{B}\,\overline{D} = \overline{B}\,\overline{D}$$

图 2-9（h）中，最小项 m_0、m_1、m_3、m_2 以及 m_4、m_5、m_7、m_6 几何相邻，可以画圈合并，其中最小项 m_0、m_1 又与 m_8、m_9 相对相邻，又可以画圈合并，即

$$(m_0 + m_1 + m_3 + m_2 + m_4 + m_5 + m_7 + m_6) + (m_0 + m_1 + m_8 + m_9) = \overline{A} + \overline{B}C$$

其他情形也请读者自行分析。

同样可以发现，任意 8（2^3）个相邻 1 方格合并可以消去 3 个变量。

根据以上讨论，可归纳出 n 个变量卡诺图上最小项的合并规律。

① 卡诺圈中的小方格的数量必须为 2^m 个（$m \leqslant n$）。

② 卡诺圈中的 2^m 个小方格含有 m 个不同变量，（$n-m$）个相同变量。

③ 卡诺圈中 2^m 个小方格，可用一个含（$n-m$）个变量的"与"项表示，该"与"项由这些最小项中的相同变量构成。

④ 当 $m=n$ 时，卡诺圈覆盖了整个卡诺图，可用 1 表示，即 n 个变量的全部最小项之和为 1。

2-5-3　卡诺图化简

在图 2-7、图 2-8 和图 2-9 中，各个卡诺圈均有不同的特点，为了说明它们的特点并有规律地化简逻辑函数，先定义如下几个基本概念。

蕴涵项：在函数的与或表达式中，每一个与项称为该函数的蕴涵项。对应在卡诺图中，它就是一个卡诺圈。卡诺图越大，则它包含的 1 方格数越多，且对应此蕴涵项的变量数目越少。

质蕴涵：若函数中的蕴涵项不是该函数的其他蕴涵项的子集，则此蕴涵项称为质蕴涵，又称素项或质项，在卡诺图中称为极大圈。如图 2-9（e）中的两个卡诺圈。

实质最小项：只被一个质蕴涵所覆盖的最小项称为实质最小项，又称实质 1 单元。在卡诺图中，该最小项只被一个卡诺圈覆盖。如图 2-8（d）中的 011 方格，图 2-9（h）中的 1000 和 1001 方格。

必要质蕴涵：包含实质最小项的质蕴涵，即为必要质蕴涵。在卡诺图上称为必要极大圈。

卡诺图上的最小覆盖：挑选数目最少的质蕴涵（极大圈），它们覆盖了卡诺图上全部的 1 方格（最小项），这就是最小覆盖。显然，用最小覆盖的结果生成的逻辑表达式就是最简的表达式。

1．卡诺图法化简逻辑函数的基本步骤

在上述定义的基础上，给出用卡诺图化简函数的基本步骤。

① 将逻辑函数表示在卡诺图上。

② 画出所有的极大圈，确定全部实质最小项并选出所有的必要极大圈。

③ 如果所选出的所有必要极大圈已覆盖了卡诺图上所有的 1 方格，那么所有必要极大圈的集合就是卡诺图上的最小覆盖。

④ 如果还有 1 方格未被必要极大圈覆盖，那么再选择最少的极大圈覆盖剩余的 1 方格，即获得最小覆盖。

⑤ 写出最小覆盖所对应的逻辑表达式。

2．将逻辑函数化简成最简与或表达式

【例 2-21】化简函数 $Y_1(A,B,C,D) = \sum m(0,2,4,5,7,8,10,13,15)$。

解：① 将函数 $Y_1(A,B,C,D)$ 表示在图 2-10（a）中。

② 画出所有必要极大圈，如图 2-10（b）所示。

③ 确定实质最小项，它们是 m_2、m_7、m_8、m_{10}、m_{13}、m_{15}。选择出相应的必要极大圈，它们是 a、b、c 或者是 a、b、d，这 3 个必要极大圈已经覆盖全部 1 方格。

④ 写出最简逻辑表达式：

$$Y_1(A,B,C,D) = a + b + c = \overline{B}\,\overline{D} + BD + \overline{A}\,\overline{C}\,\overline{D}$$

或

$$Y_1(A,B,C,D) = a + b + d = \overline{B}\,\overline{D} + BD + \overline{A}B\overline{C}$$

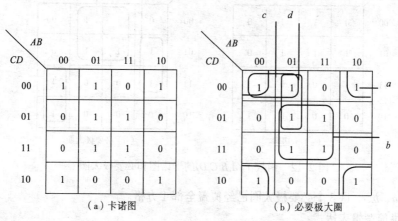

（a）卡诺图　　　　　（b）必要极大圈

图 2-10　函数 $Y_1(A,B,C,D)$ 的卡诺图和必要极大圈

【例 2-22】化简函数 $Y_2(A,B,C,D) = \sum m(2,3,6,7,8,10,12)$。

解： ① 将函数 $Y_2(A,B,C,D)$ 表示在图 2-11（a）中。

② 画出所有必要极大圈，如图 2-11（b）所示。

③ 确定实质最小项，它们是 m_3、m_6、m_7、m_{12}。选择出相应的必要极大圈，它们是 a、b、c 或者是 a、b、d，这 3 个必要极大圈已经覆盖全部 1 方格。

④ 写出最简逻辑表达式

$$Y_2(A,B,C,D) = a + b + c = \overline{A}C + A\overline{C}\,\overline{D} + A\overline{B}\,\overline{D}$$

或

$$Y_2(A,B,C,D) = a + b + d = \overline{A}C + A\overline{C}\,\overline{D} + \overline{B}C\overline{D}$$

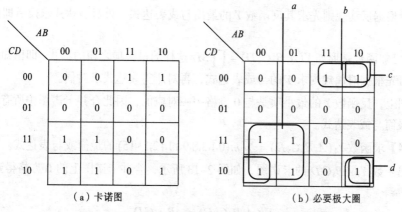

（a）卡诺图　　　　　（b）必要极大圈

图 2-11　函数 $Y_2(A,B,C,D)$ 的卡诺图和必要极大圈

【例2-23】化简函数 $Y_3(A,B,C,D) = \overline{B}CD + B\overline{C} + \overline{A}CD + A\overline{B}C$。

解： ① 将函数 $Y_3(A,B,C,D)$ 表示在图 2-12（a）中。

② 画出必要极大圈 a、b、c，如图 2-12（b）所示。

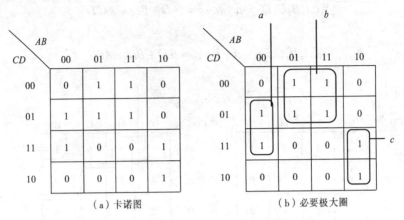

（a）卡诺图　　　　　　　（b）必要极大圈

图 2-12　函数 $Y_3(A,B,C,D)$ 的卡诺图和必要极大圈

③ 确定 a、b、c 这 3 个必要极大圈已经覆盖全部 1 方格。

④ 写出最简逻辑表达式：

$$Y_3(A,B,C,D) = a + b + c = \overline{A}\,\overline{B}D + B\overline{C} + A\overline{B}C$$

从上述例子可以看出，用卡诺图法化简逻辑函数时，通常会出现可选取多个合并方向的小方格，从而必要极大圈有多种画法，不是唯一的，因此同一逻辑函数的化简结果可能具有多样性。

卡诺图法化简的总原则是：在覆盖所有 1 方格的前提下，卡诺圈的个数达到最少，每个卡诺圈达到最大。

3．将逻辑函数化简成最简或与表达式

上面介绍了用卡诺图求函数最简与或表达式的方法和步骤。而在某些情况下，需要求函数的最简或与表达式。

有两种方法求函数的最简或与表达式。

① 如果已知函数是形如 $Y(A,B,C,D) = \sum m_i$ 这样的最小项之和的形式，即已知函数是与或表达式，可以根据反演规则先求其反函数 $\overline{Y}$ 的最简与或表达式，再对表达式求反，即得 Y 的最简或与表达式。

② 如果已知函数是形如 $Y(A,B,C,D) = \prod M_i$ 这样的最大项之积的形式，即已知函数是或与表达式，则可先根据对偶规则求 Y' 的与或表达式，再对所得表达式求对偶。

在卡诺图上，反函数 $\overline{Y}$ 的最小项是与 0 方格一一对应的，因此合并卡诺图中所有的 0 方格便可得到 $\overline{Y}$ 的最简与或表达式。

【例2-24】求函数 $Y_4(A,B,C,D) = \sum m(0,1,3,8,9,11,12,13,15)$ 的最简或与表达式。

解： 作出函数 $Y_4(A,B,C,D)$ 的卡诺图，如图 2-13 所示，合并卡诺图上的 0 方格得到 $\overline{Y_4}$ 的最简与或表达式

$$\overline{Y_4}(A,B,C,D) = \overline{A}B + C\overline{D}$$

对函数式两边求反得

$$Y_4(A,B,C,D) = (A + \overline{B})(\overline{C} + D)$$

【例 2-25】求函数 $Y_5(A,B,C,D) = \prod M(4,5,6,7,12,13,15)$ 的最简或与表达式。

解： 首先求 Y 的对偶式

$$Y_5'(A,B,C,D) = \sum m(0,1,2,3,8,9,10,11,14)$$

作出对偶函数 Y_5' 的卡诺图，如图 2-14 所示，合并卡诺图上的 1 方格得到 Y_5' 的最简与或表达式

$$Y_5'(A,B,C,D) = \overline{B} + AC\overline{D}$$

再对 Y_5' 求对偶，即

$$Y_5(A,B,C,D) = \overline{B}(A + C + \overline{D})$$

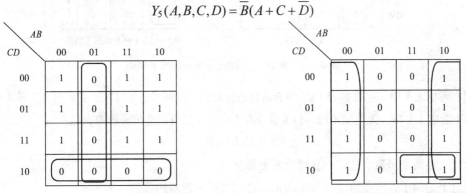

图 2-13　函数 $Y_4(A,B,C,D)$ 的卡诺图和必要极大圈　　图 2-14　函数 $Y_5'(A,B,C,D)$ 的卡诺图和必要极大圈

2-5-4　无关项的卡诺图表示

在某些特殊电路中，其输出并不是与 2^n 种输入组合都有关，而是仅与其中的一部分输入组合有关，而与另一部分的输入组合无关。利用这一特点可以化简逻辑函数。

当函数输出与某些输入组合无关时，这些输入组合就称无关项，又称任意项或约束项。这里的"无关"有两个含义：① 这些输入组合在正常操作中不会出现；② 即使这些输入组合可能出现，但输出实质上与它们无关。换句话说，就是当输入出现这些组合时，其所对应的输出值可以为 0，也可以为 1。

与无关项相关的函数就称为包含无关项的逻辑函数，或称为具有约束条件的逻辑函数。若以 d_i 表示无关项，则约束条件或称约束方程表示为 $N = \Sigma d_i = 0$。这说明包含无关项的逻辑函数，其中的无关项出不出现在表达式中，对函数的逻辑功能并无影响。但是，适当地利用无关项，可以使逻辑函数的表达式得到进一步的简化。

【例 2-26】一个 BCD 码输入素数检测器，当输入为素数时，输出为 1。求输出函数 Y 的最简与或表达式。

解： 设 BCD 码的输入为 $B_3B_2B_1B_0$，在正常操作时，最小项 $m_{10} \sim m_{15}$ 永远不会出现，输出函数表达式可以写为

$$Y = \sum m^4(2,3,5,7) + \sum d^4(10,11,12,13,14,15)$$

上式说明，函数 Y 对于最小项（2，3，5，7）必须为 1，对于最小项（10~15）可以为任意值，对于其他最小项必须为 0。于是画出图 2-15（a）所示的卡诺图，图中 d 表示输入组合的无关

项，图中的卡诺圈是在不考虑无关项时绘得的。这样得到输出函数的表达式为

$$Y=\overline{B_3}\,\overline{B_2}B_1+\overline{B_3}B_2B_0$$

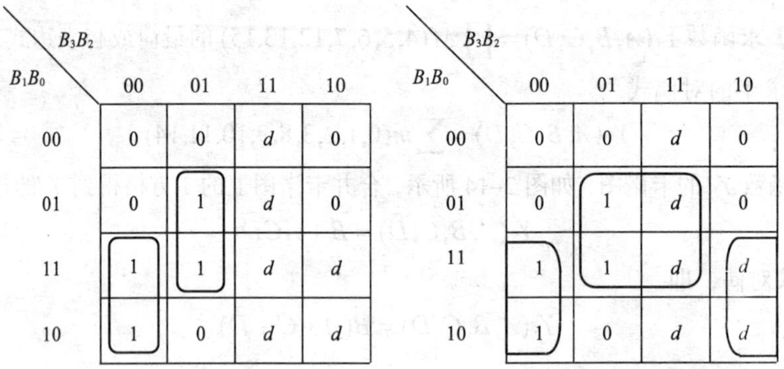

（a）卡诺图　　（b）修改后的卡诺图

图 2-15　BCD 码素数检测器函数的卡诺图

现在考虑无关项，对图 2-15（a）的卡诺圈进行修正，得到图 2-25（b），其中将无关项（10，11，13，15）看成 1 方格，无关项（12，14）看成 0 方格，于是得到输出函数的表达式为

$$Y=\overline{B_2}B_1+B_2B_0$$

比较上述两个函数表达式，显然后者更简化。

通过上述例子，这里给出用卡诺图化简含无关项的逻辑函数的一般规则：

① 画覆盖 1 方格的极大圈时要把 d 方格包含在内，画出尽可能大的圈；

② 不画仅覆盖 d 方格的圈，因为它对应的与项对于逻辑函数来说是不必要的；

③ 不能圈画任何 0 方格。

【例 2-27】 化简函数 $Y=\sum m^4(4,5,13,15)+\sum d^4(2,3,7,9,14)$。

解：设函数的变量为 A、B、C、D，作出函数 Y 的卡诺图，并画出必要极大圈，如图 2-16 所示，化简后的函数表达式为 $Y=\overline{A}B\overline{C}+BD$。

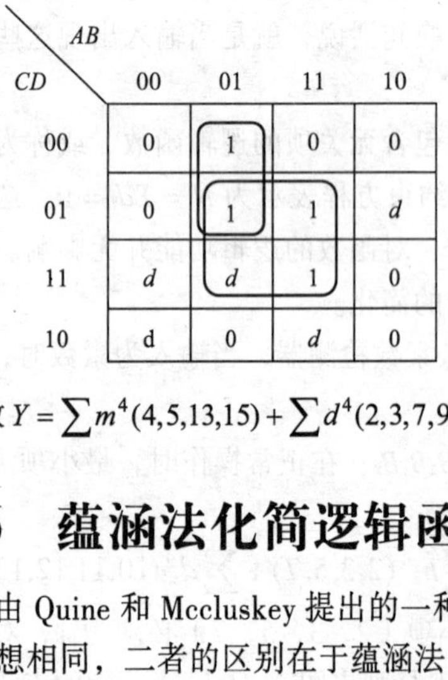

图 2-16　函数 $Y=\sum m^4(4,5,13,15)+\sum d^4(2,3,7,9,14)$ 的卡诺图

2-6　蕴涵法化简逻辑函数

蕴涵法又称列表化简法，是由 Quine 和 Mccluskey 提出的一种系统化简法，故又称 Q-M 化简法。它和卡诺图化简法的基本思想相同，二者的区别在于蕴涵法中画卡诺圈都是通过约定形成的

表格，按照一定的规则形成的。虽然工作量大，但有很强的规律性，适用于计算机处理。用蕴涵法化简逻辑函数分为4步。

① 将函数表示成"最小项之和"的形式，并用二进制码表示每个最小项。

② 找出函数的全部质项。

③ 找出函数的必要质项。

④ 找出函数的最小覆盖，即既要覆盖全部最小项又要使质项数目最少。

以上各步均通过表格进行，下面举例说明。

【例2-28】用蕴涵法化简 $Y(A,B,C,D)=\sum m(0,5,7,8,9,10,11,14,15)$。

解：① 用二进制代码表示函数中所有最小项，如表2-8所示。

② 求函数的全部质项。

考虑到相邻最小项的二进制码中1的个数只能相差1，因此将表2-8中最小项按二进制编码中1的个数进行分组，且按1的个数的递增顺序排列在表2-9（Ⅰ）栏中。

表2-8 函数 $Y(A,B,C,D)=\sum m(0,5,7,8,9,10,11,14,15)$ 的最小项真值表

项　号	ABCD	Y	项　号	ABCD	Y
0	0000	1	10	1010	1
5	0101	1	11	1011	1
7	0111	1	14	1110	1
8	1000	1	15	1111	1
9	1001	1	—	—	—

表2-9 质项产生表

（Ⅰ）最小项				（Ⅱ）n−1 个变量的"与"项				（Ⅲ）n−2 个变量的"与"项			
组号	m_i	ABCD	P_i	组号	$\sum m_i$	ABCD	P_i	组号	$\sum m_i$	ABCD	P_i
0	0	0000	√	0	0,8	–000	P_5	0	8,9,10,11	10– –	P_2
1	8	1000	√	1	8,9	100–	√	1	10,11,14,15	1–1–	P_1
2	5	0101	√		8,10	10–0	√				
	9	1001	√	2	5,7	01–1	P_4				
	10	1010	√		9,11	10–1	√				
3	7	0111	√		10,11	101–	√				
	11	1011	√		10,14	1–10	√				
	14	1110	√		7,15	–111	P_3				
4	15	1111	√	3	11,15	1–11	√				
					14,15	111–	√				

这样可以合并比较的这些项就一定处于相邻两组内。因此，可以将（Ⅰ）栏中相邻两组的二进制码逐个进行比较，找出那些只有一个变量不同的最小项合并，消去不同变量，组成 n−1 个变量的与项列于表中的（Ⅱ）栏中。这里用"–"表示消去的变量。例如0组的 m_0 和 m_8 可消去相异变量 A，然后将合并后的与项列入（Ⅱ）栏中，并在（Ⅰ）栏中 m_0 和 m_8 的右边打上"√"表示它们已经包含在（Ⅱ）栏的与项中，并在（Ⅱ）栏中的第二列指出相应的与项是由哪几个最小项合并产生的。依此方法，将（Ⅰ）栏中全部最小项逐一进行比较合并得到（Ⅱ）栏。（Ⅱ）栏中的与项均由（n−1）个变量组成。

按照同样的方法，再对（Ⅱ）栏中全部与项进行比较、合并得到（Ⅲ）栏。由于（Ⅲ）栏中的与项已经不可能再合并，故结束。

在表 2-9 中凡是未打"√"标记的与项即函数的质项，用 P_i 表示。该函数的全部质项为

$$P_1 = \sum m(10,11,14,15) = AC$$

$$P_2 = \sum m(8,9,10,11) = A\overline{B}$$

$$P_3 = \sum m(7,15) = BCD$$

$$P_4 = \sum m(5,7) = \overline{A}BD$$

$$P_5 = \sum m(0,8) = \overline{B}\,\overline{C}\,\overline{D}$$

③ 求函数的全部必要质项。

建立必要质项产生表，如表 2-10 所示。表中的第一行为 Y 的全部最小项。第一列为上一步中求得的全部质项。"×"表示各质项覆盖最小项的情况。"⊗"表示必要蕴涵项，即该列只有一个"×"。包含"⊗"的各行对应的质项即为必要质项。在必要质项的右上角加"*"表示。凡是能被必要质项覆盖的最小项在最后一行的该列标"√"。

表 2-10 必要质项产生表

P_i	m_i								
	0	5	7	8	9	10	11	14	15
P_1*	—	—	—	—	—	×	×	⊗	×
P_2*	—	—	—	×	⊗	×	×	—	—
P_3	—	—	×	—	—	—	—	—	×
P_4*	—	⊗	×	—	—	—	—	—	—
P_5*	⊗	—	—	—	—	—	—	—	—
覆盖情况	√	√	√	√	√	√	√	√	√

④ 找出函数的最小覆盖。

为能覆盖全部最小项，必要质项是首选的质项。本例从表 2-10 中选取必要质项 P_1、P_2、P_4、P_5 即可覆盖函数的全部最小项。故

$$Y(A,B,C,D) = P_1 + P_2 + P_4 + P_5 = AC + A\overline{B} + \overline{A}BD + \overline{B}\,\overline{C}\,\overline{D}$$

若给定函数的必要质项集不能覆盖该函数的全部最小项时，则还需要进一步从剩余质项集合中找所需质项以构成函数的最小质项集。为此需要建立一个"所需质项产生表"，该表是将必要质项产生表中的必要质项及其所覆盖的最小项去掉后形成的，其具体方法是反复使用行列消去法从表中找出所需质项为止。

行列消去法规则如下：

① 行消去规则。对于所需质项产生表中的任意质项 P_i 和 P_j，若 P_i 包含于 P_j，即 P_i 行中的"×"完全包含在 P_j 行中，则可消去 P_i 行。因为选取了质项 P_j 后不仅可以覆盖质项 P_i 所能覆盖的最小项，而且还能覆盖其他最小项。

② 列消去规则。对于所需质项产生表中的任意最小项 m_i 和 m_j，若 m_i 包含于 m_j，即 m_i 列中的"×"完全包含在 m_j 列中，则可消去 m_j 列。因为选取了覆盖 m_i 的质项后一定能覆盖 m_j，反之

则不一定。

按上述规则即可再次选出必要质项即必要质蕴涵项。

由于此规则一般用于计算机运算，故在此不再给出具体例子。

小　结

本章主要介绍了逻辑代数的基本知识。

逻辑代数是研究数字系统逻辑设计的基础理论。逻辑代数有一些重要的定律和规则需要熟练掌握。逻辑变量只有 0 和 1 两种取值。逻辑代数中只有 3 种基本运算，即"与"运算、"或"运算、"非"运算，这 3 种基本运算构成的各种复杂逻辑关系，用逻辑函数来描述。

逻辑函数有逻辑表达式、真值表、卡诺图及逻辑图 4 种表示法，它们各有特点，各适用于不同的场合，它们之间可以相互变换。逻辑函数表达式有"和之积"及"积之和"两种基本形式，相应的有标准"积之和"和标准"和之积"两种标准形式。一个函数的基本形式不唯一，标准形式具有唯一性。可以通过代数转换法和真值表转换法两种方法求一个逻辑函数表达式的标准形式。

逻辑函数的化简介绍了 3 种方法：代数法、卡诺图法和蕴涵法。卡诺图法直观、方便易掌握，代数法不受变量数目约束，蕴涵法规则性强，三者各有优点。

习　题

1.　应用逻辑代数，判断下式是否成立。

（1）假设 X 和 Y 为逻辑变量。当 $X \cdot Y = 0$ 且 $X + Y = 1$ 时，$X = \overline{Y}$。

（2）假设 X 和 Y 为逻辑表达式。当 $X \cdot Y = 0$ 且 $X + Y = 1$ 时，$X = \overline{Y}$。

2.　用真值表验证下列等式。

（1）$A\overline{B} + \overline{A}B = (\overline{A} + \overline{B})(A + B)$

（2）$AB + BC + CA = (A + B)(B + C)(C + A)$

3.　求下列函数的反函数和对偶函数。

（1）$Y = AB + \overline{A}B + BC$

（2）$Y = (A + B) \cdot (\overline{A} + C) + BD + \overline{E}$

（3）$Y = \overline{\overline{\overline{A}\overline{B}} + ABC(B + CD)}$

（4）$Y = A[B + (C\overline{D} + \overline{A})]$

4.　用逻辑代数的定律证明下列等式。

（1）$AB + A\overline{B} + \overline{A}B + \overline{A}\,\overline{B} = 1$

（2）$ABC + \overline{A}\,\overline{B}\,C = \overline{(A\overline{B} + B\overline{C} + \overline{A}C)}$

（3）$BC + D + \overline{D}(\overline{B} + \overline{C})(AD + B) = B + D$

（4）$\overline{(AB + \overline{A}C)} = \overline{A}B + \overline{A}\,\overline{C}$

5.　将下列函数表示成标准与或表达式以及标准或与表达式，并据此写出函数的真值表。

（1）$Y(A,B,C,D) = \overline{A}B + AB\overline{C}D + BC\overline{D}$

（2）$Y(A,B,C,D) = (\overline{A} + \overline{C}\,\overline{D})(\overline{B} + CD)$

（3）$Y(A,B,C) = \overline{A}B + \overline{A}\overline{C} + BC$

（4）$Y(A,B,C) = (\overline{A} + C)(B + C)(A + \overline{B} + \overline{C})$

6. 用代数法化简下列函数。

（1）$Y = A\overline{B} + BCD + AB$

（2）$Y = A\overline{C} + ABC + AC\overline{D} + CD$

（3）$Y = \overline{AC}(B + BD) + \overline{A}\overline{C}D$

（4）$Y = AB + A\overline{C} + \overline{B}C + B\overline{C} + \overline{B}D + B\overline{D} + ADE(F + G)$

7. 用卡诺图法将下列函数化简成最简与或表达式和最简或与表达式。

（1）$Y(A,B,C) = \overline{A}\overline{B} + (A + B)C$

（2）$Y(A,B,C,D) = \overline{A}\overline{C}D + \overline{B}CD + A\overline{C}D + BCD$

（3）$Y(A,B,C,D) = (\overline{A} + \overline{B})(\overline{A} + B + \overline{C})(A + \overline{C} + D)$

（4）$Y(A,B,C) = \sum m(1,3,5,6,7)$

（5）$Y(A,B,C) = \prod M(0,1,3,4,5)$

（6）$Y(A,B,C,D) = \sum m(1,4,5,6,7,9,14,15)$

（7）$Y(A,B,C,D) = \sum m(1,3,4,5,6,8,10,14)$

（8）$Y(A,B,C,D) = \sum m(0,1,2,5,6,7,10,11,13,15)$

（9）$Y(A,B,C,D) = \prod M(1,7,9,13,15)$

（10）$Y(A,B,C,D) = \prod M(2,4,6,10,11,12,13,14,15)$

8. 如图 2-17 所示的卡诺图，当 a，b，c 各取何值时能得到最简的与或表达式？

9. 卡诺图如图 2-18 所示。

（1）若 $b = \overline{a}$，当 a 取何值时能得到最简的与或表达式？

（2）a 和 b 各取何值时能得到最简的与或表达式？

AB\\CD	00	01	11	10
00	1	1	1	0
01	a	0	b	0
11	0	0	c	0
10	1	1	1	0

图 2-17　题 8 卡诺图

AB\\CD	00	01	11	10
00	1	0	b	1
01	1	0	1	1
11	0	0	0	0
10	1	1	1	a

图 2-18　题 9 卡诺图

第3章 组合逻辑

数字系统中常用的各种数字部件，就其结构和工作原理而言可以分成两大类：组合逻辑电路和时序逻辑电路，分别简称为组合电路和时序电路。

如果一个逻辑电路在任何时刻产生的稳定输出状态仅仅取决于该时刻各输入状态的组合，而与过去的输入状态和输出状态无关，则称该逻辑电路为组合逻辑电路。而时序逻辑电路的输出不仅取决于当时的输入，而且与过去的输入情况有关，也就是说，与过去的电路状态有关。时序逻辑电路将在下一章讨论。

组合逻辑电路由输入变量、逻辑门和输出变量组成，逻辑门接收输入信号并产生输出信号。该过程将给定的输入数据以二进制的形式转换成所需的输出数据。组合逻辑电路的框图如图 3-1 所示。

图 3-1　组合逻辑电路的一般结构

图中，X_1，X_2，...，X_n 是电路的 n 个输入信号，F_1，F_2，...，F_m 是电路的 m 个输出信号。输出信号是输入信号的逻辑函数，表示为

$$F_i = f_i(X_1, X_2, \cdots, X_n) \quad i = 1, 2, 3, \cdots, m$$

组合逻辑电路具有如下特点。

① 输入信号是单向传输的，电路中不存在任何反馈回路。

② 电路由逻辑门电路组成，不包含任何记忆元件，没有记忆能力。

本章首先介绍构成组合逻辑电路的单元电路——门电路，其次介绍组合逻辑电路的一般分析和设计方法，并对组合逻辑电路中的竞争险象（又称竞争冒险）问题进行一般性讨论，在此基础上讨论部分常用组合逻辑标准构件。

3-1　门　电　路

实现基本逻辑运算和常用复合逻辑运算的逻辑器件统称为逻辑门电路。逻辑门电路是逻辑设计的最小单位，不论其内部结构如何，都是组成数字系统的基本单元电路。了解逻辑门电路的内部结构和工作原理，对数字逻辑电路的分析和设计是十分必要的。

3-1-1　二极管、三极管门电路

半导体器件都有导通和截止的开关作用，数字电路中的半导体二极管和半导体三极管一般是以开关方式运用的。在二极管和三极管开关电路的基础上增加适当的元件，可以构成与门、或门和非门。

1. 二极管与门

二极管组成的与门电路的电路结构如图 3-2 所示，其逻辑符号如图 3-3 所示。

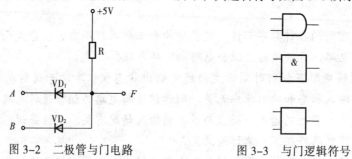

图 3-2　二极管与门电路　　　　图 3-3　与门逻辑符号

A、B 为输入，输入信号为 +5V 或 0V，F 为输出。其工作原理如下：

① 当输入端 A、B 输入都为 0V 时，这时 VD_1、VD_2 都处于正向导通状态。二极管两端保持正向压降，那么 F 输出为 +0.7V。

② 当输入端 A、B 输入中有 0V 和 +5V 时，此时与 0V 输入端对应的二极管处于正向导通状态，与 +5V 输入端对应的二极管处于反向截止状态，那么 F 输出为 +0.7V。

③ 当输入端 A、B 输入都为 +5V 时。这时电路处于等电位，F 输出为 +5V。

上述情形可归纳成表 3-1。在此基础上，假设输入 +5V 用 1 表示，0V 用 0 表示；输出为 2.4V 以上用 1 表示，1V 以下用 0 表示。上述分析结果归纳起来可得到该电路所实现功能的真值表，如表 3-2 所示。

表 3-1　二极管与门的功能表（单位：V）

A	B	F
0	0	0.7
0	5	0.7
5	0	0.7
5	5	5

表 3-2　二极管与门的真值表

A	B	F
0	0	0
0	1	0
1	0	0
1	1	1

从真值表可以看出，只要有一个输入为 0，则输出一定为 0；只有当所有输入都为 1 时，输出才为 1。因此该电路所实现的逻辑功能是与逻辑，可作为与门。

2. 二极管或门

二极管组成的或门电路的电路结构如图 3-4 所示。A、B 为输入，输入信号为 +5V 或 0V，F 为输出。其工作原理如下所示。

① 当输入端 A、B 输入都为 0V 时，这时电路处于等电位，F 输出为 0.7V。

② 当输入端 A、B 输入中有 0V 和 +5V 时，此时与 +5V 输入端对应的二极管处于正向导通状态，该二极管两端保持正向压降；与 0V 输入端对应的二极管处于反向截止状态，那么 F 输出为 +4.3V。

③ 当输入端 A、B 输入都为 +5V 时，这时 VD_1、VD_2 都处于正向导通状态。二极管两端保持正向压降，那么 F 输出为 +4.3V。

上述情形可归纳成表 3-3。在此基础上，假设输入 +5V 用 1 表示，0V 用 0 表示；输出为 2.4V

以上用 1 表示，1V 以下用 0 表示。上述分析结果归纳起来可得到该电路所实现功能的真值表，如表 3-4 所示。

表 3-3　二极管或门的功能表（单位为：V）

A	B	F
0	0	0.7
0	5	4.3
5	0	4.3
5	5	4.3

表 3-4　二极管或门的真值表

A	B	F
0	0	0
0	1	1
1	0	1
1	1	1

从真值表可以看出，只要有一个输入为 1，则输出一定为 1；只有当所有输入都为 0 时，输出才为 0。因此该电路所实现的逻辑功能是或逻辑，可作为或门，其逻辑符号如图 3-5 所示。

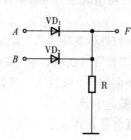

图 3-4　二极管或门电路

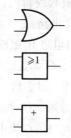

图 3-5　或门逻辑符号

3．三极管非门

非门又称反相器，三极管组成的非门电路的电路结构如图 3-6 所示。A 为输入，F 为输出。其工作原理如下所示。

① 当 A 输入为 +5V 时，则三极管 VT 饱和导通，F 输出在 +0.4V 以下。

② 当 A 输入为 0V 时，三极管 VT 截止，F 输出电位将接近于 +5V。

假设输入 +5V 时用 1 表示，0V 用 0 表示；输出为 2.4V 以上用 1 表示，1V 以下用 0 表示。则电路输入为 0 时，输出为 1；电路输入为 1 时，输出为 0。因此该电路所实现的逻辑功能是非逻辑，可作为非门。三极管非门的功能表和真值表分别如表 3-5 和表 3-6 所示，其逻辑符号如图 3-7 所示。

表 3-5　三极管非门的功能表（单位为：V）

A	F
0V	5V
5V	0.4V

表 3-6　三极管非门的真值表

A	F
0	1
1	0

4．DTL 与非门

上面用开关元器件二极管、三极管实现了简单逻辑门电路，另外可以采用上述 3 种简单门电路组成复合逻辑门电路。虽然采用二极管与、或门的组合，可扩大其逻辑功能，所实现的电路简单、经济，但是在许多门互相连接时，由于二极管有正向压降，通过一级门电路以后，输出电平对输入电平约有 0.7V 的偏移。这样，经过一连串的门电路后，高低电平就会严重偏离原来的数值，以致造成错误结果，而且二极管门负载能力较差。

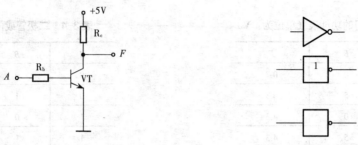

图 3-6　三极管非门电路　　　　　　图 3-7　非门逻辑符号

　　图 3-8 是一种早期的简单集成与非门电路结构原理图，它是由二极管与门和三极管非门串接而成，称为二极管-三极管逻辑门，输入级为二极管，输出级为三极管的逻辑电路，简称 DTL（Diode-Transistor Logic）电路。

　　二极管 VD_4、VD_5 与电阻 R_1 组成分压器对 P 点的电位进行变换。其工作原理如下所示。

　　① 当输入端 A、B、C 都是高电平时（如+5V），二极管 $VD_1 \sim VD_3$ 均截止，而 VD_4、VD_5 和 VT 导通，U_P 约为 3×0.7V，即 2.1V，VD_4、VD_5 呈现的电阻很小，使流入三极管的基极电流 I_B 足够大，从而使三极管饱和导通，U_F 约为 0.3V，即输出为低电平。

　　② 在三个输入端 A、B、C 当中，只要有一个为低电平 0.3V 时，U_P 将为 0.3+0.7=1V。此时，三极管 VT 截止，U_F 约为 $+V_{CC}$，即输出为高电平。

　　可见此逻辑门具有与非逻辑关系。与非门的真值表如表 3-7 所示，逻辑符号如图 3-9 所示。

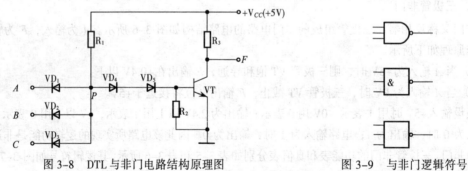

图 3-8　DTL 与非门电路结构原理图　　　　图 3-9　与非门逻辑符号

　　从电路结构上看，DTL 电路由二极管与门通过两个二极管 VD_4、VD_5 连接三极管非门而成。VD_4、VD_5 的作用是改变使三极管进入导通时 P 点的电位（约 2.1V），使输入端的干扰不易通过它们反映到三极管的基极，从而提高了抗干扰能力，VD_4、VD_5 的作用是电平转移，所以 VD_4、VD_5 称为电平转移二极管。

3-1-2　TTL 门电路

　　TTL 门电路是晶体管-晶体管逻辑（Transistor-Transistor Logic）电路的简称。目前，TTL 电路被广泛地用于中小规模集成逻辑电路中，因为这种电路的功耗大、线路复杂，不宜制作大规模集成逻辑电路。

1. 典型 TTL 与非门

上面介绍的 DTL 与非门，存在不足之处：工作速度较慢。因而，在此基础上产生了 TTL 电路。TTL 与非门的典型电路结构如图 3-10 所示。

表 3-7　与非门的真值表

A	B	C	F
0	0	0	1
0	0	1	1
0	1	0	1
0	1	1	1
1	0	0	1
1	0	1	1
1	1	0	1
1	1	1	0

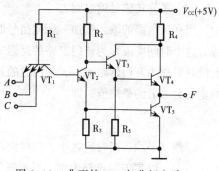

图 3-10　典型的 TTL 与非门电路

图中 VT_1 为多发射极管，它的 3 个发射结起着图 3-8 中输入二极管 $VD_1 \sim VD_3$ 的作用，组成了输入级；VT_1 的集电结代替了图 3-8 中的 VD_4，而另一只三极管 VT_2 的发射结替了 VD_5，组成了中间级，VT_5 组成了输出级，起着图 3-8 中 VT 的作用，其中 VT_3 和 VT_4 组成复合管，作为由输出管 VT_5 组成的反相器的有源负载。

2. TTL 与非门的主要外部特性参数

（1）输出高电平 U_{OH} 和输出低电平 U_{OL}

输入端在施加规定的电平下，使输出端为高电平时的输出电压值称为输出高电平 U_{OH}。如果用正与非门测试，一个输入端接低电平，其余输入端接 4.5V，被测输出端抽出电流，其余输出端开路，测试输出端的电压值。U_{OH} 的典型值约为 3.4V，产品规范值 $U_{OH} \geqslant 2.7V$。

输入端在施加规定的电平下，使输出端为低电平时的输出电压值称为输出低电平 U_{OL}。如果用正与非门测试，所有输入端接高电平，被测输出端注入电流，其余输出端开路，测试输出端的电压值。U_{OL} 的典型值约为 0.25V，产品规范值 $U_{OL} \leqslant 0.4V$。

（2）开门电平 U_{ON} 和关门电平 U_{OFF}

实际门电路中，高电平或低电平都不可能是标称的逻辑电平，而是在一个范围内。通常把最小高电平称为开门电平 U_{ON}，最大低电平称为关门电平 U_{OFF}。

开门电平 U_{ON} 和关门电平 U_{OFF} 在电路中是很重要的参数，它们反应了电路的抗干扰能力。实际传输的高电平电压值与开门电平之间的差值称为高电平噪声容量 U_{NH}，关门电平与实际传输的低电平电压值之间的差值称为低电平噪声容量 U_{NL}。一般 TTL 门电路的高电平噪声容量较低电平噪声容量大。

（3）扇入系数 N_I 和扇出系数 N_O

门电路允许的输入端数目，称为该门电路的扇入系数 N_I。在使用时，若要求门电路的输入端数目超过该门电路的扇入系数，则可使用"与扩展器"或者"或扩展器"来增加输入端数目，也可用分级实现的方法来减少对门电路输入端数目的要求。若使用所要求的输入端数目比门电路的扇入系数小，则可将不用的输入端接高电平（+5V）或接低电平（地），这要根据门电路的逻辑功能而定。

一般门电路只有一个输出端，但常与下一级的多个门电路的输入端连接。一个门电路的输出端所能连接的下一级同类门电路输入端的个数，称为该门电路的扇出系数 N_0。N_0 反映了该门电路的负载能力。一般门的扇出系数为 8，驱动门的扇出系数可达 25。

（4）平均传输延迟时间 t_{pd}

当在门电路的输入端加一变化信号时，需经过一定的时间间隔才能从输出端得到一个相应信号，这个时间间隔称为该门电路的延迟时间。通常，以信号的上升或下降沿的 50% 处计时，开门时的延时称为开门延时 $t_{pd(ON)}$，关门时的延时称为关门延时 $t_{pd(OFF)}$。通常，二者不等，平均延迟时间则定义为二者的平均值，即

$$t_{pd} = \frac{1}{2}\left(t_{pd(ON)} + t_{pd(OFF)}\right)$$

显然，平均延迟时间越小，门电路的响应速度越快。

以上，以 TTL 门电路为例，对逻辑门电路的外部性能指标进行了介绍，至于每种实际门的具体参数可查阅有关手册和产品说明书。

3. TTL 三态门

三态输出门简称三态门，有 3 种输出状态：输出高电平、输出低电平和输出高阻态，前两种状态为工作状态，后一种状态为禁止状态。在禁止状态下，其输出高阻相当于开路，表示与其他电路无关，不是一种逻辑值。

图 3-11 所示给出了三态与非门的电路结构和逻辑符号。该电路是在一般与非门的基础上，附加了使能控制端和控制电路构成的。

TTL 三态与非门的工作原理如下：

① 当控制信号 $EN=1$ 时，二极管 VD 反偏，此时电路功能与一般与非门并无区别。

② 当控制信号 $EN=0$ 时，一方面因为 VT_1 有一个输入端为低电平，使得 VT_2、VT_5 截止。另一方面由于二极管 VD 导通，迫使 VT_3 的基级电位变低，致使 VT_3、VT_4 也截止，这样输出 F 便被悬空，即处于高阻状态。

因为该电路是在 $EN=1$ 时为正常工作状态，所以称为使能端高电平有效的三态与非门。如果是低电平有效，则在逻辑符号的控制端加一个小圆圈，并将控制信号写成 $\overline{EN}$，如图 3-12 所示。

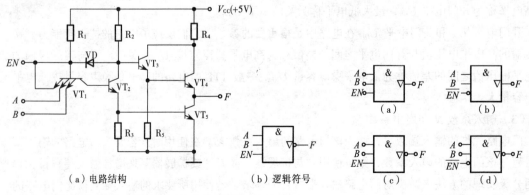

图 3-11　TTL 三态与非门电路和逻辑符号　　　　图 3-12　几种常见三态门逻辑符号

三态与非门主要应用于总线传送，它既可以用于单向数据传送，又可以用于双向数据传送。

图 3-13 为用三态门构成的单向数据总线。当某个三态门的控制端 $\overline{EN}$ 为 0 时，该逻辑门处于工作状态，数据经反相器送至总线。为了保证数据传送的正确性，任意时刻 n 个三态门的控制端只能有一个为 0，其余为 1，即只允许一个数据端与总线接通，其余均断开，以便实现 n 个数据分时传送。

图 3-14 为用两种不同控制输入的三态门构成的双向总线。图中 $\overline{EN}$ =0 时，G_1 门工作，G_2 门处于高阻态，数据 D_1 被取反后送至总线；$\overline{EN}$ =1 时，则正好相反，从而实现了数据的分时双向传送。

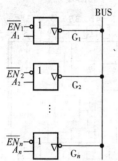
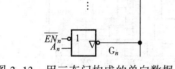
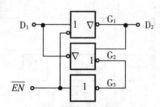

图 3-13　用三态门构成的单向数据总线　　　图 3-14　用三态门构成的双向数据总线

多路数据通过三态门共享总线，实现数据分时传送的方法，在计算机和其他数字系统中被广泛应用。

4. 常用的 TTL 集成电路芯片

先简单介绍有关集成门电路的最基本的型号编码知识。

型号说明：

$$\underset{①}{\underline{C}}\quad\underset{②}{\underline{T}}\quad\underset{③}{\underline{74\,LS\,00}}\quad\underset{④}{\underline{C}}\quad\underset{⑤}{\underline{J}}$$

① C：中国。

② T：TTL 集成电路。

③ 74/54：国际通用 74/54 系列；L：低功耗系列；H：高速系列；S：肖特基系列；空白：标准系列；LS：低功耗肖特基系列；AS：先进肖特基系列；ALS：先进低功耗肖特基系列；00：与非门（功能编码）。

④ C：0~70℃（只出现在 74 系列）；M：-55℃~125℃（只出现在 54 系列）。

⑤ D：多层陶瓷双列直插封装；J：黑瓷低熔玻璃双列直插封装；P：塑料双列直插封装；F：多层陶扁平封装。

图 3-15 所示为几种常见的门电路引脚排列图。图中芯片均采用正逻辑，（a）为四 2 输入与非门，即由四个二输入的与非门构成；（b）为四 2 输入或非门；（c）为六反相器；（d）为四 2 输入与门；（e）为三 3 输入与非门；（f）为双 4 输入与非门；（g）为四异或门；（h）为双 2 线与或非门。图中 NC 引脚表示无连接（No Connection）。

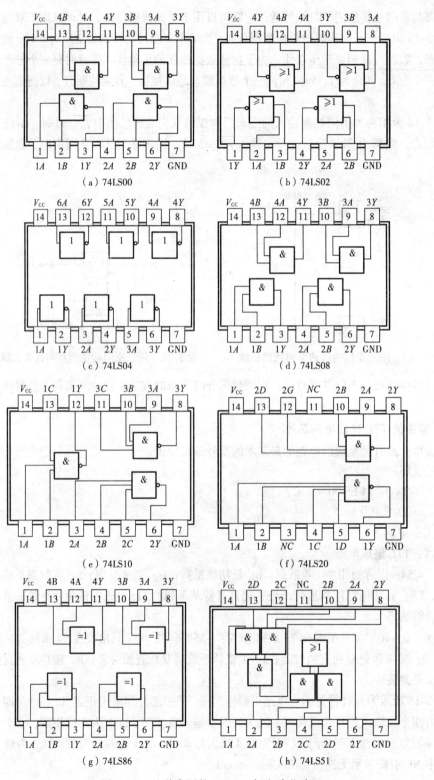

图 3-15　几种常用的 TTL/SSI 门电路芯片

3-1-3 CMOS 门电路

以 **MOS**（Metal–Oxide–Semiconductor）管作为开关元件的门电路称为 MOS 门电路。由于 MOS 型集成门电路具有制造工艺简单、集成度高、功耗小以及抗干扰能力强等优点，因此在数字集成电路产品中占据相当大的比例。与 TTL 门电路相比，MOS 门电路的速度较低。

MOS 门电路有 3 种类型：使用 P 沟道管的 PMOS 电路、使用 N 沟道管的 NMOS 电路和同时使用 PMOS 和 NMOS 管的 CMOS 电路。其中 CMOS 性能更优，因此 CMOS 门电路是应用较为普遍的逻辑电路之一。

1. CMOS 非门

图 3-16 所示是一个 N 沟道增强型 MOS 管 VT_N 和一个 P 沟道增强型 MOS 管 VT_P 组成的 CMOS 非门。

两管的栅极相连作为输入端，两管的漏极相连作为输出端。VT_N 的源极接地，VT_P 的源极接电源。为了保证电路正常工作，V_{DD} 需要大于 VT_P 管开启电压 U_{TP} 的绝对值和 VT_N 管开启电压 U_{TN} 的和，即 $V_{DD} > U_{TN} + |U_{TP}|$。当 $U_i=0V$ 时，VT_N 截止，VT_P 导通，$V_o \approx V_{DD}$ 为高电平；当 $U_i=V_{DD}$ 时，VT_N 导通，VT_P 截止，$U_o \approx 0V$ 为低电平。因此实现了非逻辑功能。

CMOS 非门除了有较好的动态特性外，由于 CMOS 非门电路工作时总有一个管子导通，所以当带有电容负载时，给电容充电和放电都比较快。CMOS 非门的平均传输延迟时间约为 10ns。另外由于它处在开关状态下总有一个管子处于截止状态，因而电流极小，电路的静态功耗很低，一般为微瓦（μW）数量级。

2. CMOS 与非门

图 3-17 所示为一个两输入端的 CMOS 与非门电路，它由两个串联的 NMOS 管和两个并联的 PMOS 管构成。每个输入端连到一个 PMOS 管和一个 NMOS 管的栅极。

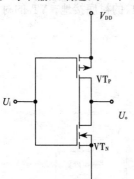

图 3-16　CMOS 非门电路

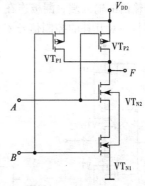

图 3-17　CMOS 与非门电路

当输入 A、B 均为高电平时，VT_{N1} 和 VT_{N2} 导通，VT_{P1} 和 VT_{P2} 截止，输出端为低电平；当输入 A、B 中至少有一个为低电平时，对应的 VT_{N1} 和 VT_{N2} 中至少有一个截止，VT_{P1} 和 VT_{P2} 中至少有一个导通，输出 F 为高电平。因此，该电路实现了与非逻辑功能。

3. CMOS 或非门

图 3-18 所示是一个两个输入端的 CMOS 或非门电路，它由两个并联的 NMOS 管和两个串联的 PMOS 管构成。每个输入端连接到一个 NMOS 管和一个 PMOS 管的栅极。

当输入 A、B 均为低电平时，VT_{N1} 和 VT_{N2} 截止，VT_{P1} 和 VT_{P2} 导通，输出 F 为高电平；只要输入端 A、B 中有一个为高电平，则对应的 VT_{N1} 和 VT_{N2} 中至少有一个导通，VT_{P1} 和 VT_{P2} 中便至少有一个截止，使输出 F 为低电平。因此，该电路实现了或非逻辑功能。或非门的逻辑符号如图 3-19 所示。

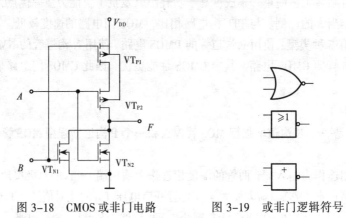

图 3-18　CMOS 或非门电路　　　　图 3-19　或非门逻辑符号

4. CMOS 三态门

图 3-20 所示是一个低电平使能控制的三态非门，从电路结构上看，该电路是在 CMOS 非门的基础上增加了 NMOS 管 VT_{N2} 和 PMOS 管 T_{P2} 构成的。当使能控制端 $\overline{EN}$ =1 时，T_{N2} 和 T_{P2} 同时截止，输出 F 呈高阻状态；当使能控制端 $\overline{EN}$ =0 时，T_{N2} 和 T_{P2} 同时导通，非门正常工作，实现 $F=\overline{A}$ 的功能。与 TTL 三态门一样，CMOS 三态门也可用于总线传输。

5. CMOS 传输门

图 3-21（a）所示是一个 CMOS 传输门的电路图，它由一个 NMOS 管 VT_N 和一个 PMOS 管 T_P 并联构成，其逻辑符号如图 3-21（b）所示。图中，VT_N 和 VT_P 的结构和参数对称，两管的源极连在一起作为传输门的输入端，漏极连在一起作为输出端。VT_N 的衬底接地，VT_P 的衬底接电源，两管的栅极分别与一对互补的控制信号 C 和 $\overline{C}$ 相接。

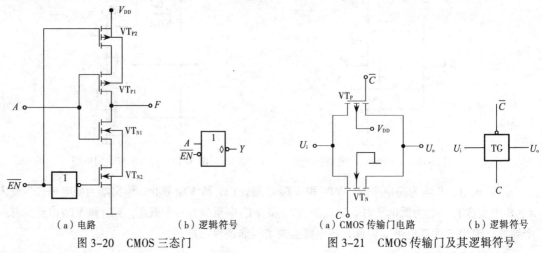

（a）电路　　　　　　（b）逻辑符号　　　　　（a）CMOS 传输门电路　　　（b）逻辑符号

图 3-20　CMOS 三态门　　　　　　　图 3-21　CMOS 传输门及其逻辑符号

当控制端 C=1（V_{DD}），$\overline{C}$ =0（0V）时，若输入电压 U_i 在 0V～V_{DD} 范围内变化，则两管中至少有一个导通，输入和输出之间呈低阻状态，相当于开关接通，即输入信号 U_i 在 0V～V_{DD} 范围内都能通过传输门。

当控制端 $C=0$（0V），$\overline{C}=1$（V_{DD}）时，输入信号 U_i 在 0V～V_{DD} 范围内变化，两管总是处于截止状态，输入和输出之间呈高阻状态（$10^9\Omega$），信号 U_i 不能通过，相当于开关断开。

由此可见，变换两个控制端的互补信号，可以使传输门接通或断开，从而决定输出端的模拟信号（0V～V_{DD} 之间的任意电平）是否能传送到输出端。所以，传输门实质上是一种传输模拟信号的压控开关。

由于 MOS 管的结构是对称的，即源极和漏极可以互换使用，因此，传输门的输入端和输出端可以互换使用，即 CMOS 传输门具有双向性，故又称可控双向开关。

6. CMOS 逻辑门电路的系列及主要参数

（1）CMOS 逻辑门电路的系列

① 基本的 CMOS 4000 系列。

② 高速的 CMOS HC 系列。

③ 与 TTL 兼容的高速 CMOS HCT 系列。

（2）CMOS 逻辑门电路主要参数的特点

① 输出高电平 $U_{OH(min)}=0.9V_{DD}$；输出低电平 $U_{OL(max)}=0.01V_{DD}$。所以 CMOS 门电路的逻辑摆幅（即高低电平之差）较大。

② 阈值电压 U_{th} 约为 $V_{DD}/2$。

③ CMOS 非门的关门电平 U_{OFF} 为 $0.45V_{DD}$，开门电平 U_{ON} 为 $0.55V_{DD}$。因此，其高、低电平噪声容限均达 $0.45V_{DD}$。

④ CMOS 电路的功耗很小，一般小于 1mW/门。

⑤ 因为 CMOS 电路有极高的输入阻抗，故其扇出系数 N_0 很大，可达到 50。

3-2 组合逻辑分析

对于给定的组合逻辑电路，找出其输出与输入之间的逻辑关系的过程称为逻辑电路分析。所谓组合逻辑分析就是根据给定的组合逻辑电路写出描述其逻辑功能的逻辑函数，确定输入与输出之间的逻辑操作关系。一旦得到了逻辑功能描述，则可以进行如下工作：

① 确定在不同输入组合下电路的功能以及是否满足原说明的功能要求。

② 变化逻辑表达式，以便用不同的电路结构实现同一逻辑功能或化简逻辑表达式，从而得到最简逻辑表达式以简化电路。

③ 把表达式转化为标准形式以便能使用更方便的电路结构。如与或表达式可以直接应用于可编程逻辑阵列（PLA）中。

④ 在分析更大的包含此电路的逻辑系统时，可直接利用此电路的逻辑描述。

对于给定的组合逻辑电路图来说，可以有几种方法得到电路的逻辑描述。最基本的逻辑描述方法是真值表，另外也可采用逻辑表达式，此时常常要根据需要对逻辑表达式进行化简或变换。

3-2-1 分析步骤

一般按照下列步骤进行组合逻辑电路的分析。

① 根据给定的逻辑电路，写出逻辑函数表达式。为写出组合逻辑电路的函数表达式，可根

据电路中信号传输的方向，逐级写出表达式。可从输入向输出方向写，也可从输出向输入方向写。

② 表达式变换及化简。与实际电路对应的表达式通常不是理论上常用的形式，不便于理解其表达的逻辑关系，需要对表达式进行变换，得到逻辑函数的标准表达式或最简式。根据需要决定是否需要化简，化简方法通常利用代数法或卡诺图法。

③ 根据表达式列出真值表。真值表详尽地给出了电路输入、输出取值关系，它直观地描述了电路的逻辑功能。

④ 指出逻辑功能及评述。根据真值表和函数表达式，对电路的逻辑功能进行概括，给出相应的文字描述。必要时，对原电路的设计方案进行评定，提出改进意见。

以上分析步骤是针对一般情况而言的，在实际应用中可以根据问题的复杂程度和具体要求进行适当的取舍。下面举例说明组合逻辑电路的分析过程。

3-2-2　分析实例

【例3-1】 分析图3-22所示的组合逻辑电路。

解： ① 根据给定的逻辑电路图，写出逻辑函数表达式。

$$F = \overline{\overline{AB} + \overline{A}\overline{B}}$$

② 表达式变换或化简。

$$F = \overline{\overline{AB}\cdot\overline{\overline{A}\overline{B}}} = (A + \overline{B})(\overline{A} + B) = \overline{A}\overline{B} + AB$$

③ 根据输出函数表达式列出真值表。该函数的真值表如表3-8所示。

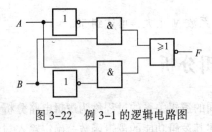

图 3-22　例 3-1 的逻辑电路图

表 3-8　例 3-1 的真值表

A	B	F
0	0	1
0	1	0
1	0	0
1	1	1

④ 逻辑功能评述。由真值表可知，该电路在输入 A、B 同时取值都为 0 或都为 1 时，输出 F 的值为 1，即两个输入相同时输出为 1，该电路实现"同或"逻辑功能。

【例3-2】 分析图3-23（a）所示的组合逻辑电路。

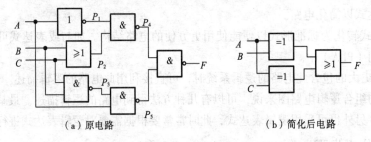

（a）原电路　　　　　　　　　　　　　（b）简化后电路

图 3-23　例 3-2 的逻辑电路图

解： ① 根据给定的逻辑电路图，写出逻辑函数表达式。根据电路中各逻辑门的功能，从输入端开始逐级写出函数表达式如下：

$$P_1 = \overline{A}, \quad P_1 = B + C, \quad P_3 = \overline{BC}$$

$$P_4 = \overline{P_1 P_2} = \overline{\overline{A}(B+C)}, \quad P_5 = \overline{AP_3} = \overline{A\overline{BC}}$$

$$F = \overline{P_4 P_5} = \overline{\overline{\overline{A}(B+C)} \cdot \overline{A\overline{BC}}}$$

② 化简输出函数表达式。

$$F = \overline{\overline{\overline{A}(B+C)} \cdot \overline{A\overline{BC}}}$$
$$= \overline{A}(B+C) + A\overline{BC}$$
$$= \overline{A}B + \overline{A}C + A\overline{B} + A\overline{C}$$
$$= A \oplus B + A \oplus C$$

③ 根据化简后的函数表达式列出真值表。该函数的真值表如表 3-9 所示。

④ 逻辑功能评述。由真值表可知，该电路在仅当 A、B、C 取值都为 0 或都为 1 时输出 F 的值为 0，其他情况均为 1。换言之，当输入取值一致时输出为 0，否则为 1，可见该电路具有检查输入信号是否一致的逻辑功能，一旦输出为 1 则表明输入不一致。因此通常称该电路为"不一致电路"。

由分析可知，该电路的设计方案并不是最简的。根据化简后的输出函数表达式可采用异或门和或门实现给定逻辑功能的逻辑电路，如图 3-23（b）所示。

【例 3-3】 分析图 3-24（a）所示的逻辑电路。

解： 根据给出的逻辑电路图可写出输出函数表达式

$$S = \overline{\overline{\overline{AB} \cdot A} \cdot \overline{\overline{AB} \cdot B}}$$
$$C = \overline{\overline{AB}}$$

用代数法对输出函数化简，得

$$S = \overline{\overline{\overline{AB} \cdot A} \cdot \overline{\overline{AB} \cdot B}}$$
$$= \overline{AB} \cdot A + \overline{AB} \cdot B$$
$$= (\overline{A} + \overline{B})A + (\overline{A} + \overline{B})B$$
$$= A\overline{B} + \overline{A}B$$
$$C = \overline{\overline{AB}} = AB$$

根据化简后的表达式列出真值表如表 3-10 所示。

表 3-9　例 3-2 的真值表

A	B	C	F
0	0	0	0
0	0	1	1
0	1	0	1
0	1	1	1
1	0	0	1
1	0	1	1
1	1	0	1
1	1	1	0

表 3-10　例 3-3 的真值表

A	B	S	C
0	0	0	0
0	1	1	0
1	0	1	0
1	1	0	1

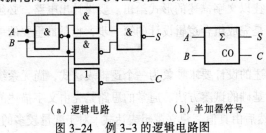

（a）逻辑电路　　　（b）半加器符号

图 3-24　例 3-3 的逻辑电路图

　　由真值表可以看出，若将 A、B 分别看作一位二进制数，则 S 是 AB 相加的"和"，C 是相加产生的"进位"。该电路通常称为半加器（Half Adder），它能实现一位二进制数加法运算。半加器已有小规模集成电路，其逻辑符号如图 3-24（b）所示。

　　以上例子说明了组合逻辑电路分析的一般方法。通过对电路的分析，不仅可以找出电路输入/输出之间的关系，确定电路的逻辑功能，同时还能对某些不合理的设计进行改进和完善。

3-3　组合逻辑设计

　　逻辑设计又称逻辑综合，是指根据给定的实际问题，找出一个能解决该问题的最简单的逻辑电路来加以实现。逻辑设计是数字技术中的一个重要课题，任何一个可描述的事件或过程，都可以进行严格的逻辑设计，然后用数字逻辑器件加以实现。

3-3-1　设计步骤

　　由于实践应用中提出的各种设计要求一般是以文字的形式描述的，所以逻辑设计的首要任务是将设计问题转化为逻辑问题，即将文字描述的设计要求抽象为一种逻辑关系。就组合逻辑电路而言，就是抽象出描述问题的逻辑表达式。

　　组合逻辑电路的设计是分析的逆过程，一般可按如下步骤进行：

　　① 分析设计要求，把用文字描述的设计要求抽象成输出变量与输入变量的逻辑关系。

　　② 根据分析出的逻辑关系，通过真值表或其他方式列出逻辑函数表达式。

　　③ 根据所选择的门的类型，变换并化简逻辑表达式。

　　④ 画出逻辑电路图或电路原理图。

　　⑤ 按照工程实际要求，对所设计的电路进行综合评价。

　　上述步骤中，关键是第①步，这对采用小规模集成电路或中、大规模电路都是必需的。第②、③步主要针对以小规模集成电路为基本元件进行设计所需的步骤，它是各种简化逻辑函数的方法的应用，至于中规模集成电路为基础的设计，将在 3-5 节中介绍。第④、⑤步将以如何减少集成电路块的数量为目标，充分利用集成电路中的门，并减少电路中信号通过门的级数，以减少信号延时，还将讨论组合电路中的竞争和险象。

　　设计好的逻辑电路还与设计者的实际经验有着密切的关系。只有通过大量的实践才能掌握设计的方法和技巧。

3-3-2　问题的描述

　　在设计组合逻辑电路时，其设计要求往往以文字描述的形式给出。要设计出电路，必须把文字描述的设计要求，抽象为逻辑表达式。这是完成组合逻辑设计的第一步，也是最重要的一步，但这一步并无具体的规则可循。

　　由于实际问题千变万化，如何从文字描述的设计要求抽象为一个逻辑表达式，尚无系统的方法。目前采用的方法仍是以设计者的经验为基础的试凑方法。通常的思路是先由文字描述的设计要求建立所设计电路的输入、输出真值表，然后由真值表建立逻辑表达式。对于变量较多的情况，则可设法建立简化真值表，甚至由设计要求直接建立逻辑表达式。

对逻辑问题的描述通常可以从下面 3 种方法入手：

① 根据问题的描述，列出输入与输出的真值表，然后给出逻辑表达式。

② 如果变量较多，则可以列出简化真值表，然后给出逻辑表达式。

③ 根据设计要求直接写出逻辑函数的表达式。

在实际设计中，究竟采用哪种方法，主要取决于设计者对设计要求的理解、分析和经验。下面通过具体例子，说明各种思路的描述方法。

1．逻辑问题的真值表描述

【例 3-4】某汽车驾驶员培训班进行结业考试。有三名评判员，其中 A 为主评判员，B 和 C 为副评判员。在评判时，按照少数服从多数原则，但若主评判员认为合格，亦可通过。试写出驾驶员通过考试的逻辑表达式。

解：根据设计要求，设定 3 个输入变量 A、B、C。

A 表示主裁判 A 意见，$A=1$，主裁判 A 认为合格；$A=0$，主裁判 A 认为不合格。

B 表示副裁判 B 意见，$B=1$，副裁判 B 认为合格；$B=0$，副裁判 B 认为不合格。

C 表示副裁判 C 意见，$C=1$，副裁判 C 认为合格；$C=0$，副裁判 C 认为不合格。

设定输出变量为 F。$F=1$ 表示驾驶员结业考试通过；$F=0$ 表示驾驶员结业考试不通过。

根据给出的逻辑条件，可写出表 3-11（a）所示真值表。

故 F 的逻辑表达式为

$$F = \overline{A}BC + A\overline{B}\,\overline{C} + A\overline{B}C + AB\overline{C} + ABC$$

另外，根据分析也可直接给出问题的简化真值表，如表 3-11（b）所示，则

$$F = A + BC$$

表 3-11　例 3-4 的真值表

（a）真值表				（b）简化真值表			
A	B	C	F	A	B	C	F
0	0	0	0	d	1	1	1
0	0	1	0	1	d	d	1
0	1	0	0				
0	1	1	1				
1	0	0	1				
1	0	1	1				
1	1	0	1				
1	1	1	1				

【例 3-5】试给出 1 位二进制全加器的逻辑表达式。

解：设全加器的输入、输出端分别为 A_i—被加数，B_i—加数，C_{i-1}—低位向本位的进位，S_i—本位和输出，C_i—本位向高位的进位。其框图如图 3-25 所示，根据 1 位二进制数的运算规则可得

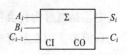

图 3-25　1 位全加器逻辑符号

出真值表，如表 3-12 所示。

根据真值表作卡诺图，如图 3-26 所示。

表 3-12　1 位全加器真值表

A_i	B_i	C_{i-1}	S_i	C_i
0	0	0	0	0
0	0	1	1	0
0	1	0	1	0
0	1	1	0	1
1	0	0	1	0
1	0	1	0	1
1	1	0	0	1
1	1	1	1	1

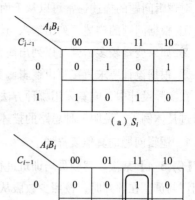

图 3-26　例 3-5 的卡诺图

故得 S_i、C_i 逻辑表达式为

$$S_i = \overline{A_i}\,\overline{B_i}C_{i-1} + \overline{A_i}B_i\overline{C_{i-1}} + A_i\overline{B_i}\,\overline{C_{i-1}} + A_iB_iC_{i-1}$$
$$= A_i \oplus B_i \oplus C_{i-1}$$
$$C_i = A_iB_i + A_iC_{i-1} + B_iC_{i-1}$$

【例 3-6】已知 X 和 Y 是两个两位二进制正整数，写出判别 $X > Y$ 的逻辑表达式。

解： 在设计"X 是否大于 Y"的判别电路时，首先要列出表征 $X > Y$ 的逻辑表达式。不难理解，该电路有 4 个输入变量：A、B、C 和 D，分别表示 X 和 Y 的高低位，1 个输出变量：F，它表明 $X > Y$ 还是 $X \leqslant Y$。由题意可知：$X > Y$ 时，$F = 1$，即 $AB > CD$ 时，$F = 1$；$AB \leqslant CD$ 时，$F = 0$。

比较多位数大小的方法，是从高位开始比较，高位大则大，高位相同则比较相邻的低位。根据这一比较方法，只需列出使 $F = 1$ 的变量取值组合，如表 3-13 所示。与完整的真值表相对而言，把只包含 $F = 1$ 的真值表称为简化真值表。表中"d"表示可取值 0 或 1。

表 3-13　$X > Y$ 的简化真值表

X		Y		F
A	B	C	D	
1	d	0	d	1
0	1	0	0	1
1	1	1	0	1

故 F 的逻辑表达式为

$$F = A\overline{C} + \overline{A}B\overline{C}\,\overline{D} + AB\overline{C}\overline{D}$$

本例中，是通过简化真值表列出逻辑表达式的，而简化真值表是通过对设计要求的分析建立的。简化真值表常用在具有控制端的电路功能的描述方面。

2. 逻辑问题的直接表达式描述

【例 3-7】已知某客机的安全起飞装置在同时满足下列条件时，发出允许滑跑信号。

① 发动机启动开关接通。

② 飞行员入座，且座位保险带扣上。

③ 乘客入座且座位保险带扣上，或座位上无乘客。

试定出允许滑跑信号的逻辑表达式。

解：由题意可知，该装置的输入变量为

发动机启动信号：S；

飞行员入座信号：A；

飞行员座位保险带扣上信号：B；

乘客座位状态信号：M_i（$i=1$, 2, 3, $\cdots$, n）；

乘客座位保险带扣上信号：N_i（$i=1$, 2, 3, $\cdots$, n）；

该装置的输出变量为：F。

设当允许客机滑跑的条件满足时，$F=1$；否则，$F=0$。

由题意可知，只有当 3 个条件：① 发动机启动 $S=1$；② 飞行员入座 $A=1$ 且飞行员座位保险带扣上 $B=1$；③ 乘客条件同时满足时，$F=1$。乘客条件可理解为：有乘客 $M_i=1$ 且保险带扣上 $N_i=1$ 或无乘客 $M_i=0$。

据此可列出下列逻辑表达式：

$$F = S \cdot A \cdot B \cdot (M_1 N_1 + \overline{M_1}) \cdot (M_2 N_2 + \overline{M_2}) \cdots (M_n N_n + \overline{M_n})$$

$$= SAB(N_1 + \overline{M_1})(N_2 + \overline{M_2}) \cdots (N_n + \overline{M_n})$$

$$= SAB \prod_{i=1}^{n} \left(N_i + \overline{M_i} \right)$$

本例中，所要设计电路的逻辑表达式是通过对设计要求的分析直接列出的，既不通过真值表，也不通过简化真值表。

3-3-3 设计实例

通过下面的设计过程，了解如何应用前面所介绍的方法设计常用的组合逻辑电路。

【例 3-8】试设计一位二进制全加器。

解：设全加器的输入、输出端分别为 A_i—被加数，B_i—加数，C_{i-1}—低位向本位的进位，S_i—本位和输出，C_i—本位向高位的进位。根据例 3-5 可知

$$S_i = A_i \oplus B_i \oplus C_{i-1}$$

$$C_i = A_i B_i + A_i C_{i-1} + B_i C_{i-1} = \overline{\overline{A_i B_i} \cdot \overline{(A_i \oplus B_i) \cdot C_{i-1}}}$$

其对应的电路图如图 3-27 所示。

【例 3-9】设计一个房间报警电路。如果意外事件发生输入 *PANIC* 为 1；或如果使能输入 *ENABLE* 为 1，出口标志输入 *EXITING* 为 0，并且房间没有加密，则报警输出 *ALARM* 为 1。如果窗（*WINDOW*）、门（*DOOR*）及车库（*GARAGE*）输入都是 1，则房间加密（*SECURE*）。

解：根据题意可直接写出逻辑表达式

ALARM = PANIC + ENABLE $\cdot \overline{\text{EXITING}} \cdot \overline{\text{SECURE}}$

SECURE = WINDOW $\cdot$ DOOR $\cdot$ GARAGE

ALARM = PANIC + ENABLE $\cdot \overline{\text{EXITING}} \cdot \overline{\text{WINDOW} \cdot \text{DOOR} \cdot \text{GARAGE}}$

逻辑表达式对应的逻辑电路图如图 3–28 所示。

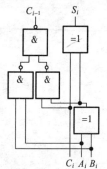

图 3–27　一位二进制全加器逻辑图

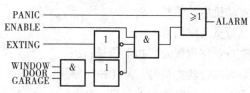

图 3–28　房间报警电路逻辑图

从上述例子可以看出，从命题描述得到逻辑表达式，再按逻辑表达式画出逻辑图，则逻辑图中可能包含与、或、非门。这种混合各种类型门的电路往往对集成电路（IC）器件的利用不充分，而且通常输出端带非的门其速度比输出端不带非的门要快。为了提高电路的速度，提高器件的利用率从而减少 IC 器件的数量，提高电路的可靠性，还需要对从逻辑表达式直接画出的电路图进行变换，尽可能使用同一类型的输出端带非的门来实现。

【例 3–10】人类有 4 种基本血型：A 型、B 型、AB 型和 O 型。O 型血可以输给任意血型的人，而他自己只能接受 O 型；AB 型可以接受任意血型，但只能输给 AB 型；A 型能输给 A 型或 AB 型，可接受 A 型或 O 型；B 型能输给 B 型或 AB 型，可以接受 B 型或 O 型。

设计一个逻辑电路，其输入是一对要求"输送—接受"的血型，当符合上述规则时，电路给出对应的指示。

解：① 确定输入、输出变量个数。

在设计一个组合逻辑电路时，选定的变量多少，会影响结果的简易程度，一般而言，变量少，电路较简单。当然，由于电路应用于实际，在确定变量时，编码应易于理解。

本例中，输入是一对输送—接受的血型，由于输送—接受的血型数为 4，则各需 2 个变量，可用变量 AB 表示输送血型，CD 表示接受血型。输出表示是否可以进行输血，则可用 1 个输出变量 F。

可假设（编码）：AB、CD 取值为 00 表示 O 型；01 表示 A 型；10 表示 B 型；11 表示 AB 型。F 取值为 1 表示可以输血，符合以上的输血规则。

② 确定输入与输出的关系。

根据编码及上面的输血规则，可填写出真值表或直接用卡诺图表示。

表达逻辑关系，主要是要找出逻辑表达式，实际问题转换成真值表及卡诺图都比较容易，为了得到表达式，用真值表表示后，还是要转换成卡诺图表示，因此，在实际设计中，常直接填写卡诺图，并且在多数情况下，直接用卡诺图表示更方便。

本逻辑函数的真值表如表 3–14 所示，卡诺图如图 3–29（a）所示。

表 3-14　例 3-10 的真值表

A	B	C	D	F
0	0	0	0	1
0	0	0	1	1
0	0	1	0	1
0	0	1	1	1
0	1	0	0	0
0	1	0	1	0
0	1	1	0	0
0	1	1	1	1
1	0	0	0	1
1	0	0	1	1
1	0	1	0	1
1	0	1	1	0
1	1	0	0	0
1	1	0	1	0
1	1	1	0	0
1	1	1	1	1

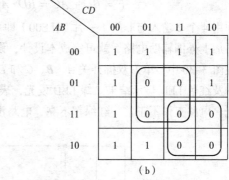

图 3-29　例 3-10 的卡诺图

由于卡诺图中"0"块较少，且集中相邻，圈"0"块所得到的表达式要简单一些，则可用反函数或者用或与式表达。

$$\overline{F} = A\overline{C} + B\overline{D} \quad 或 \quad F = (\overline{A} + C)(\overline{B} + D)$$

在本设计中，没有规定使用何种门电路，因此，表达式的形式选定比较灵活，如果设计中有要求，则必须根据要求选择表达式的形式。如果指定用与非门，则必须对卡诺图圈"1"，得与或式；如果指定用或非门，则必须对卡诺图圈"0"，得或与式。

③ 变换表达式。如果以上式去实现实际电路，要用到 3 种门电路：与、或、非，起码需要 3 种集成芯片，不太经济，实际应用中，应把表达式转换为只含一种运算（门电路）的表达式形式，常用与非–与非式或者或非–或非式表示。

本例表达式可转换成

$$F = \overline{\overline{\overline{A} + C} + \overline{\overline{B} + D}} = \overline{\overline{A} + A + C} + \overline{\overline{B} + B + D}$$

该逻辑电路可用 5 个 2 输入或非门完成。可选用前面介绍的集成电路 74LS02 芯片两片。

④ 画逻辑图并考虑工程问题（略）。

⑤ 讨论：

- 74LS02 内部有 4 个或非门，选用两片，有 3 个门没有使用。从表达式看，$\overline{A}$ 和 $\overline{B}$ 各用一个或非门，使门数正好超过 4。是否可以在设计时，进行一定的调整，使门数降到 4 或 4 以下呢？

- 如果做成实际电路，通常需要用显示器件表示处理结果，如选用发光二极管。TTL 电路在输出高电平时的负载能力较弱，如果直接接发光二极管，不能正常发光。

为了解决上面问题，对设计的编码进行一下修改。

可假设血型编码为：

AB 取值为 00 表示 O 型、01 表示 A 型、10 表示 B 型、11 表示 AB 型；

CD 取值为 00 表示 AB 型、01 表示 B 型、10 表示 A 型、11 表示 O 型；

F 取值为 1 表示可以输血，符合以上的输血规则。

即输送约定没有变，接受约定变了。

卡诺图如图 3-29（b）所示。

则

$$\overline{F} = BD + AC$$

$$F = \overline{BD + AC} = \overline{\overline{BD} \cdot \overline{AC}} = \overline{(\overline{BD} \cdot \overline{AC})(\overline{BD} \cdot \overline{AC})}$$

即用 4 个 2 输入与非门（一片 74LS00）即可。

再加上外围辅助电路，就可完成本设计，设计结果如图 3-30 所示。

在图 3-30 中，单刀双掷开关 A、B、C 和 D 产生 4 个输入量的输入信号，绿色 LED（发光二极管）及红色 LED 显示结果。绿 LED 发光，表示可以输血，红 LED 发光，表示不能输血；红绿都发光，电路工作不正常，红绿都不亮，电路没有工作。电路的操作及原理请读者自己分析。

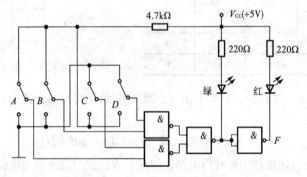

图 3-30　例 3-10 的设计结果

从本例可以看出，对实际问题的分析，直接影响电路的设计，分析（表示）越成功，则电路越简单，即使按照同一思想设计，外围电路的安排不同，电路的使用效果也是不同的，因此，在设计一个电路时，对实际问题的分析是首要问题，并对设计反复推敲。

读者可自己动手，修改编码，用不同的逻辑解决该实际问题（该逻辑可以只用 3 个 2 输入的同类运算实现）。

3-3-4　不完全项设计

从原理上讲，按上面介绍的方法，能够设计任何组合电路了。然而，对于某些特殊设计问题，按上述方法进行设计，所得的结果却不是最简的。例如，当设计问题要求无反变量输入、电路有多个输出、要求所设计的电路级数满足一定速度指标等，按上面的方法去设计，结果往往不是最简的。由于逻辑器件的发展，特别是可编程阵列逻辑器件的出现，这些要求似乎变得不是很重要，因此，通常不介绍有关无反变量、多输出和考虑电路级数的设计，有兴趣的读者请参阅有关参考书，在此，仅介绍输入变量彼此有一定约束关系的设计——不完全项（任意项）的电路设计。

现在举例说明如何找出任意项，如何利用任意项进行电路设计。

【例 3-11】设计一个组合逻辑电路，用于判断一位二进制数（BCD 码）是否为偶数。

解： 由题意可知，该电路输入为一位二进制数的 BCD 码，设用 A、B、C 和 D 表示，输出为对其值进行判断的结果，用 F 表示。当 $ABCD$ 为 0、2、4、6、8 时，输出 F 为 1，否则为 0。因为根据 BCD 码的编码规则，$ABCD$ 的取值组合不允许为 1010～1111，所以该问题是包含无关项的逻辑问题，与上述 6 种组合对应的最小项为无关项，即在这些取值组合下输出 F 的值可以随意指定为 1 或 0，记为 d。据此，可建立描述该问题的真值表，如表 3-15 所示。

根据真值表可写出 F 的逻辑表达式为

$$F(A,B,C,D) = \sum m(0,2,4,6,8) + \sum d(10,11,12,13,14,15)$$

用卡诺图化简函数 F 时，若不考虑无关项，如图 3-31（a）所示合并 1 方格，则可得 F 的最简表达式为

$$F(A,B,C,D) = \overline{A}\,\overline{D} + \overline{B}\,\overline{C}\,\overline{D}$$

如果利用无关项进行化简，如图 3-31（b）所示，根据需要将无关项 $d(10, 12, 14)$ 当成 1 处理，而把 $d(11, 13, 15)$ 当成 0 处理，则可得最简表达式为

$$F(A,B,C,D) = \overline{D}$$

表 3-15　例 3-11 的真值表

A	B	C	D	F
0	0	0	0	1
0	0	0	1	0
0	0	1	0	1
0	0	1	1	0
0	1	0	0	1
0	1	0	1	0
0	1	1	0	1
0	1	1	1	0
1	0	0	0	1
1	0	0	1	0
1	0	1	0	d
1	0	1	1	d
1	1	0	0	d
1	1	0	1	d
1	1	1	0	d
1	1	1	1	d

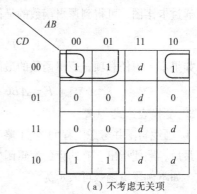

（a）不考虑无关项

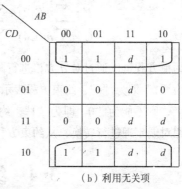

（b）利用无关项

图 3-31　例 3-11 的卡诺图

显然后者要比前者更简单，最后得到的逻辑电路图十分简单。（略）

【例 3-12】 试设计一个操作码形成器。当按下 "×" "+" "-" 各个操作键时，要求分别产生乘法、加法和减法的操作码 01、10、11。

解： ① 确定输入、输出变量个数。

由题意可知，所要设计电路的输入变量为 3 个：A、B、C；输出变量为 2 个：F、G。假设对

应按键被按下时，相应输入变量的取值为"1"；否则，取值为"0"。A 为"1"时，FG 为"01"；B 为"1"时，FG 为"10"；C 为"1"时，FG 为"11"。

② 确定输入与输出的关系。

对于键盘操作有要求，不应同时按下两个或两个以上的按键。本例所按键为操作键，在操作上是有限制的，即受到约束，输入变量 A、B 和 C 的取值不能同时为"1"。但 A、B 和 C 可以都不为"1"，表示没有操作键被按下，可用 FG 所剩下的取值形式"00"表示。可填写卡诺图，如图 3-32 所示。

图 3-32 同时表示了两个函数 F 和 G，一个卡诺图中表示多个逻辑函数，这样的卡诺图称为复合卡诺图。复合卡诺图在多输出电路设计中经常用到，它能更清晰地表达逻辑函数，填写方便。但在使用时应当注意，由于复合卡诺图中填写了多个函数的取值，在化简逻辑函数时，往往不进行实际的画圈，要获得最简式，要求使用者有一定的经验。

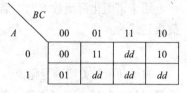

图 3-32　例 3-12 的卡诺图

通过卡诺图，可得到逻辑函数的最简式为

$$F = B + C \qquad G = A + C$$

如果不考虑任意项，逻辑函数的最简式只能为

$$F = \overline{A}\,\overline{B}C + \overline{A}B\overline{C} \qquad G = A\overline{B}\,\overline{C} + \overline{A}B\overline{C}$$

③ 变换表达式。（略）

④ 画逻辑图并考虑工程问题。（略）

最后，顺便指出，有约束的逻辑函数，可以很方便地从函数的卡诺图中表示，得到函数的表达式。如本例逻辑函数可表示为

$$F = \sum m(1,2) + \sum d(3,5,6,7)$$
$$G = \sum m(1,4) + \sum d(3,5,6,7)$$

或

$$F = B + C$$
$$G = A + C$$
$$AB + AC + BC = 0$$

约束方程可以通过对 d 方格进行画圈得到。如果理解是圈"1"（得与或式），由于被约束，则不能为"1"即为"0"，约束方程表示为 $AB + AC + BC = 0$；如果理解是圈"0"（得或与式），由于被约束，则不能为"0"即为"1"，约束方程表示为 $(\overline{A} + \overline{B})(\overline{A} + \overline{C})(\overline{B} + \overline{C}) = 1$。在此提出注意：不能用对偶定理进行转换，从约束方程的一种形式转换得到约束方程的另一种形式的表达式。

3-4　组合逻辑电路的险象

前面讨论组合逻辑电路时，是把各逻辑门电路看成理想的逻辑门来处理的，只研究了输入和输出稳定状态之间的关系，即认为输入变化与相应的输出变化是同时发生的，而没有考虑实际电路在信号传送过程中的延时问题。实际上，信号经过任何电路都会产生时间延迟，这就使得当电路所有输入达到稳定状态时，输出并不是立即达到稳定状态。

本节讨论组合电路由于传输延时而产生的问题及相应的处理方法。

3-4-1　险象的产生

在实际电路中，信号经过同一电路中的不同路径所产生的延迟一般是各不相同的。各路径上延迟时间的长短与信号经过的门的级数有关，与具体逻辑门的延迟大小有关。因此，同一输入信号经过不同路径到达输出端的时间也就有先有后，这种现象称为竞争现象。在逻辑电路中，竞争现象是随时随地都可能出现的，可以更广义地把竞争现象理解为多个信号到达某一点有时差所引起的现象。

电路中竞争现象的存在，使得输入信号的变化可能引起输出信号出现非预期的错误输出，这一现象称为险象。并不是所有的竞争都会产生险象。

下面进一步分析组合逻辑电路产生竞争险象的原因。

试考虑逻辑函数 $F = AB + \overline{A}C$，按照这个表达式，可以画出其逻辑图（电路），如图 3-33（a）所示。

假设输入变量 $B = C = 1$，将 B、C 的值代入函数表达式，得 $F = A + \overline{A}$，理论上无论 A 为何值该函数表达式 F 的值应恒为"1"，即当 $B = C = 1$ 时，不论 A 是 0 还是 1，是否发生变化，输出 F 的值都应保持 1 不变。现在要讨论的是当考虑电路存在延迟时，该电路的实际输入、输出关系。主要关心当 $B = C = 1$ 时，A 的变化会使电路引起怎样的输出响应。为分析方便，假定每个门的延迟时间一致为 t_{pd}，则可用图 3-33（b）所示的时序图来说明。

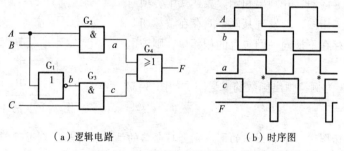

（a）逻辑电路　　　　　　　　　（b）时序图

图 3-33　具有险象的逻辑电路及时序图

输入信号 A，一方面经过一个 t_{pd} 由 G_2 输出信号 a；另一方面经过一个 t_{pd} 由 G_1 反相输出信号 b 后，再经过一个 t_{pd} 由 G_3 输入信号 c。信号 a、c 是由同一个 A 信号经不同路径传输而得到的两个信号在输出门 G_4 竞争，当 A 信号出现下跳时（时序图上"*"处），信号 a、c 出现了一个 t_{pd} 的时间内同时为低电平，根据门 G_4 的或逻辑特性，输出 F 经一个 t_{pd} 必然会出现一个负跳变的尖脉冲。也就是说，在"*"处竞争的结果产生了险象。

和与或表达式对应的逻辑电路可能会出现险象，同样和或与表达式对应的逻辑电路也会出现险象。如：$F = (A + B)(\overline{A} + C)$，当 $B = C = 0$ 时，则应有 $F = A\overline{A} = 0$ 的理论结果。如果考虑实际电路的延迟，当 A 信号出现上跳时，会出现一个正跳变的尖脉冲。

可按错误输出脉冲信号的极性分为"0"型险象与"1"型险象。若错误输出信号为负脉冲，则称为"0"型险象；反之，若错误输出信号为正脉冲，则称为"1"型险象。

3-4-2　险象的判断

判断一个电路是否可能产生险象的方法有代数法和卡诺图法。

由前面对竞争和险象的分析可知，当某个变量 A 同时以原、反变量的形式出现在函数表达式中，且在一定条件下该函数表达式可变成 $A+\overline{A}$ 的形式时，则与该函数表达式对应的电路在 A 发生变化时，可能由于竞争而产生险象。同理，如果函数表达式可以变成 $A\overline{A}$ 的形式时，则相应的电路在 A 发生变化时也可能由于竞争而产生险象。

代数法是从函数表达式的结构来判断是否具有产生险象的条件。具体方法是：首先检查函数表达式中是否存在具备竞争能力的变量，即是否有某个变量同时以原、反变量的形式出现在函数表达式中。若有，则在不做任何化简的条件下，判断是否存在其他变量的特殊取值组合，使函数表达式变成只剩 $A+\overline{A}$ 或者 $A\overline{A}$ 的形式，若存在这样的特殊取值组合，则说明对应的逻辑电路可能产生险象，这样的特殊取值组合即是出现险象的条件。下面举例说明。

【例 3-13】 已知描述某组合电路的逻辑函数表达式为 $F=\overline{A}C+\overline{A}B+AC$，试判断该逻辑电路是否可能产生险象。

解： 表达式中变量 A、C，以原、反形式出现，具有竞争能力。

变量 A：要使表达式中 A 单独出现，则 C 应为 1；要使 $\overline{A}$ 单独出现，则 B 应为 1 或 C 为 0。可见，当 $B=C=1$ 时，$F=A+\overline{A}$，则 A 变化时可能使电路产生险象。

变量 C：要使表达式中 C 单独出现，则 A 应为 1；要使 $\overline{C}$ 单独出现，则 $\overline{A}$ 应为 1 即 A 为 0。可见，不可能出现 $F=C+\overline{C}$ 的形式，则电路不会因为变量 C 而产生险象。

判断险象的另一种方法是卡诺图。采用卡诺图来判断险象比代数法更直观、方便。具体方法是：首先画出函数卡诺图，并画出和函数表达式中各项对应的圈。然后观察卡诺图，若发现某两个圈存在"相切"关系，即两圈之间存在不被同一圈包含的相邻块，则该电路可能产生险象。

还是以例 3-13 为例，画出函数的卡诺图，如图 3-34 所示。

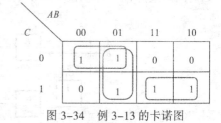

图 3-34　例 3-13 的卡诺图

注意： 在画卡诺图时，卡诺图中的圈应完全与电路的结构相对应，则否可能影响分析结果。

观察卡诺图可发现，包含 m_2、m_3 块的圈和包含 m_5、m_7 块的圈"相切"，m_3、m_7 块不被同一圈所包含，这说明相应电路可能产生险象。如果把 m_5、m_7 块圈起来，所对应的变量取值为 $BC=11$，这一结论和代数法所得到的结论是一致的。

3-4-3　险象的解决

险象是一种伪信号，在某些电路中可能会引起电路操作的错误。为了使电路可靠地工作，设计者应当设法消除或避免电路中可能出现的险象。

针对险象出现的原因和特点，常用以下方法。

1. 用增加冗余项的方法消除险象

增加冗余项的方法是通过在函数表达式中增加对应的项，使原函数不可能在某种条件下变成 $A+\overline{A}$ 或者 $A\overline{A}$ 的形式，从而消除可能产生的险象。

对于例 3-13 所示函数：$F=\overline{A}C+\overline{A}B+AC$，当 $BC=11$ 时，输入 A 的变化使电路输出可能产生险象，解决的办法是如何保证当 $BC=11$ 时，输出保持为"1"。显然，若函数表达式中包含"与"项 BC，则可达到这一目的。这是化简公式配项法在实际中的一种典型应用。

可见，增加的冗余项就是原出现险象的条件所对应的项。

冗余项的选择也可以通过卡诺图法来实现。具体方法是，若卡诺图上某两个圈"相切"，则用一个圈将它们圈起来，这个圈所对应的项就是要增加的冗余项。

2．增加惯性延时环节

这一方法是根据险象的特点提出的，选用时，应注意电路本身的特点。

险象又称毛刺，是因为伪信号的时间大约只有一个 t_{pd} 的时间，很窄；如果逻辑电路在较慢速度下工作，可以在组合电路输出端连接一个惯性延时环节。通常采用 RC 电路作惯性延时环节，如图 3-35 所示。

RC 电路实际上是一个低通滤波器。险象在通过 RC 电路后能基本被滤掉，保留的仅仅是一些幅度极小的毛刺，由于数字电路有较高的抗干扰能力，它们不再对电路的可靠性产生影响。

采用这种方法时必须适当选择惯性环节的时间常数（$\tau = RC$），一般要求 τ 大于尖脉冲的宽度，以便能将尖脉冲"削平"；但也不能太大，否则，将使正常输出信号的变形太大。

3．选通法

由于组合电路中的险象总是发生在输入信号发生变化的过程中，且险象总是以尖脉冲的形式输出。因此，只要对输出波形从时间上加以选择和控制，利用选通脉冲选择输出波形的稳定部分，而有意避开可能出现的尖脉冲，便可获得正确的输出。

选通法的电路原理如图 3-36 所示。选通法主要是对输出门加以控制。对于不同性质的输出门，选通信号的选择是不同的：与性质的门选通信号用正脉冲；或性质的门选通信号用负脉冲。在选通脉冲到来之前，该选通信号封锁输出门，使险象脉冲无法输出；当选通脉冲到来时，开启输出门，使电路送出稳定的输出信号。通常把这种在时间上让信号有选择地通过的方法称为选通法。

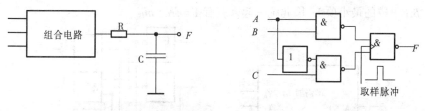

图 3-35　增加惯性延时环节　　　　图 3-36　选通法原理图

3-5　常用的中规模组合逻辑构件的使用

根据集成度的大小，集成电路分成 SSI（小规模集成电路）、MSI（中规模集成电路）、LSI（大规模集成电路）和 VLSI（超大规模集成电路）4 种。一般地，在小规模集成电路中仅是基本器件（如逻辑门和触发器）的集成，在中规模集成电路中是逻辑部件（如译码器）的集成，而在大规模集成电路和超大规模集成电路中则是一个数字子系统或整个数字系统（如微处理器和存储器）的集成。因此，采用中、大规模集成电路组成数字系统具有体积小、功耗低、可靠性高等优点，且易于设计、调试和维护。

各种中规模通用集成电路本身就是一种完美的逻辑设计作品，使用时只需适当地进行连接，就能实现预定的逻辑功能。另外，由于它们所具有的通用性、灵活性及多功能性，使之除完成基本功能之外，还能以它们为基本部件组成电路，有效地实现各种逻辑功能。因此，必须熟悉其功能、特点和使用方法，这样才能恰当地、灵活地、充分地利用它们完成各种逻辑电路的设计。

本节主要讨论最常用的几种中规模通用集成电路及其应用。使用中规模集成电路进行设计时，重点在于掌握整个逻辑部件的逻辑功能，即逻辑部件的外部特性，作为使用者来说，对于中规模集成电路内部逻辑实现的细节，只要作一般的了解即可。

3-5-1 译码器

译码器是计算机以及其他数字系统中广泛使用的多输入多输出组合逻辑部件。译码器的功能是对具有特定含义的输入代码进行"翻译"，将其转换成相应的输出信号。输入代码的位数小于输出代码，并且输入代码字与输出代码字是一对一的映射，即不同的输入编码字产生不同的输出编码字。

译码器的种类很多，常见的有二进制译码器、二–十进制数字显示译码器。

1. 二进制译码器

二进制译码器又称 n–2^n 译码器，它的功能是将 n 个输入变量变换成 2^n 个输出函数，且每个输出函数对应于 n 个输入变量的一个最小项。因此，二进制译码器一般具有 n 个输入端、2^n 个输出端和一个（或多个）使能输入端。在使能输入端为有效电平时，对应每一组输入代码，仅一个输出端为有效电平，其余输出端为无效电平（与有效电平相反）。有效电平可以是高电平（称为高电平译码），也可以是低电平（称为低电平译码）。常见的 MSI 二进制译码器有 2-4 线（2 输入 4 输出）译码器、3-8 线译码器和 4-16 线译码等。

（1）二进制译码器原理

图 3-37 给出了一个 2-4 线译码器的框图、逻辑图和真值表，其中输入代码字 BA 表示 $0\sim3$ 的一个数，输出代码字为 $Y_3Y_2Y_1Y_0$，EN 为输入使能端。显然，当 $EN=0$ 时，$Y_i=0$，当 $EN=1$ 时，$Y_i=m_i$（m_i 为输入 BA 组成的最小项），因此统一起来就有 $Y_i=EN \cdot m_i$。

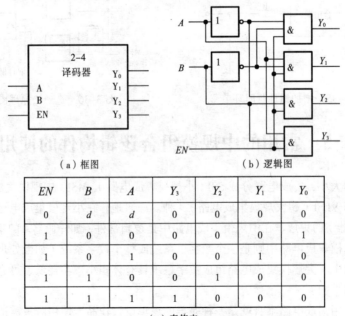

（a）框图　　　　　　　　　　　　（b）逻辑图

EN	B	A	Y_3	Y_2	Y_1	Y_0
0	d	d	0	0	0	0
1	0	0	0	0	0	1
1	0	1	0	0	1	0
1	1	0	0	1	0	0
1	1	1	1	0	0	0

（c）真值表

图 3-37　2-4 线译码器

（2）双 2-4 线译码器 74LS139

双 2-4 线译码器是在一片器件内封装了两个完全独立且结构相同的二进制 2-4 译码器，采用低电平译码，其逻辑图、功能表、引脚图以及逻辑符号如图 3-38 所示。将功能表中的 H 和 L 分别换成 1 和 0，即得到 2-4 线译码器的真值表。图中，A、B 为输入端，$\overline{Y}_0$、$\overline{Y}_1$、$\overline{Y}_2$、$\overline{Y}_3$ 为输出端，$\overline{G}$ 为使能端，其作用是禁止或选通译码器。其功能可描述为，当使能端有效（$\overline{G}=0$）时 $\overline{Y}_i=\overline{m}_i$。

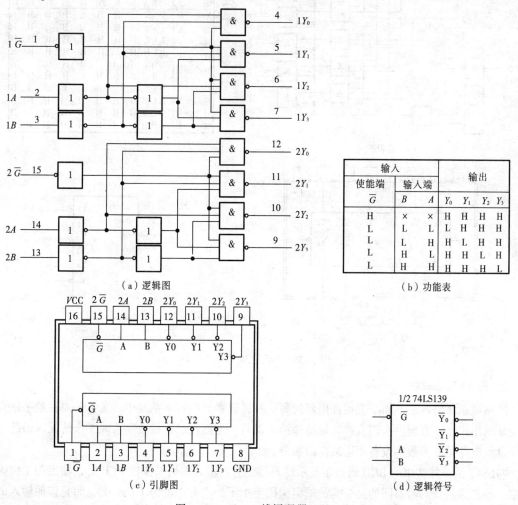

（a）逻辑图

输入			输出			
使能端	输入端		输出			
$\overline{G}$	B	A	Y_0	Y_1	Y_2	Y_3
H	×	×	H	H	H	H
L	L	L	L	H	H	H
L	L	H	H	L	H	H
L	H	L	H	H	L	H
L	H	H	H	H	H	L

（b）功能表

（c）引脚图

（d）逻辑符号

图 3-38　双 2-4 线译码器 74LS139

（3）3-8 线译码器 74LS138

74LS138 是一种常用的二进制 MSI 器件，它的逻辑图、功能表、引脚图和逻辑符号如图 3-39 所示。图中 C、B 和 A 为输入端，$\overline{Y}_0$、$\overline{Y}_1$、$\overline{Y}_2$、$\overline{Y}_3$、$\overline{Y}_4$、$\overline{Y}_5$、$\overline{Y}_6$ 和 $\overline{Y}_7$ 为输出端，G_1、$\overline{G}_{2A}$ 和 $\overline{G}_{2B}$ 为使能端，它的作用是禁止或选通译码器。由功能表可知，无论 C、B 和 A 取何值，输出 $\overline{Y}_0,\cdots,\overline{Y}_7$ 中有且仅有一个为 0（低电平有效），其余都为 1。因此当使能输入均有效（$G_1=1$，$\overline{G}_{2A}=0$，$\overline{G}_{2B}=0$）时，有 $\overline{Y}_i=\overline{m}_i$。

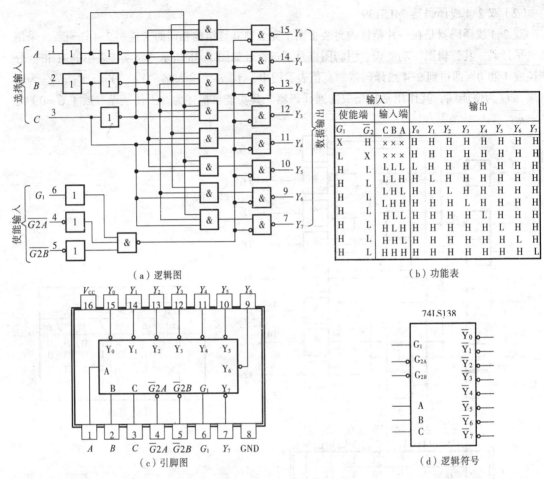

（a）逻辑图

输入				输出							
使能端		输入端									
G_1	$\overline{G_2}$	C B A	Y_0	Y_1	Y_2	Y_3	Y_4	Y_5	Y_6	Y_7
X	H	× × ×	H	H	H	H	H	H	H	H
L	X	× × ×	H	H	H	H	H	H	H	H
H	L	L L L	L	H	H	H	H	H	H	H
H	L	L L H	H	L	H	H	H	H	H	H
H	L	L H L	H	H	L	H	H	H	H	H
H	L	L H H	H	H	H	L	H	H	H	H
H	L	H L L	H	H	H	H	L	H	H	H
H	L	H L H	H	H	H	H	H	L	H	H
H	L	H H L	H	H	H	H	H	H	L	H
H	L	H H H	H	H	H	H	H	H	H	L

（b）功能表

（c）引脚图

（d）逻辑符号

图 3-39　74LS138 译码器

2. BCD 码译码器

数字显示译码器是不同于上述译码器的另一种译码器。在数字系统中，通常需要将数字量直观地显示出来，一方面供人们直接读取处理结果，另一方面用以监视数字系统工作情况。因此，数字显示电路是许多数字设备不可缺少的部分。

74LS47 是一种常用的 BCD 码数字显示译码器，它的输入编码是 4 位 BCD 码，输出为 7 位编码字。与二进制译码器不同的是，它的输出编码字中不是仅有 1 位为 1（或 0），而是按照输入的 BCD 码编码字使对应的某些输出端为 1（或 0），以驱动 LED（发光二极管）或 LCD（液晶显示器件）显示一位十进制数。

由 7 段组成的 1 位十进制数的显示器件结构如图 3-40 所示。当适当地驱动 a、b、c、d、e、f、g 中的某些段发光时，则可获得 0～9 中的十进制数。大多数现代的 7 段显示器件都可以由 7 段译码器 74LS47 直接驱动，它的逻辑图、功能表和引脚图如图 3-41 所示。

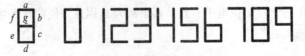

图 3-40　7 段显示器件结构

根据所使用的发光二极管数码管的不同，数字显示译码器的内部结构也不相同，根据所需显示的字形的不同，数字显示译码器的内部结构也不同。但有一点相同，数码发光二极管需提供的电流较大，因此数字显示译码器器件应具有驱动能力，它们也被称为译码驱动器。

由功能表可以看出，为了增强器件的功能，在 74LS47 中还设置了一些辅助端。这些辅助端的功能如下：

① 试灯输入端 $\overline{LT}$：低电平有效。当 $\overline{LT}$ =0 时，数码管的 7 段应全亮，与输入的译码信号无关。该输入端用于测试数码管的好坏。

② 动态灭零输入端 $\overline{RBI}$：低电平有效。当 $\overline{LT}$ =1、$\overline{RBI}$ =0、且译码输入全为 0 时，该位输出不显示，即 0 字被熄灭；当译码输入不全为 0 时，该位正常显示。该输入端用于消隐无效的 0。如数据 0034.50 可显示为 34.5。

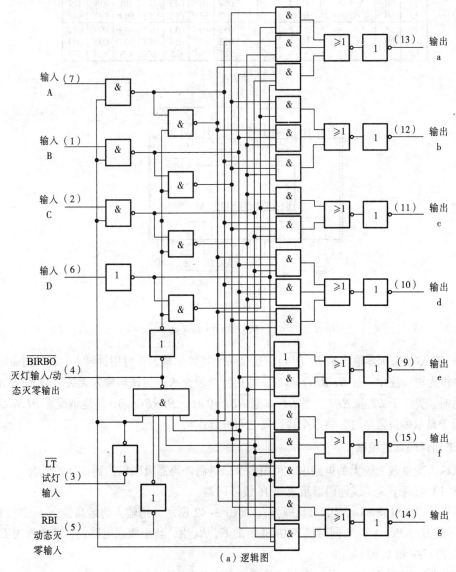

（a）逻辑图

图 3-41　七段译码器 74LS74

No.	输入						$\overline{BI}/\overline{RBO}$	输出						
	LT	RBI	D	C	B	A		a	b	c	d	e	f	g
0	H	H	L	L	L	L	H	ON	ON	ON	ON	ON	ON	OFF
1	H	×	L	L	L	H	H	OFF	ON	ON	OFF	OFF	OFF	OFF
2	H	×	L	L	H	L	H	ON	ON	OFF	ON	ON	OFF	ON
3	H	×	L	L	H	H	H	ON	ON	ON	ON	OFF	OFF	ON
4	H	×	L	H	L	L	H	OFF	ON	ON	OFF	OFF	ON	ON
5	H	×	L	H	L	H	H	ON	OFF	ON	ON	OFF	ON	ON
6	H	×	L	H	H	L	H	OFF	OFF	ON	ON	ON	ON	ON
7	H	×	L	H	H	H	H	ON	ON	ON	OFF	OFF	OFF	OFF
8	H	×	H	L	L	L	H	ON	ON	ON	ON	ON	ON	ON
9	H	×	H	L	L	H	H	ON	ON	ON	ON	OFF	ON	ON
10	H	×	H	L	H	L	H	OFF	OFF	OFF	ON	ON	OFF	ON
11	H	×	H	L	H	H	H	OFF	OFF	ON	ON	OFF	OFF	ON
12	H	×	H	H	L	L	H	OFF	ON	OFF	OFF	OFF	ON	ON
13	H	×	H	H	L	H	H	ON	OFF	OFF	ON	OFF	ON	ON
14	H	×	H	H	H	L	H	OFF	OFF	OFF	ON	ON	ON	ON
15	H	×	H	H	H	H	H	OFF	OFF	OFF	OFF	OFF	OFF	OFF
BI	×	×	×	×	×	×	L	OFF	OFF	OFF	OFF	OFF	OFF	OFF
RBI	H	L	L	L	L	L	L	OFF	OFF	OFF	OFF	OFF	OFF	OFF
LT	L	×	×	×	×	×	×	ON	ON	ON	ON	ON	ON	ON

（b）功能表

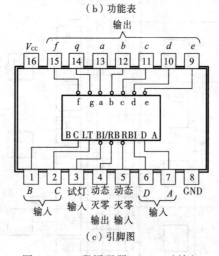

（c）引脚图

图 3-41　7 段译码器 74LS74（续）

③ 灭灯输入/动态灭零输出端 $\overline{BI}\,\overline{RBO}$：这是一个特殊的端，有时用做输入，有时用做输出。当 $\overline{BI}\,\overline{RBO}$ 作为输入使用，且 $\overline{BI}\,\overline{RBO}=0$ 时，数码管 7 段全灭，与译码输入无关。当 $\overline{BI}\,\overline{RBO}$ 作为输出使用时，受控于 $\overline{LT}$ 和 $\overline{RBI}$：当 $\overline{LT}=1$ 且 $\overline{RBI}=0$ 时，$\overline{BI}\,\overline{RBO}=0$；其他情况下 $\overline{BI}\,\overline{RBO}=1$。该端主要用于显示多位数字时，将多个译码器之间进行连接。

3．二进制译码器的级联

在要求输入变量数 n 较大的电路中，可用多个二进制译码器级联以达到设计的要求。

【例 3-14】 用两个 3-8 线译码器组成 4-16 线译码器。

解： 用两片 74LS138（U_1、U_2）级联起来，如图 3-42 所示。把输入的最高位 N_3 分别接到 U_1 的 $\overline{G_{2A}}$ 和 U_2 的 G_1，N_2、N_1、N_0 同时接到 U_1 和 U_2 的 C、B、A，整个级联电路的使能输入为 $\overline{EN}$，分别接到 U_1 的 $\overline{G_{2B}}$ 和 U_2 的 $\overline{G_{2A}}$。

设 $\overline{EN}=0$ 时，如果 $N_3=0$，则 U_2 的输出无效（均为 1），而 U_1 按 $N_2N_1N_0$ 译码

$$\overline{F_i}=\overline{m_i}\qquad i=0\sim7$$

如果 $N_3 = 1$，则 U_1 的输出无效，而 U_2 按 $N_2N_1N_0$ 译码，m_i 为 $N_3N_2N_1N_0$ 有效的对应最小项

$$\overline{F_i} = \overline{m_i} \quad i = 8 \sim 15$$

总的级联译码器的输出位逻辑表达式为

$$\overline{F_i} = \overline{EN} + \overline{m_i} \quad i = 0 \sim 15$$

4．二进制译码器应用举例

（1）用二进制译码器实现组合逻辑函数

n–2^n 线译码器的输出对应 n 变量函数的 2^n 个最小项。任何组合逻辑函数总能表示为最小项之和的标准形式。因此，辅以适当的 SSI 门电路就可以实现任意的组合逻辑函数。

【例 3-15】 用译码器实现函数 $F = \sum m^3(1,4,6,7)$。

解： 该函数为 3 个输入变量，设为 x、y、z，因此可用 3-8 线译码器实现。

$$\begin{aligned} F &= \sum m^3(1,4,6,7) \\ &= m_1 + m_4 + m_6 + m_7 \\ &= \overline{\overline{m_1 + m_4 + m_6 + m_7}} \\ &= \overline{\overline{m_1} \cdot \overline{m_4} \cdot \overline{m_6} \cdot \overline{m_7}} \end{aligned}$$

按上式得到的逻辑图如图 3-43 所示。要注意的是，输入变量 z、y、x 必须按正确的顺序连接到译码器的输入端 C、B、A。

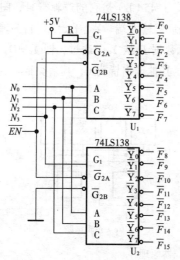

图 3-42　用两片 74LS138 级联设计 4-16 线译码器

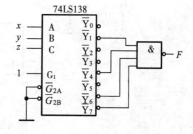

图 3-43　用 3-8 线译码器实现逻辑函数

【例 3-16】 用译码器设计一位全加器。

解： 根据例 3-5 的真值表可知

$$S_i = \sum m^3(1,2,4,7)$$
$$C_i = \sum m^3(3,5,6,7)$$

用一片 74LS138 的 3-8 线译码器和一片 74LS20 的双与非门组成的一位全加器电路，如图 3-44 所示。

从上例可以看出，译码器也可以实现多输出函数。

在逻辑函数的最小项表达式中，当最小项的数目小于等于4时，采用译码器实现是很方便的；当最小项数目大于4时，由于没有输入端数大于4的SSI与非门，因此需设计多输入端的与非门，这将增加输出门的级数，采用译码器实现是不妥当的。因为随着译码器的输入变量的增加，其最小项数以及输出端数呈指数趋势增加，且需要多个译码器级联，这在速度和成本上均难以接受。但这一设计思想可推广到可编程逻辑器件PLD的应用中，这将在第8章讨论。

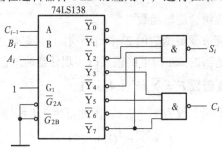

图 3-44　用 3-8 线译码器实现一位全加器逻辑图

（2）将译码器作为数据分配器

在数据传输过程中，常常需要将一路数据分配到多个装置中去，执行这种功能的电路称为数据分配器。这种电路相当于一个单刀多掷开关，在任何时候只有一路数据输出端和输入端相连，而连接到哪个输出端，是在地址码输入的控制下选择的。

图 3-45（a）为四路数据分配器的等效说明电路，图 3-45（b）是它的逻辑符号，图 3-45（c）是逻辑电路图。图中 D 为传送数据输入端，A_1、A_0 为地址码输入端，Y_3、Y_2、Y_1、Y_0 为输出的数据通道。从图 3-45（c）中很容易看出，当 $A_1A_0 = 00$ 时，数据 D 从 Y_0 中通过，即 $Y_0 = D$，其他输出皆为0；当 $A_1A_0 = 01$ 时，数据 D 从 Y_1 中通过，即 $Y_1 = D$，其他输出皆为0，其余类推。这种分配器称为 1-4 多路分配器。

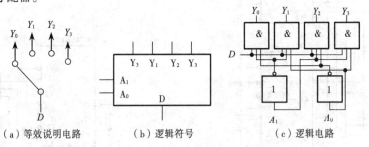

（a）等效说明电路　　　　（b）逻辑符号　　　　（c）逻辑电路

图 3-45　1-4 多路分配器原理

输入数据 D 实际上仅为 0 或 1，输出通路中仅有一路与 D 一致，其余通路上皆为 0。数据分配器的一般表达式为

$$Y_i = D$$

式中，i 为地址码 $A_{n-1} \cdots A_0$ 的十进制值。

74LS139 译码器中的 2-4 线译码器可作为 1-4 数据分配器。将使能端 G 作为数据输入端，即 D 接至 G 端；数据输入端 B、A 作为地址选择 A_1、A_0，在从图 3-38 的真值表上很容易得到 $Y_i = D$，如图 3-46（a）所示。

同理，3-8 线译码器 74LS138 可作为 1-8 数据分配器。将 $\overline{G}_{2A}$（或 $\overline{G}_{2B}$）作为数据输入端，

G_1、$\overline{G}_{2B}$（或 $\overline{G}_{2A}$）还是作为使能端，数据端 C、B、A 作为地址选择 $A_2A_1A_0$，则有 $Y_i = D$，如图 3-46（b）所示。

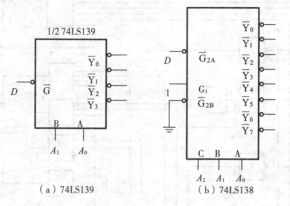

（a）74LS139 （b）74LS138

图 3-46 将译码器作为数据分配器

3-5-2 编码器

编码器按照被编码信号的不同特点和要求，有各种不同的类型，最常见的有二−十进制编码器（又称 BCD 码编码器）和优先编码器。编码器的功能恰好与译码器相反，它是对输入信号按一定的规律进行编排，使每组输出代码具有一特定的含义。

二−十进制编码器执行的逻辑功能是将十进制的 0～9 这 10 个数字分别编成 4 位 BCD 码。这种编码器由 10 个输入端代表 10 个不同数字，4 个输出端代表 BCD 码。

优先编码器是数字系统中实现优先权管理的一个重要逻辑部件。它与二−十进制编码器的最大区别是：二—十进制编码器的输入信号是互斥的，即任何时候只允许一个输入端为有效信号（只允许按下一个键）。而优先编码器的输入不是互斥的，它允许多个输入端同时为有效信号。优先编码器的每个输入具有不同的优先级别，当多个输入信号有效时，它能识别输入信号的优先级别，并对其中优先级别最高的一个进行编码，产生相应的输出代码。

74LS147 是典型的 8421BCD 码优先编码器，74LS148 是典型的 8-3 线优先编码器，应用十分广泛。

1. 8-3 线优先编码器 74LS148

图 3-47 给出了 74LS148 的逻辑图、功能表、引脚图和逻辑符号。74LS148 的输入/输出均为低电平有效，其中 $\overline{EI}$ 为输入使能端，$\overline{EO}$、$\overline{GS}$ 为输出使能信号，$\overline{I_i}$（$i = 0\sim7$）为 8 个输入信号，$\overline{A_i}$（$i = 0\sim3$）为 3 个输出信号。当输入 $\overline{EI}$ 有效且无一个 $\overline{I_i}$ 有效时，输出 $\overline{EO}$ 才有效；当输入 $\overline{EI}$ 有效且至少有一个 $\overline{I_i}$ 有效时，输出 $\overline{GS}$ 才有效。8 个输入中优先权不同，I_0 最低，I_7 最高，3 个输出表示的是优先权高的有效输入信号的编码（反码），即优先编码。

2. 优先编码器应用举例

在多微处理机系统中，需要对各处理机争用总线作出仲裁。为了提高仲裁速度，通常采用并行优先权仲裁方式。如果对各处理机争用总线的优先权进行分配，则可用优先编码器及译码器构成优先权裁决。图 3-48 是一个总线互联结构的 8 个处理单元争用总线的并行优先权裁决逻辑示意图，当某处理单元 MPU_i 发出总线请求 $\overline{BR_i}$ 并收到总线优先输入 $\overline{BP_i}$，则此处理机即可占用总线；如果发出 $\overline{BR_i}$ 而未收到有效的 $\overline{BP_i}$，则此处理机不可能占有总线。

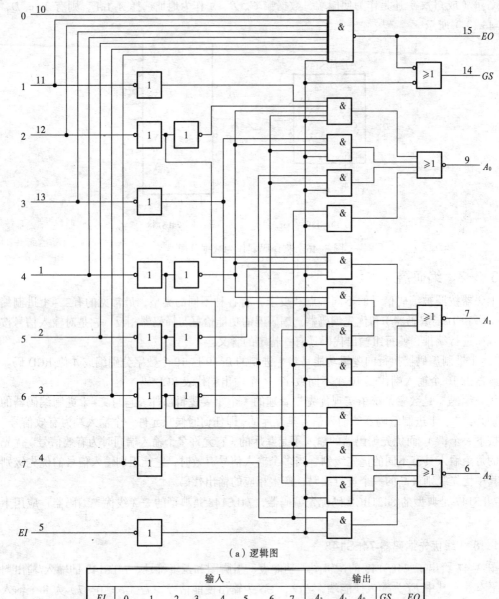

（a）逻辑图

输入									输出				
EI	0	1	2	3	4	5	6	7	A_2	A_1	A_0	GS	EO
H	×	×	×	×	×	×	×	×	H	H	H	H	H
L	H	H	H	H	H	H	H	H	H	H	H	H	L
L	×	×	×	×	×	×	×	L	L	L	L	L	H
L	×	×	×	×	×	×	L	H	L	L	H	L	H
L	×	×	×	×	×	L	H	H	L	H	L	L	H
L	×	×	×	×	L	H	H	H	L	H	H	L	H
L	×	×	×	L	H	H	H	H	H	L	L	L	H
L	×	×	L	H	H	H	H	H	H	L	H	L	H
L	×	L	H	H	H	H	H	H	H	H	L	L	H
L	L	H	H	H	H	H	H	H	H	H	H	L	H

（b）功能表

图 3-47　优先编码器 74LS148

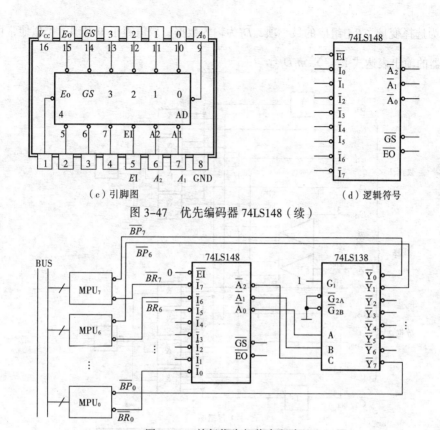

（c）引脚图　　　　　　　　　（d）逻辑符号

图 3-47　优先编码器 74LS148（续）

图 3-48　并行优先权裁决电路

3-5-3　多路选择器

多路选择器又称数据选择器或多路开关，是一种多路输入、单路输出的组合逻辑电路，其逻辑功能是从多路输入中选中一路送至输出端，选中的输入端由选择变量控制。通常，对于一个具有 2^n 路输入和一路输出的多路选择器有 n 个选择控制变量，控制变量的每种取值组合对应选中一路输入送至输出。常见的 MSI 多路选择器有 4 路选择器、8 路选择器和 16 路选择器。

1. 4 输入 2 位多路选择器 74LS153

74LS153 是一个 4 输入 2 位多路选择器，其逻辑图、引脚图、功能表和逻辑符号如图 3-49 所示。其中 $\overline{G_i}$ 为使能端（低电平有效），B 和 A 为选择控制端，从图中可知，对于任意一位 Y_i（i =1,2），当 BA=00 时，$Y_i=C_{i0}$；当 BA=01 时，$Y_i=C_{i1}$；当 BA=10 时，$Y_i=C_{i2}$；当 BA=11 时，$Y_i=C_{i3}$。即在 BA 的控制下，依次选中 $C_{i0}\sim C_{i3}$ 端的信息送至输出端 Y_i。其表达式为

$$Y_i = \overline{B}\,\overline{A}C_{i0} + \overline{B}AC_{i1} + B\overline{A}C_{i2} + BAC_{i3} = \sum_{j=0}^{3} m_j C_{ij} \qquad (i=1,2)$$

式中，m_j 为选择变量 BA 组成的最小项，C_{ij} 为输入数据，取值等于 0 或 1。

2. 8 输入 1 位多路选择器 74LS151

图 3-50 为八选一数据选择器 74LS151 的逻辑图、引脚图、功能表和逻辑符号。如图 3-50 所示，该逻辑电路是与或非结构，每个与门都由选通（使能）信号 S 和数据选择信号 A、B、C 控制。由图 3-50 可知，当 $\overline{S}$=0 时，两个互反输出 Y 和 W 的表达式为

$$Y = \sum_{i=0}^{7} m_i D_i \qquad W = \overline{\sum_{i=0}^{7} m_i D_i} = \overline{Y}$$

式中，m_i 为选择变量 CBA 组成的最小项，D_i 为输入数据，取值等于 0 或 1。类似地，可以写出 2^n 路选择器的输出表达式 $Y = \sum_{i=0}^{2^n-1} m_i D_i$。

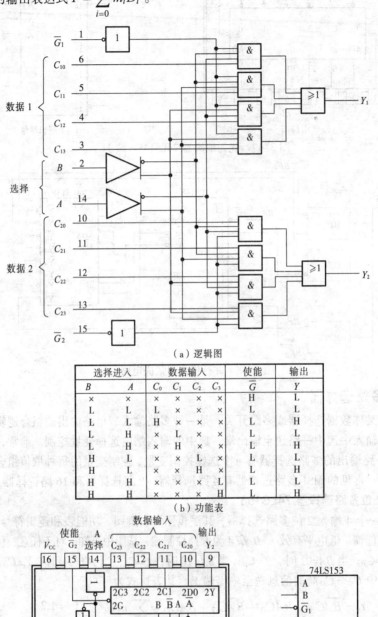

（a）逻辑图

选择进入		数据输入				使能	输出
B	A	C_0	C_1	C_2	C_3	$\overline{G}$	Y
×	×	×	×	×	×	H	L
L	L	L	×	×	×	L	L
L	L	H	×	×	×	L	H
L	H	×	L	×	×	L	L
L	H	×	H	×	×	L	H
H	L	×	×	L	×	L	L
H	L	×	×	H	×	L	H
H	H	×	×	×	L	L	L
H	H	×	×	×	H	L	H

（b）功能表

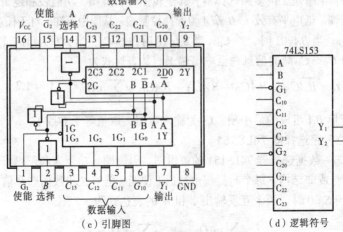

（c）引脚图　　　　　　　　（d）逻辑符号

图 3-49　多路选择器 74LS153

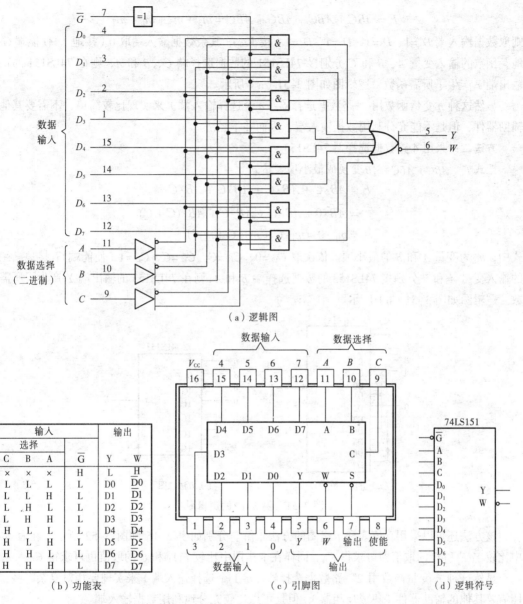

图 3-50 八选一数据选择器 74LS151

3. 多路选择器应用举例

（1）作为逻辑函数产生器

【例 3-17】试用 74LS151 八选一数据选择器产生逻辑函数 $F = \overline{A}BC + A\overline{B}C + AB$ 。

解：根据多路选择器输出表达式 $Y = \sum_{i=0}^{2^n-1} m_i D_i$ 的特点，可采用两种不同规模的 MUX 实现给定逻辑函数。

方法一：采用 8 路数据选择器 74LS151。

把式 $F = \overline{A}BC + A\overline{B}C + AB$ 变换成最小项表达式

88

$$F = \overline{A}BC + A\overline{B}C + AB\overline{C} + ABC = m_3 + m_5 + m_6 + m_7$$

则取数据输入端 $D_3 = 1$、$D_5 = 1$、$D_6 = 1$、$D_7 = 1$（接 V_{CC}），其余数据输入端取 0（接地），使能端 $\overline{G}$ 接地，函数的输入变量 A、B 和 C 分别接 74LS151 的数据选择端 C、B 和 A，则在 74LS151 的正相输出端 Y 产生了所需函数。逻辑图如图 3-51（a）所示。

显然这种 n 变量函数用 2^n 路数据选择器（n 个选择输入端）来实现比较简单，不需要其他的辅助器件，但是不能充分利用数据输入端，因而并不经济。

方法二： 采用 4 路数据选择器 74LS153。

把式 $F = \overline{A}BC + A\overline{B}C + AB$ 变换成最小项表达式

$$F = \overline{A}\,\overline{B} \cdot C + A\overline{B} \cdot C + AB \cdot \overline{C} + AB \cdot C$$
$$= \overline{A}\,\overline{B} \cdot 0 + A\overline{B} \cdot C + A\overline{B} \cdot C + AB \cdot (C + \overline{C})$$
$$= m_0 \cdot 0 + m_1 \cdot C + m_2 \cdot C + m_3 \cdot 1$$

式中，m_i 为变量 A 和 B 的最小项。依次取 $C_{10} = 0$、$C_{11} = C$、$C_{12} = C$、$C_{13} = 1$，使能端 $\overline{G}_1$ 接地，函数的输入变量 A 和 B 分别接 74LS153 的数据选择端 B 和 A，则在 74LS153 的输出端 Y_1 产生了所需函数。逻辑图如图 3-51（b）所示。

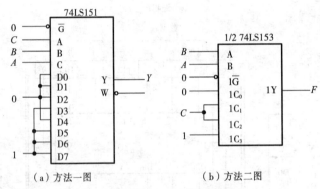

（a）方法一图　　　　　（b）方法二图

图 3-51　例 3-17 的逻辑图

该方法还可以采用真值表和卡诺图的方法求解。分别如表 3-16 和图 3-52 所示。在表 3-16 中比较 $Y_1(F)$ 和 C 的取值即可求得 C_{1i}。同样在卡诺图中比较 $F(Y_1)$ 和 C 的取值也可求得 C_{1i}。

显然这种 n 变量函数用 2^{n-1} 路数据选择器（$n-1$ 个选择输入端）来实现要相对复杂一些，可能需要其他的辅助器件（集成反相器），但是可以比较充分地利用数据输入端。

表 3-16　用真值表法求解例 3-17

m_i	A	B	C	$F(Y_1)$	C_{1i}
m_0	0	0	0	0	$C_{10} = 0$
	0	0	1	0	
m_1	0	1	0	0	$C_{11} = C$
	0	1	1	1	
m_2	1	0	0	0	$C_{12} = C$
	1	0	1	1	
m_3	1	1	0	1	$C_{13} = 1$
	1	1	1	1	

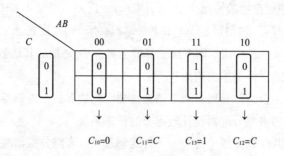

$$C_{10}=0 \quad C_{11}=C \quad C_{13}=1 \quad C_{12}=\overline{C}$$

图 3-52　用卡诺图法求解例 3-17

【例 3-18】用 8 路数据选择器实现四变量函数 $F = \sum m(1,2,4,5,10,11,14,15)$。

解：设函数的变量为 $ABCD$，用卡诺图法求解，如图 3-53（a）所示，在图中比较 $F(Y)$ 和 D 的取值可求得 D_i。逻辑图如图 3-53（b）所示。

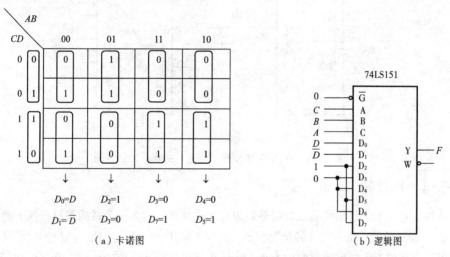

$$D_0=D \quad D_2=1 \quad D_3=0 \quad D_4=0$$
$$D_1=\overline{D} \quad D_3=0 \quad D_7=1 \quad D_5=1$$

（a）卡诺图　　　　　　　（b）逻辑图

图 3-53　例 3-18 的卡诺图法求解及逻辑图

其他方法请读者自己尝试。此例中的函数还可以用 4 路数据选择器来实现，虽然能更充分地利用数据选择器的输入端，但此时除了反相器外，还需要更多的辅助器件（如异或门、或门等），这样做就不经济了。

（2）用译码器和多路选择器设计比较器

【例 3-19】用 3-8 线译码器和 8 路数据选择器构造一个 3 位二进制等值比较器。

解：设比较器的两个 3 位二进制数分别为 $A_2A_1A_0$ 和 $B_2B_1B_0$，将译码器和多路选择器按图 3-54 所示进行连接，即可实现 $A_2A_1A_0$ 和 $B_2B_1B_0$ 的等值比较。

由图 3-54 可知，当译码器的使能端 $\overline{G}_{2A}$、$\overline{G}_{2B}$ 接地，G_1 接 V_{cc}，电路处于工作状态。若

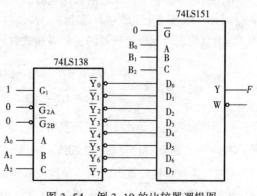

图 3-54　例 3-19 的比较器逻辑图

$A_2A_1A_0 = B_2B_1B_0$，则多路选择器的输出 $Y=0$，否则 $Y=1$。例如，当 $A_2A_1A_0=010$ 时，译码器 $\overline{Y}_2=0$，其余均为 1。若多路选择器选择控制变量 $B_2B_1B_0= A_2A_1A_0=010$，则选通 D_2 送至输出端 Y，由于 $D_2=\overline{Y}_2=0$，故 $Y=0$；若 $B_2B_1B_0\neq010$，则多路选择器会选择 D_2 之外的其他数据送至输出端 Y，由于与其余数据输入端相连的译码器输出均为 1，故 $Y=1$。

用类似的方法，采用合适的译码器和多路选择器可构成多位二进制等值比较器。

（3）用多路选择器和多路分配器设计数据分时传送系统

多路选择器可以从几个数据源中选择一个传送到总线，多路分配器接收从总线传来的数据并分配给多个目标设备中的任意一个。因此，通过一条总线就可以把 n 个源数据及 m 个目标设备连接起来。在源地址选择信号 SEL_i 和目标地址选择信号 SEL_j 的控制下，分时使用总线。图 3-55 所示是用 74LS151 和 74LS138 构成的 8 路数据通过一条总线分时传送的原理示意图。

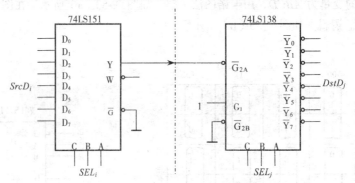

图 3-55　MUX/DMUX 分时传送－接收原理示意图

3-5-4　比较器

比较器是对两个位数相同的二进制整数进行比较并判断其大小关系的逻辑器件。两个 n 位二进制数 A 和 B 比较的结果，有 3 种情况：$A>B$、$A<B$ 和 $A=B$。两数相比，高位的比较结果起着决定性作用，即高位不等便可确定两数大小，高位相等再进行低一位的比较，所有位均相等才表示两数相等。所以，n 位二进制数的比较过程是从高位到低位逐位进行的，也就是说，n 位二进制数比较器可由 n 个 1 位二进制数比较器组成。

1. 1 位二进制数比较器原理

表 3-17 列出了 1 位二进制数比较器的真值表。从真值表中可以看出，该比较器有两个 1 位输入 A、B，以及三个比较结果输出 F_1、F_2、F_3。当 $A>B$ 时，$F_1=1$；当 $A<B$ 时，$F_2=1$；当 $A=B$ 时，$F_3=1$。由真值表可列出比较器的逻辑表达式并转换成如下形式

$$F_1 = A\overline{B}, \quad F_2 = \overline{A}B$$

$$F_3 = \overline{A}\,\overline{B} + AB = \overline{A\overline{B}} + \overline{\overline{A}B} = \overline{F_1 + F_2}$$

根据逻辑表达式画出 1 位二进制数比较器的逻辑电路如图 3-56 所示。

2. 4 位二进制数比较器 74LS85

4 位二进制数比较器由四个一位比较器组成，用于对两个 4 位二进制数 A 和 B 的各位两两进行比较。74LS85 是 MSI 4 位二进制数比较器，该芯片的逻辑图、功能表和引脚图如图 3-57 所示。

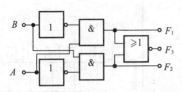

图 3-56　1 位二进制数比较器逻辑电路

表 3-17　一位二进制数比较器真值表

B	A	F_1	F_2	F_3
0	0	0	0	1
1	0	0	1	0
0	1	1	0	0
1	1	0	0	1

在 74LS85 的电路图中，除了两个 4 位二进制数输入端外，还有 3 个用于扩展的级联输入端"$A>B$"、"$A<B$"和"$A=B$"，其逻辑功能相当于在 4 位二进制数比较器的最低位 A、B 后增添了一位更低的比较数位。利用级联输入端，可实现比较器的串联扩展和并联扩展。

3-5-5　加法器

加法器是按二进制加法运算规则，对两个二进制操作数进行处理的器件，它是计算机算术逻辑部件中的基本组成部分。此外，它还可以用于数字系统中的算术逻辑电路。

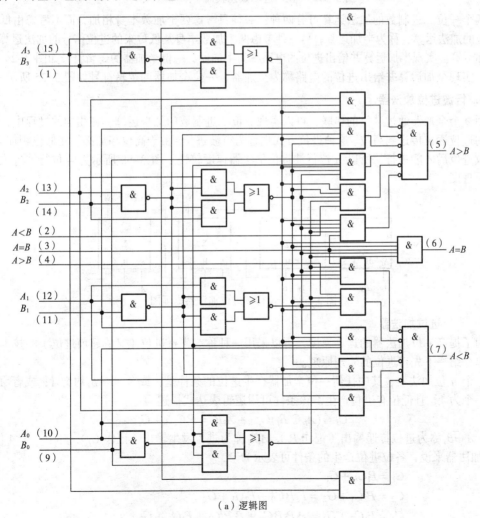

（a）逻辑图

图 3-57　4 位二进制数比较器 74LS85

比较输入				级联输入			输出		
A_3, B_3	A_2, B_2	A_1, B_1	A_0, B_0	$A>B$	$A<B$	$A=B$	$A>B$	$A<B$	$A=B$
×	×	×	×	×	×	×	×	×	×
$A_3>B_3$	×	×	×	×	×	×	H	L	L
$A_3<B_3$	×	×	×	×	×	×	L	H	L
$A_3=B_3$	$A_2>B_2$	×	×	×	×	×	H	L	L
$A_3=B_3$	$A_2<B_2$	×	×	×	×	×	L	H	L
$A_3=B_3$	$A_2=B_2$	$A_1>B_1$	×	×	×	×	H	L	L
$A_3=B_3$	$A_2=B_2$	$A_1<B_1$	×	×	×	×	L	H	L
$A_3=B_3$	$A_2=B_2$	$A_1=B_1$	$A_0>B_0$	×	×	×	H	L	L
$A_3=B_3$	$A_2=B_2$	$A_1=B_1$	$A_0<B_0$	×	×	×	L	H	L
$A_3=B_3$	$A_2=B_2$	$A_1=B_1$	$A_0=B_0$	H	L	L	H	L	L
$A_3=B_3$	$A_2=B_2$	$A_1=B_1$	$A_0=B_0$	L	H	L	L	H	L
$A_3=B_3$	$A_2=B_2$	$A_1=B_1$	$A_0=B_0$	H	H	L	L	L	L
$A_3=B_3$	$A_2=B_2$	$A_1=B_1$	$A_0=B_0$	L	L	L	H	H	L
$A_3=B_3$	$A_2=B_2$	$A_1=B_1$	$A_0=B_0$	×	×	H	L	L	H

（b）功能表　　　　　　　　　　　　　　　　　　　　（c）引脚图

图 3-57　4 位二进制数比较器 74LS85（续）

两个一位二进制数的加法运算可分两种：一种只考虑两个加数本身相加，而不考虑由低位来的进位的加法运算，称为半加运算；另一种考虑两个加数本身及低位来的进位信号的加法运算，称为全加运算。实现半加运算并给出进位的电路称为半加器，一位半加器的逻辑符号如图 3-24（b）所示。实现全加运算并给出进位的电路称为全加器，一位全加器的逻辑符号如图 3-25 所示。

1. 行波进位加法器

用 n 个全加器通过进位的串联，可以实现 n 位二进制数的加法运算。在相加的过程中，低位产生的进位逐位传送到高位，这种进位方式也称为行波进位。由于高位相加必须在低位相加完成，并形成进位后才能进行，所以 n 位行波进位加法器速度较慢。图 3-58 所示为 4 位行波进位加法器的原理图。

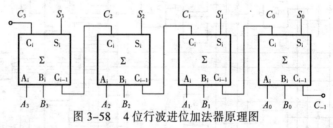

图 3-58　4 位行波进位加法器原理图

2. 先行进位加法器

为了提高 n 位加法器的运算速度，可以采用一种称为先行进位（又称超前进位）的技术。下面简单介绍一下先行进位的实现原理。

一个 n 位加法器，其中任何一位全加器产生进位的条件是：或者 A_i、B_i 均为 1；或者 A_i、B_i 中有一个为 1，且低位有进位产生。该条件可用逻辑表达式描述为

$$C_i = (A_i \oplus B_i)C_{i-1} + A_iB_i = P_iC_{i-1} + G_i$$

式中，$A_i \oplus B_i$ 称为进位传递输出（记作 P_i），A_iB_i 称为进位发生输出（记作 G_i）。对于一个 4 位（$n=4$）加法器来说，各位进位产生的条件可表示为

$$C_1 = P_1C_0 + G_1$$
$$C_2 = P_2C_1 + G_2 = P_2P_1C_0 + P_2G_1 + G_2$$
$$C_3 = P_3C_2 + G_3 = P_3P_2P_1C_0 + P_3P_2G_1 + P_3G_2 + G_3$$
$$C_4 = P_4C_3 + G_4 = P_4P_3P_2P_1C_0 + P_4P_3P_2G_1 + P_4P_3G_2 + P_4G_3 + G_4$$

　　由以上分析可见，$C_1 \sim C_4$ 的产生仅依赖于 $P_1 \sim P_4$、$G_1 \sim G_4$ 及 C_0（一般情况下 $C_0 = 0$），而 $P_1 \sim P_4$、$G_1 \sim G_4$ 又可以直接由 $A_1 \sim A_4$、$B_1 \sim B_4$ 计算得到。所以，一旦参加运算的加数确定了，便可同时产生各位进位，实现多位二进制数的并行相加。

　　芯片型号为 74LS283（或 74LS83）的中规模集成电路，是一片内部具有先行进位的 4 位二进制并行加法器，其逻辑图、功能表、引脚图和逻辑符号如图 3-59 所示。在 $A_1 \sim A_4$、$B_1 \sim B_4$ 上输入二进制加数，C_0 接地，便可在 $\sum_1 \sim \sum_4$ 上得到 4 位二进制数的和，并在 C_4 上得到相加后总的进位。$C_1 \sim C_3$ 由芯片内部自动处理，芯片外不必有引脚引出。

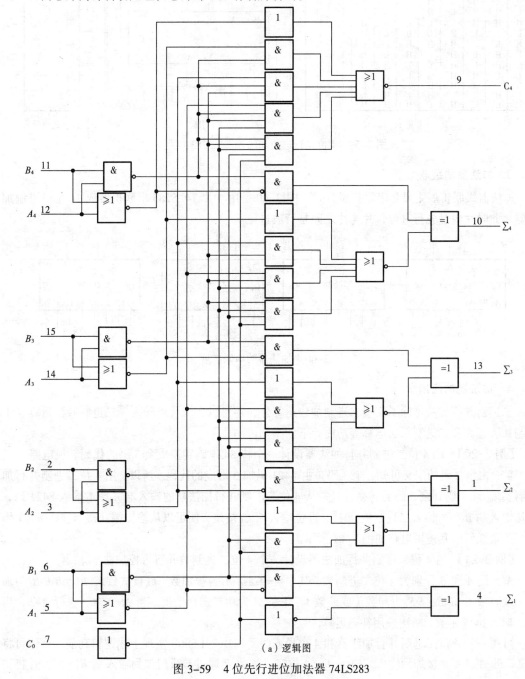

（a）逻辑图

图 3-59　4 位先行进位加法器 74LS283

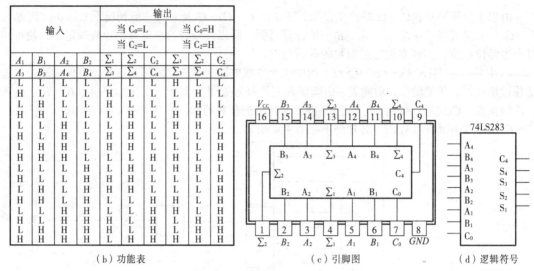

输入				输出					
				当 C_0=L			当 C_0=H		
				当 C_2=L			当 C_2=H		
A_1	B_1	A_2	B_2	Σ_1	Σ_2	C_2	Σ_1	Σ_2	C_2
A_3	B_3	A_4	B_4	Σ_3	Σ_4	C_4	Σ_3	Σ_4	C_4
L	L	L	L	L	L	L	H	L	L
H	L	L	L	H	L	L	L	H	L
L	H	L	L	H	L	L	L	H	L
H	H	L	L	L	H	L	H	H	L
L	L	H	L	H	L	L	L	H	L
H	L	H	L	L	H	L	H	H	L
L	H	H	L	L	H	L	H	H	L
H	H	H	L	H	H	L	L	L	H
L	L	L	H	L	H	L	H	H	L
H	L	L	H	H	H	L	L	L	H
L	H	L	H	H	H	L	L	L	H
H	H	L	H	L	L	H	H	L	H
L	L	H	H	H	H	L	L	L	H
H	L	H	H	L	L	H	H	L	H
L	H	H	H	L	L	H	H	L	H
H	H	H	H	L	H	H	H	H	H

（b）功能表　　　　　　　（c）引脚图　　　　　（d）逻辑符号

图 3-59　4 位先行进位加法器 74LS283（续）

3．加法器的级联

加法器级联扩展主要是串联扩展方式。图 3-60 是用 4 片 74LS283 串联扩展成 16 位二进制加法器，此时片内是先行进位，片与片之间是行波进位。

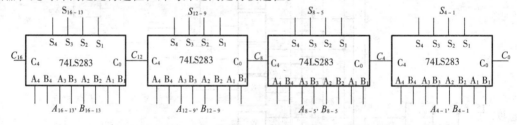

图 3-60　加法器的串联扩展

4．加法器的应用举例

二进制并行加法器除了实现二进制加法运算外，还可以实现代码转换、二进制减法运算、十进制加法运算和二进制乘法运算等功能。下面举例说明。

【例 3-20】用 4 位二进制并行加法器设计一个将 8421 码转换成余 3 码的代码转换电路。

解：由余 3 码的定义可知，余 3 码是由 8421 码加 3 形成的代码。所以，用 4 位二进制并行加法器实现 8421 码到余 3 码的转换，只需从 4 位二进制并行加法器的输入端 $A_4 \sim A_1$ 输入 8421 码，而从输入端 $B_4 \sim B_1$ 输入二进制数 0011，进位输入端 C_0 接地，便可以从输出端获得与输入 8421 码对应的余 3 码。其逻辑电路如图 3-61 所示。

【例 3-21】用 4 位二进制并行加法器设计一个 4 位二进制数并行可控加法/减法器。

解：设 A 和 B 分别为 4 位二进制数，其中 $A=A_4A_3A_2A_1$ 为被加数（或被减数），$B=B_4B_3B_2B_1$ 为加数（或减数），$S=S_4S_3S_2S_1$ 为和数（或差数）。并令 M 为功能选择变量，当 M=0 时，执行 $A+B$；当 M=1 时，执行 $A-B$。减法采用补码运算。

可用一片 4 位二进制并行加法器和 4 个异或门（一片 74LS86）实现上述逻辑功能。具体可将 4 位二进制数 A 直接加到输入端 $A_4 \sim A_1$，4 位二进制数 B 通过异或门加到输入端 $B_4 \sim B_1$，并将功

能选择变量 M 作为异或门的另一个输入且同时接到进位输入端 C_0。其逻辑图如图 3-62 所示。因此，当 $M=0$ 时，$\overline{C_0}=0$，$B_i \oplus M = B_i \oplus 0 = B_i$，加法器实现 $A+B$；当 $M=1$ 时，$C_0=1$，$B_i \oplus M = B_i \oplus 1 = \overline{B_i}$，加法器实现 $A + \overline{B} + 1$，即 $A-B$。

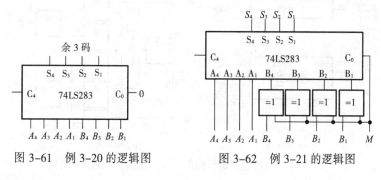

图 3-61　例 3-20 的逻辑图　　　　图 3-62　例 3-21 的逻辑图

【例 3-22】用 4 位二进制加法器设计一个用 8421 码表示的 1 位十进制数加法器。

解：根据 8421 码的特点，当两个 8421 码表示的十进制数相加时，需要对相加的结果进行修正。修正法则是：若相加结果大于 9（有进位产生），则和数需加 6 修正；若相加结果小于等于 9（无进位产生），则和数无须修正（或加 0 修正）。据此，可用两片 4 位二进制并行加法器和 3 个辅助门来实现给定功能，如图 3-63 所示。图中下面的一片用来对两个一位十进制数的 8421 码进行相加，上面的一片用来对相加的结果进行修正。

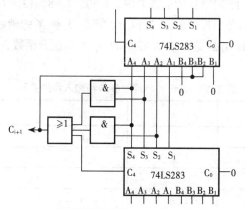

图 3-63　例 3-22 的逻辑图

3-5-6　ALU

算术逻辑单元（Arithmetic and Logic Unit，ALU）是 CPU 中运算器的核心部件之一，它不仅能完成算术运算（加法和减法），还能完成多种逻辑运算，而且还具有先行进位逻辑，从而实现高速运算。

1．ALU 的基本原理

我们知道全加器只能实现加法和减法运算，而不能进行逻辑运算。为了将全加器的功能进行扩展以完成多种算术逻辑运算，先不将输入 A_i、B_i 和低一位的进位 C_i 直接进行全加，而是将 A_i 和 B_i 先组合成有控制参数 S_0、S_1、S_2、S_3 控制的组合函数，如图 3-64（a）所示，然后再将 X_i、Y_i 和低一位的进位 C_i 通过全加器进行全加。这样，不同的控制参数可以得到不同的组合函数，因而能够实现多种算术运算和逻辑运算。

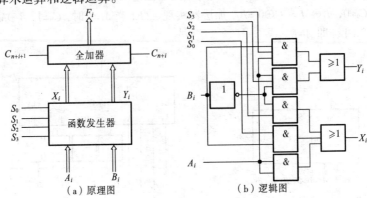

图 3-64　ALU 的逻辑结构原理图和函数发生器逻辑图

因此，一位算术逻辑单元的逻辑表达式为

$$F_i = X_i \oplus Y_i \oplus C_{n+i}$$

$$C_{n+i+1} = X_i Y_i + Y_i C_{n+i} + X_i C_{n+i}$$

式中，进位下标用 $n+i$ 代替原来全加器中的 i，i 代表集成在一片电路上的 ALU 的二进制位数。对于 4 位一片的 ALU，$i = 0$、1、2、3。n 代表若干片 ALU 组成更大字长的运算器时每片电路的进位输入，例如当 4 片组成 16 位字长的运算器时，$n = 0$、4、8、12。

控制参数 S_0、S_1、S_2、S_3 分别控制输入 A_i 和 B_i，产生 Y_i 和 X_i 的函数。其中 Y_i 是受 S_0 和 S_1 控制的 A_i 和 B_i 的组合函数，而 X_i 是受 S_2 和 S_3 控制的 A_i 和 B_i 组合函数，其函数关系（正逻辑）如表 3-18 所示。

表 3-18　X_i、Y_i 与控制参数和输入量的关系

S_0	S_1	Y_i	S_2	S_3	X_i
0	0	$\overline{A_i}$	0	0	1
0	1	$\overline{A_i B_i}$	0	1	$\overline{A_i + B_i}$
1	0	$\overline{A_i} B_i$	1	0	$\overline{A_i} + B_i$
1	1	0	1	1	$\overline{A_i}$

根据上面所示的函数关系，即可列出 X_i 和 Y_i 的逻辑表达式：

$$X_i = \overline{S_2 S_3} + \overline{S_2} S_3 (\overline{A_i} + \overline{B_i}) + S_2 \overline{S_3} (\overline{A_i} + B_i) + S_2 S_3 \overline{A_i}$$

$$Y_i = \overline{S_0 S_1} \overline{A_i} + \overline{S_0} S_1 \overline{A_i} B_i + S_0 \overline{S_1} A_i B_i$$

进一步化简和转换并代入前面的求和与进位表达式中，可得 ALU 的某一位逻辑表达式如下：

$$X_i = \overline{S_3 A_i B_i + S_2 A_i \overline{B_i}}$$

$$Y_i = \overline{A_i + S_0 B_i + S_1 \overline{B_i}}$$

$$F_i = X_i \oplus Y_i \oplus C_{n+i}$$

$$C_{n+i+1} = Y_i + X_i C_{n+i}$$

根据上式，可以给出函数发生器的逻辑电路，如图 3-64（b）所示。

2．4 位 74LS181ALU

图 3-65 所示是 4 位 74LS181ALU 的逻辑图、功能表、引脚图和逻辑符号，图中除了 $S_0 \sim S_3$ 这 4 个控制端外，还有一个控制端 M，它是用来控制 ALU 是进行算术运算还是进行逻辑运算的。当 $M=0$ 时，M 对进位信号没有任何影响。此时 F 不仅与本位的被操作数 Y 和操作数 X 有关，而且与本位的进位输出 C 有关，因此 $M=0$ 时进行算术操作。当 $M=1$ 时，封锁了各位的进位输出，即 $C=0$，因此各位的运算结果 F 仅与 Y 和 X 有关，故 $M=1$ 时进行逻辑操作。图中给出了工作于负逻辑和正逻辑操作数方式的 74LS181ALU 引脚框图。显然，这个器件执行的正逻辑输入/输出方式的一组算术运算和逻辑操作与负逻辑输入/输出方式的一组算术运算和逻辑操作是等效的。

功能表中列出了 74LS181 ALU 的运算功能表，它有两种工作方式。对正逻辑操作数来说，算术运算称高电平操作，逻辑运算称正逻辑操作（即高电平为"1"，低电平为"0"）。对于负逻辑操作数来说，正好相反。由于 $S_0 \sim S_3$ 有 16 种状态组合，因此对正逻辑输入与输出而言，有 16 种算术运算功能和 16 种逻辑运算功能。同样，对于负逻辑输入与输出而言，也有 16 种算术运算功能和 16 种逻辑运算功能。

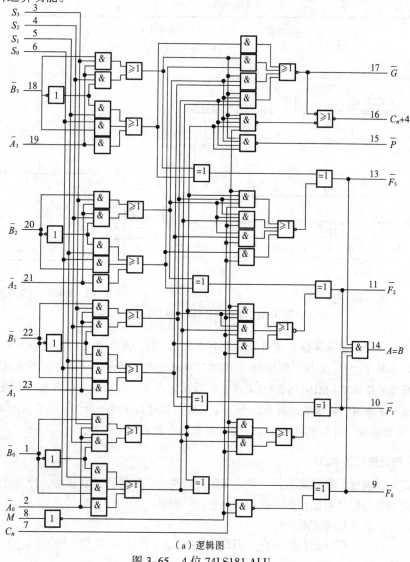

（a）逻辑图

图 3-65　4 位 74LS181 ALU

选择	M=H	有效数据操作	
		M=L;算术操作	
$S_3\,S_2\,S_1\,S_0$	逻辑函数	$\overline{C_n}$=H（无进位）	$\overline{C_n}$=L（有进位）
L L L L	$F=A$	$F=A$	$F=A\text{ PLUS }1$
L L L H	$F=\overline{A+B}$	$F=A+\overline{B}$	$F=(A+\overline{B})\text{PLUS}1$
L L H L	$F=\overline{A}B$	$F=A+\overline{B}$	$F=(A+\overline{B})\text{PLUS}1$
L L H H	$F=0$	$F=\text{MINUS }1(\text{2s COMPL})$	$F=0$
L H L L	$F=\overline{AB}$	$F=A\text{ PLUS }A\overline{B}$	$F=A\text{ PLUS }A\overline{B}\text{ PLUS }1$
L H L H	$F=\overline{B}$	$F=(A+B)\text{PLUS }A\overline{B}$	$F=(A+B)\text{PLUS }A\overline{B}\text{ PLUS }1$
L H H L	$F=A\oplus B$	$F=A\text{ MINUS }B\text{ MINUS }1$	$F=A\text{ MINUS }B$
L H H H	$F=A\overline{B}$	$F=A\overline{B}\text{ MINUS }1$	$F=A\overline{B}$
H L L L	$F=\overline{A}+B$	$F=A\text{ PLUS }AB$	$F=A\text{ PLUS }AB\text{ PLUS }1$
H L L H	$F=\overline{A\oplus B}$	$F=A\text{ PLUS }B$	$F=A\text{ PLUS }B\text{ PLUS }1$
H L H L	$F=B$	$F=(A+\overline{B})\text{PLUS }AB$	$F=(A+\overline{B})\text{PLUS }AB\text{ PLUS }1$
H L H H	$F=AB$	$F=AB\text{ MINUS }1$	$F=AB$
H H L L	$F=1$	$F=A\text{ PLUS }A^*$	$F=A\text{ PLUS }A\text{ PLUS }1$
H H L H	$F=A+\overline{B}$	$F=(A+B)\text{PLUS }A$	$F=(A+B)\text{PLUS }A\text{ PLUS }1$
H H H L	$F=A+B$	$F=(A+\overline{B})\text{PLUS }A$	$F=(A+\overline{B})\text{PLUS }A\text{ PLUS }1$
H H H H	$F=A$	$F=A\text{ MINUS }1$	$F=A$

*表示每一位均移到下一个更高位（算术左移），即 $A^*=2A$。

（b）功能表（正逻辑）

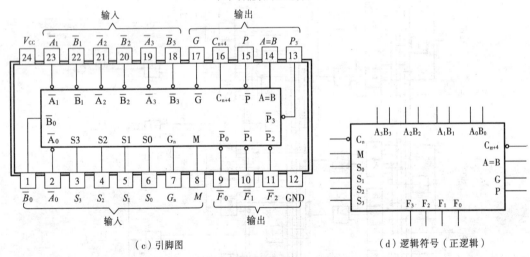

（c）引脚图 （d）逻辑符号（正逻辑）

图 3-65　4位 74LS181 ALU（续）

注意： 功能表中算术运算操作是用补码表示法来表示的。其中 "PLUS" 是指算术加，运算时要考虑进位，而符号 "+" 是指 "逻辑加"。其次，减法是用补码方法进行的，其中数的反码是内部产生的，而结果输出 "A MINUS B MINUS 1"，因此做减法时需在最末位产生一个强迫进位（加 1），以便产生 "A 减 B" 的结果。另外，"$A=B$" 输出端可指示两个数相等，因此它与其他 ALU 的 "$A=B$" 输出端按 "与" 逻辑连接后，可以检测两个数的相等条件。

3. 两级先行进位的 ALU

为了提高运算速度，必须实现片与片之间的先行进位，即进行并联扩展。片与片之间的先行进位原理和片内先行进位相似，用公式表示如下：

$$C_{n+x}=G_0+P_0C_n$$
$$C_{n+y}=G_1+P_1C_{n+x}=G_1+P_1G_0+P_1P_0C_n$$

$$C_{n+z} = G_2 + P_2C_{n+y} = G_2 + P_2G_1 + P_2P_1G_0 + P_2P_1P_0C_n$$

$$C_{n+4} = G_3 + P_3C_{n+z} = G_3 + P_3G_2 + P_3P_2G_1 + P_3P_2P_1G_0 + P_3P_2P_1P_0C_n$$

$$= P^*C_n + G^*$$

式中，

$$P^* = P_3P_2P_1P_0$$

$$P^* = P_3P_2P_1P_0 \quad G^* = G_3 + P_3G_2 + P_3P_2G_1 + P_3P_2P_1G_0$$

根据以上表达式，可用 TTL 器件实现成组先行进位部件 74LS182，其逻辑图、引脚图和逻辑符号如图 3-66 所示。其中 G^* 称为成组进位发生输出，P^* 称为成组进位传送输出，利用它们可以级联成 n 位先行进位发生器。

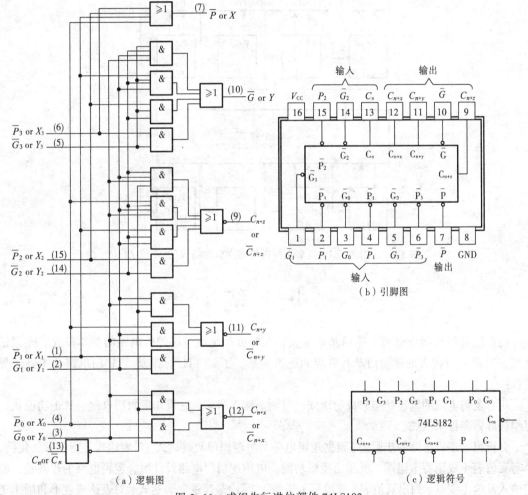

图 3-66 成组先行进位部件 74LS182

由于 74LS181ALU 设置了 P 和 G 两个本组先行进位输出端。如果将 4 片 74LS181 的 P、G 输出端送入到 74LS182 先行进位部件中，又可实现第二级的先行进位，即组与组（片与片）之间的先行进位。

图 3-67 所示给出了用两个 16 位全先行进位部件级联组成的 32 位 ALU 逻辑框图。在这个电路中使用了八个 74LS181ALU 和两个 74LS182CLA 器件。很显然，对一个 16 位来说，CLA 部件构

成了第二级的先行进位逻辑，即实现四个小组（位片）之间的先行进位，从而使全字长 ALU 的运算时间大大缩短。

在图 3-67 中，低 16 位和高 16 位组内是先行进位，组之间是行波串联进位，这称为两级先行进位。此外，还可以借助第三片 74LS182CLA 实现低 16 位和高 16 位之间的先行进位，即三级先行进位，读者可自行画出其逻辑图。

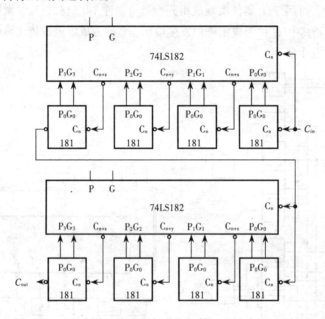

图 3-67　用两个 16 位全先行进位部件级联组成的 32 位 ALU

小　结

门电路是组成组合逻辑电路的基本单元，同时也是组成时序逻辑电路的基本单元。应记忆常见逻辑符号所代表的逻辑门及其对应的逻辑关系。了解 TTL 标准及 TTL 门电路的主要外部特性。

组合逻辑电路的输出状态只决定于同一时刻的输入状态，它可用逻辑门电路、MSI 功能块、可编程阵列器件来组成。

分析组合逻辑电路的步骤是：根据逻辑电路写出逻辑函数表达式、对表达式进行变形及化简、填写真值表（或填写卡诺图）并指出逻辑功能；应用逻辑门电路设计组合逻辑电路的步骤是：确定输入及输出变量、列出真值表（或填写卡诺图）、写出最简逻辑表达式、对表达式变形和画出逻辑图。

设计组合逻辑电路时，应考虑实际问题的特点及要求，充分利用任意项简化电路设计结果；如果电路中存在竞争险象且可能会影响逻辑电路工作，应设法解决。

为了实现给定的逻辑功能，可采用 MSI 器件功能块设计组合逻辑电路。要熟悉功能块的逻辑功能，了解所需功能块的型号及引脚安排，同时注重逻辑代数方法的运用。

习 题

1. 根据门电路的逻辑功能，回答下列问题：

   已知与非门有三输入端 A、B、C，问其中一个输入的值确定后，输出 F 的值是否可被确定。指出使 $F=0$ 的所有输入的取值组合。

2. 已知下列逻辑函数，试用与非门及或非门分别实现这两个函数。

$$F_1 = A\overline{B} + A\overline{C} + \overline{A}BC$$

$$F_2 = (A+B)(A+C)(\overline{A}+\overline{B}+\overline{C})$$

3. 列出图 3-68 所示电路的输出函数表达式，判断该表达式能否化简。若能，则将它化为最简，并用最简电路实现。

4. 已知图 3-69 所示电路的输入、输出都是 8421BCD 码，试列出该电路的真值表，并由真值表说明它的逻辑功能。

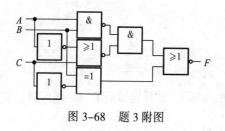

图 3-68 题 3 附图

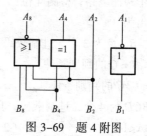

图 3-69 题 4 附图

5. 分析如图 3-70 所示的组合逻辑电路，说明电路功能，并画出其简化逻辑电路图。

6. 已知图 3-71 为两种十进制数代码的转换器，输入为余 3 码，问输出是什么代码？

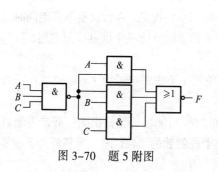

图 3-70 题 5 附图

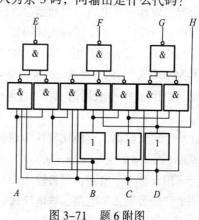

图 3-71 题 6 附图

7. 已知图 3-72 是一个受 M 控制的 8421 码和格雷码相互转换器。当 $M=1$ 时，完成 8421 码至格雷码的转换；当 $M=0$ 时，完成相反转换，试说明之。

8. 已知图 3-73 是一个受 M_1、M_2 控制的原码、反码和 0、1 转换器，试分析该转换器各在 M_1、M_2 的什么状态下实现上述 4 种转换。

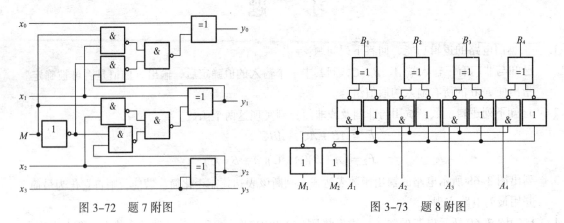

图 3-72 题 7 附图   图 3-73 题 8 附图

9. 试用与非门设计一个判别电路，以判别二进制数中 1 的个数是否为奇数。

10. 设计一个检测电路，检测 4 位二进制码中 1 的个数是否为偶数。若为偶数个 1，则输出为 1，否则输出为 0。

11. 已知 A、B、C 为 3 个二进制数码，试写出：

   （1）$A = B = C$ 的判别条件；

   （2）$A = B \neq C$ 的判别条件。

12. 已知 $ABCD$ 为 4 个二进制数码，且 $x = 8A + 4B + 2C + D$，试分别写出下列问题的判别条件。

   （1）$7 \leqslant x < 14$ （2）$1 \leqslant x < 8$

13. 已知 $X = x_1 x_2 x_3$，$Y = y_1 y_2 y_3$ 是两个二进制正整数，试分别写出下列问题的判别条件。

   （1）$X > Y$ （2）$X = Y$

14. 试用与非门设计一个电路，以判别余 3 码所表示的十进制数是否小于 2 或大于等于 7。

15. 试用与或非门设计一个按键输入译码器，以将 0～9 的按键输入译为相应值的 8421 码。

16. 今有 4 台设备，每台设备用电均为 10kW。若这 4 台设备由 F_1、F_2 两台发电机供电，其中 F_1 的功率为 10kW，F_2 的功率为 20kW；而 4 台设备的工作情况是：4 台设备不可能同时工作，但可能其中任意 1～3 同时工作，且至少有一台工作。试设计一个供电控制电路，以达到节电之目的。

17. 试设计一个比较电路，它能比较两个两位二进制整数（不考虑符号位）$x_2 x_1$ 和 $y_2 y_1$ 是否满足 $x_2 x_1 = y_2 y_1$，或 $x_2 x_1 \geqslant y_2 y_1$，或 $x_2 x_1 < y_2 y_1$。

18. 试用与非门设计一个电路，以将输入的 8421 码加 "6" 后输出，该输出为一般二进制数。

19. 设计一个 "四舍五入" 电路。该电路输入为 1 位十进制数的 8421 码，当其值大于或等于 5 时，输出 F 的值为 1，否则 F 的值为 0。

20. 试用与非门设计一个一次实现两个两位二进制数相加的加法器（注意，不要用两个全加器连接而成）。

21. 设计一个加/减法器，该电路在 M 控制下进行加、减运算。当 $M=0$ 时，实现全加器功能；当 $M=1$ 时，实现全减器功能。

22. 试用全加器及与非门设计一个一位余 3 码加法器，即输入为两个余 3 码，输出也是余 3 码。

23. 试用与非门设计一个电路，以将 8421 码转换为余 3 码。

24. 试用与非门设计一个电路，以将余 3 码转换为 8421 码。

25. 试用与非门设计一个七段译码器，以将下列十进制代码译为七段数字字形。

    （1）2421 码（自行确定一种编码）　　　　　（2）余 3 码

26. 已知某一逻辑电路的输入为 x 的补码 $[x]_{补} = x_0 x_1 x_2 x_3 x_4$，试用与非门组成该电路，以判别该补码所表示的真值 x 是否满足 $2 < |x| \leqslant 13$。

27. 下列函数描述的电路是否可能发生竞争，竞争结果是否会产生险象，在什么情况下产生险象。若产生险象，试用增加冗余项的方法消除。

    （1）$F_1 = AB + A\overline{C} + \overline{C}D$

    （2）$F_2 = AB + \overline{A}CD + BC$

    （3）$F_3 = (A + \overline{B})(\overline{A} + \overline{C})$

28. 用译码器 74LS138 和与非门实现逻辑函数 $F(A, B, C) = \sum m(1, 3, 7)$。

29. 用数据选择器 74LS151 实现逻辑函数 $F(A, B, C, D) = \sum m(1, 2, 5, 7, 14, 15)$。

第4章 | 同步时序逻辑

前面从研究逻辑函数化简开始,讨论了由门电路组成的组合逻辑电路的分析和设计方法。下面两章将讨论计算机及数字设备中另一类数字逻辑电路:时序逻辑电路的分析和设计方法。时序逻辑电路又可分为同步时序电路和异步时序电路两类。

本章从研究触发器入手,讨论同步时序电路的分析和设计方法。

4-1 时序逻辑结构模型

4-1-1 结构模型

时序逻辑电路是一种与时序有关的逻辑电路,它是以组合电路为基础,又与组合电路不同。下面首先介绍关于时序电路的基本概念。

所谓时序电路是电路任何时刻的稳定输出不仅取决于该时刻的输入状态,还与前一时刻电路的输入状态有关。所以,任何时序电路都是由组合电路及存储电路两部分组成。图 4-1 是时序逻辑电路的框图。

图中组合电路有两组输入及两组输出。通常将输入 x_1,$\cdots$,x_n 称为时序电路外部输入,Q_1,$\cdots$,Q_r 称为时序电路的内部输入,它是存储电路的输出反馈到组合电路的输入;将 Z_1,$\cdots$,Z_m 称为时序电路的外部输出,Y_1,$\cdots$,Y_k 称为时序电路的内部输出。

时序电路有一个极为重要的概念:状态。r 个内部输入端,每个端都可能是"0"或是"1"两种可能取值,这样,就构成 r 位二进制数,每个二进制数称为一种状态,它称为时序电路的内部状态。同理,由 m 个外部输出端构成 m 位二进制数,每个二进制数称为一种输出状态,它称为时序电路的外部状态。通常讲时序电路的状态是指内部状态。

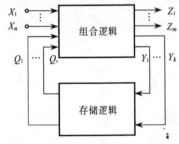

图 4-1 时序逻辑电路的框图

时序电路当前时刻的内部状态,称为现态,用 Q^n 表示。加上输入信号后时序电路将要达到的状态称为次态,用 Q^{n+1} 表示。

在组合逻辑电路中,组合电路的输出仅是输入的函数。而一般时序电路的输出函数可写为

$$Z_i = f_i(x_1, \cdots, x_n, Q_1, \cdots, Q_r) \quad i = 1, \cdots, m \tag{4-1}$$

$$Y_j = g_j(x_1, \cdots, x_n, Q_1, \cdots, Q_r) \quad j = 1, \cdots, r \tag{4-2}$$

通常把式(4-1)表示的函数,称为输出函数。把式(4-2)表示的函数,称为激励函数或者控制函数。

时序电路的主要特点是:它含有存储电路,因此,时序电路具有记忆功能,它与组合电路的主要区别如表 4-1 所示。

表 4-1 组合电路与时序电路区别

内　容	组　合　电　路	时　序　电　路
电路特性	输出仅与当前输入有关	输出与当前输入和电路状态有关
电路结构	不含存储电路	含有存储电路
函数描述	用输出函数	用输出函数和状态函数

下面以一个例子说明时序电路的特点。

图 4-2 为铁路和公路交叉路口示意图：图中的 X_1 和 X_2 为两个压敏元件。由于它们相距较远，所以一列火车不可能同时压上两个压敏元件。压敏元件被压上时，产生的控制信号 X 为 1，而未被压上时 X 为 0。栅栏门的开关受控制电路输出 F 控制。当 $F=1$ 时关闭栅栏门，当 $F=0$ 时打开栅栏门。控制电路框图如图 4-3 所示。

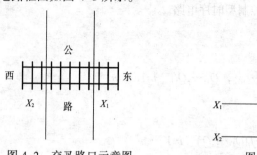

图 4-2 交叉路口示意图

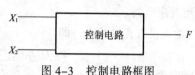

图 4-3 控制电路框图

很容易想象，没来火车时两个压敏元件均未被压上，$X_1X_2=00$，$F=0$，打开栅栏门；当火车自东向西行驶，而且压东边的压敏元件时，$X_1X_2=10$，$F=1$，关闭栅栏门；当火车行驶在两个压敏元件之间时，虽然 $X_1X_2=00$，但是电路输出必须是 $F=1$，关闭栅栏门。

从上述分析看出，没来火车时 $X_1X_2=00$，在这样状态下，控制电路输入为 $X_1X_2=00$，输出 $F=0$，打开栅栏门；火车压上东边的压敏元件 X_1，$X_1X_2=10$，$F=1$，之后，两个压敏元件都没被压上，$X_1X_2=00$，对控制电路来说，就是输入 $X_1X_2=10$ 之后，再输入 00 时，$F=1$。可见，电路的输出状态不仅和输入信号有关，还和原来的状态有关，即和以前输入有关，如表 4-2 所示。

表 4-2 时序电路的输出状态与输入的关系

历 史 输 入	当 前 输 入	输 出
$X_1X_2=00$	$X_1X_2=00$	$F=0$
$X_1X_2=10$	$X_1X_2=00$	$F=1$

火车可以自东向西，也可自西向东行驶。控制电路的状态共有 7 种，分别用 $S_0 \sim S_6$ 表示。

S_0：火车尚未到来，此时 $X_1X_2=00$，$F=0$，打开栅栏门；

S_1：火车自东向西行驶，而且压到压敏元件 X_1，这时 $X_1X_2=10$，$F=1$，关闭栅栏门；

S_2：火车行驶在 X_1 和 X_2 之间，此时 $X_1X_2=00$，$F=1$，仍然关闭栅栏门；

S_3：火车继续向西行驶，而且压到压敏元件 X_2，这时 $X_1X_2=01$，$F=1$，栅栏门仍被关闭；火车驶过压敏元件 X_2，即 $X_1X_2=00$，$F=0$，打开栅栏门，即返回 S_0；

S_4：火车自西向东行驶，而且压到压敏元件 X_2，此时 $X_1X_2=01$，$F=1$，关闭栅栏门；

S_5：火车行驶在 X_1 和 X_2 之间，此时 $X_1X_2=00$，$F=1$，继续关闭栅栏门；

S_6：火车继续向东行驶，而且压到压敏元件 X_1，这时 $X_1X_2=10$，$F=1$，仍然关闭栅栏门；火车驶过压敏元件 X_1，即 $X_1X_2=00$ 时又返回 $S0$。

由上述分析可以得出，该栅栏门控制电路的输出状态不仅和当时的输入有关，还和电路原来的状态有关，按照给出时序电路的概念，该控制电路是一个时序电路。

4-1-2　时序电路的分类

时序逻辑电路可以从不同的角度分类如下：

1．按输入变量的类型分类

① 输入信号是脉冲，则称为脉冲控制型时序逻辑电路。

② 输入信号是电位，则称为电位控制型时序电路。

2．按输出和输入关系分类

① 输出与输入直接有关，即

$$Z_i = f_i(x_1, \cdots, x_n, \ Q_1, \cdots, Q_r) \quad i=1, \cdots, m$$

则称为 Mealy 型时序电路。

② 输出与输入没有直接关系，即

$$Z_i = f_i(Q_1, \cdots, Q_r) \quad i=1, \cdots, m$$

则称为 Moore 型时序电路。

3．按时钟脉冲分类

① 时序电路的存储电路中所有存储单元都在一个 CP 脉冲控制下改变电路的工作状态，则称同步时序电路。

② 存储电路由两个或两个以上的 CP 控制或没有 CP 控制，则称异步时序电路。

本章研究同步时序电路，它的存储单元是触发器。下面就从触发器开始讨论。

4-2　触　发　器

触发器像门电路一样，在数字电路中用得十分普遍。触发器种类较多，分类方法也不同。如果按功能分有 RS 触发器、D 触发器、JK 触发器和 T 触发器；按触发方式分有边沿触发和电平触发；按结构分有简单结构、维持阻塞结构和主从结构等。下面讨论几种常见触发器的特性。

触发器是具有记忆功能的逻辑器件。通常触发器有两个输出端，且在稳态时两个输出端状态刚好相反，分别用 Q 和 $\overline{Q}$ 表示。当 Q=0、$\overline{Q}$=1 时，称触发器处于 0 状态；Q=1、$\overline{Q}$=0 时，称触发器处于 1 状态。它有一个或多个输入端和一个时钟脉冲控制端。当时钟脉冲不变时，触发器将保持某种状态不变，称为具有记忆功能；当 CP 时钟控制脉冲到来时，触发器会从一种状态转变为另一种状态，称为具有翻转特性。触发器一般逻辑符号如图 4-4 所示。

触发器翻转前的状态称为现态，用 Q^n 表示；翻转后的状态称为次态，用 Q^{n+1} 表示。触发器的次态与输入、现态之间的关系函数，称为状态函数或次态函数。

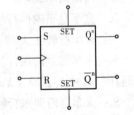

图 4-4　触发器的逻辑符号

4-2-1　RS 触发器

1．基本 RS 触发器

触发器都是由门（与非门、或非门、与或非门等）加上反馈构成。通常用图 4-5 所示的由与非门构成的基本 RS 触发器来讨论基本 RS 触发器的逻辑功能。

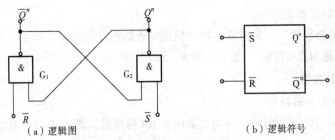

（a）逻辑图　　　　　　　　（b）逻辑符号

图 4-5　基本 RS 触发器

（1）逻辑功能分析

由图 4-5（a）所示电路可见，G_1、G_2 两个门输出、输入交叉相连。根据与非门的逻辑关系，可以写出次态函数

$$Q^{n+1} = \overline{\overline{Q^n} \overline{S}}$$

$$\overline{Q^{n+1}} = \overline{\overline{Q^n} \overline{R}}$$

两个输入变量有四种组合，下面分别讨论：

① $\overline{S}=1$，$\overline{R}=1$。代入次态函数得 $Q^{n+1}=Q^n$，$\overline{Q^{n+1}}=\overline{Q^n}$ 即触发器保持原状态不变。

下面的讨论都是从输入变量为 0 的门开始。

② $\overline{S}=0$，$\overline{R}=1$。由于 G_2 门的输入 $\overline{S}=0$，因此从 G_2 门开始分析。

如果触发器初态为 0，代入次态函数得 $Q^{n+1}=\overline{00}=1$，$\overline{Q^{n+1}}=\overline{11}=0$，即触发器从 0 状态翻转为 1 状态；

如果触发器初态为 1，代入次态函数得 $Q^{n+1}=\overline{10}=1$，$\overline{Q^{n+1}}=\overline{11}=0$，即触发器保持 1 态不变。不难得出结论：当 $\overline{S}=0$，$\overline{R}=1$ 时，无论初态如何，Q^{n+1} 都为 1。所以，$\overline{S}$ 端为置 1 输入端。

③ $\overline{S}=1$，$\overline{R}=0$。如果触发器初态为 0，从 $G1$ 门开始分析，代入次态函数得 $\overline{Q^{n+1}}=1$，$Q^{n+1}=0$，即触发器保持 0 态；

如果触发器初态为 1，代入次态函数得 $\overline{Q^{n+1}}=1$，$Q^{n+1}=0$ 不变，即触发器从 1 状态翻转为 0 状态。不难得出结论：当 $\overline{S}=1$，$\overline{R}=0$ 时，无论初态如何，Q^{n+1} 都为 0。所以，$\overline{R}$ 端为置 0 输入端。

④ $\overline{S}=0$，$\overline{R}=0$。代入 Q^{n+1}、$\overline{Q^{n+1}}$ 得：当 $\overline{S}=0$，$\overline{R}=0$ 时，Q^{n+1}、$\overline{Q^{n+1}}$ 均为 1。如果 $\overline{S}$、$\overline{R}$ 同时回到 1，触发器的状态不定。所以，基本 RS 触发器不允许这种输入状态出现。

（2）真值表和特性函数

据上面的分析，可列出表 4-3 所示 RS 触发器的真值表和图 4-6 所示 RS 触发器卡诺图。

表 4-3　RS 触发器的真值表

$\overline{S}$	$\overline{R}$	Q^n	Q^{n+1}	$\overline{S}$	$\overline{R}$	Q^n	Q^{n+1}
0	0	0	×	1	0	0	0
0	0	1	×	1	0	1	0
0	1	0	1	1	1	0	0
0	1	1	1	1	1	1	1

图 4-6　RS 触发器 Q^{n+1} 的卡诺图

由图 4-6 可得

$$Q^{n+1} = S + \overline{R}Q^n$$

$$\overline{R} + \overline{S} = 1$$

（3）基本 RS 触发器的特点

RS 触发器的电路较简单，是组成各种功能更完善的触发器的基本单元，信号存在期间直接控制着输出的状态（称为直接控制），输入信号 R、S 之间有约束，所以使用局限性很大。

2. 同步 RS 触发器

（1）逻辑电路和逻辑符号

图 4-7（a）所示电路是由与非门构成的同步 RS 触发器，图 4-7（b）是它的逻辑符号。

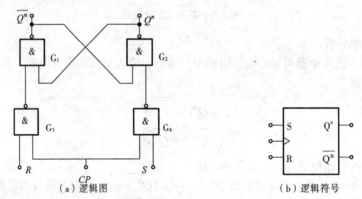

（a）逻辑图　　　　　　　　　（b）逻辑符号

图 4-7　同步 RS 触发器

（2）功能分析

比较图 4-7（a）和图 4-5（a）可以发现同步 RS 触发器是在基本 RS 触发器电路的基础上，增加两个控制门 G_3 和 G_4。两门的输入端都受 CP 脉冲控制，所以，只要分析 $\overline{S}$ 和 $\overline{R}$ 就可以了。因为 G_1 和 G_2 构成基本 RS 触发器。

① 当 $CP=0$ 时，无论 S、R 取何值，则 $\overline{S}$、$\overline{R}$ 均为 1，触发器保持原状态不变。

② 当 $CP=1$ 时，G_3、G_4 门打开，如果 $S=R=0$，则 $\overline{S}=\overline{R}=1$，触发器保持原状态不变；如果 $S=1$，$R=0$，则 $\overline{S}=0$，$\overline{R}=1$，则触发器置 1；如果 $S=0$，$R=1$，则 $\overline{S}=1$，$\overline{R}=0$，触发器置 0；如果是 $S=R=1$ 时，则 $\overline{S}=\overline{R}=0$，触发器未来状态不定。因此，同步 RS 触发器在 CP 脉冲等于 1 期间，不允许两个输入 R、S 同时为 1。

（3）真值表、特性函数和激励表

由上述分析可以得到表 4-4 所示的同步 RS 触发器的真值表及其卡诺图 4-8。

表 4-4　同步 RS 触发器的真值表

S	R	Q^n	Q^{n+1}
0	0	0	0
0	0	1	1
S	R	Q^n	Q^{n+1}
0	1	0	0
0	1	1	0
1	0	0	1
1	0	1	1
1	1	0	×
1	1	1	×

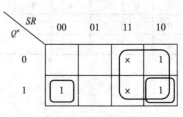

图 4-8　同步 RS 触发器 Q^{n+1} 的卡诺图

需要说明的是，同步 RS 触发器必须在 $CP=1$ 到来后触发器才工作，$CP=0$ 时不工作，因此，CP 不在表中出现。

由图 4-8 所示卡诺图可求得特性函数

$$Q^{n+1} = S + \overline{R}Q^n \tag{4-3}$$
$$RS = 0 \quad （约束条件）$$

接着讨论激励表。激励表在时序电路设计时是很有用的，所谓激励表，是指说明要求触发器状态变化时，应如何加输入信号的表格。例如，要求触发器从 0 状态变为 1 状态，从表 4-4 中第 5 行查得：$S=1$，$R=0$。再如，要求触发器从 1 状态变为 1 状态（即保持 1 状态不变），从表 4-4 第 2 行和第 6 行查得，R 端输入必须为 0，而 S 端输入 0 或 1 均可。将各种可能的状态变化及要求相配合的输入信号都查出来，即可列出表 4-5 所示的激励表。

（4）RS 触发器存在的问题

同步 RS 触发器克服了基本 RS 触发器的不足，利用 CP 脉冲选通控制，实现 $CP=0$ 时触发器被禁止，$CP=1$ 期间接收输入。但是，在 $CP=1$ 期间仍是直接控制，如果此期间输入信号发生多次变化，触发器状态也将随之多次变化（见图 4-9）称为空翻，且 R、S 之间有约束。一般地说，通常要求每来一个 CP 脉冲，触发器的状态只允许改变一次，即要设法防止空翻。触发器解决空翻的方法有：采用维持阻塞触发器、主从结构触发器和边沿触发器等。下面的章节将陆续讨论。

表 4-5　RS 触发器激励表

Q^n	Q^{n+1}	S	R
0	0	0	×
0	1	1	0
1	0	0	1
1	1	×	0

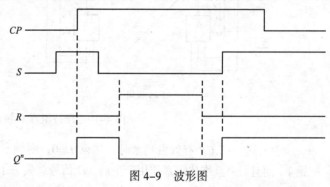

图 4-9　波形图

4-2-2　D 触发器

1. 维持阻塞 D 触发器

维持阻塞结构的触发器是彻底解决直接控制、防止空翻的触发器。

（1）电路组成及逻辑符号

图 4-10 所示是维持阻塞 D 触发器的逻辑图及逻辑符号。它是在基本 RS 触发器基础上增加 4 个控制门 $G_3 \sim G_6$。

① 当 $CP=0$ 时，G_3、G_4 门被封锁，$\overline{S} = \overline{R} = 1$，则由 G_1、G_2 构成的基本 RS 触发器保持原态不变。若 $D=0$，根据与非门的输出与输入关系则有

$$Z_2 = 1, \quad Z_1 = \overline{Z_2 \overline{S}} = \overline{1 \cdot 1} = 0$$

若 $D=1$，则

$$Z_2 = \overline{D\overline{R}} = \overline{1 \cdot 1} = 0, \quad Z_1 = 1$$

可见，G_6 门的输出 Z_1 总是与 D 的状态相同，即 $Z_1=D$；G_5 门的输出 $Z_2=\overline{D}$。

② CP 上升沿到来：当 CP 上升沿到来时，G_2、G_4 门被打开。若 CP 有效沿到来前的时刻 $D=1$，则 $\overline{S}=0$，$\overline{R}=1$，一方面将触发器置 1，另一方面 $\overline{S}=0$ 封锁 G_3 门，维持 $\overline{R}=1$，不会发出置 0 信号（图 4-10（a）所标的置 0 阻塞线），同时，因 $\overline{S}=0$ 封锁 G_6 门，不管 D 是否变化，总保持 $Z_1=1$（图 4-10（a）所标的置 1 维持线）；若 CP 有效沿到来前的时刻 $D=0$，则 $\overline{S}=1$，$\overline{R}=0$，一方面使触发器置 0，另一方面 $\overline{R}=0$ 封锁 G_5 门。无论 D 是否变化，Z_2 都等于 1，$Z_1=0$（图 4-10（a）所标的置 0 维持线）。

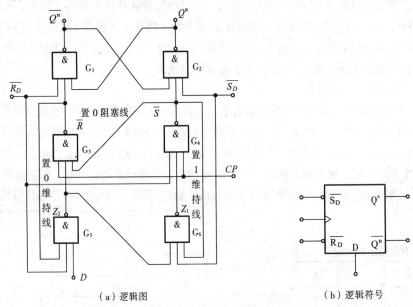

（a）逻辑图　　　　　　　　　　（b）逻辑符号

图 4-10　维持阻塞 D 触发器

综上所述，在 CP 有效沿到来时，如果 $D=0$，则触发器被置 0；反之，如果 $D=1$，则触发器被置 1。而且，一旦维持阻塞作用产生后，D 信号就失去了控制作用。此种触发器是 CP 上升沿有效，且不会产生空翻。

（2）真值表、特性函数和激励表

① 真值表：由上面分析列出表 4-6 所示的真值表。

② 特性函数：由上面对工作原理分析可直写出特性函数

$$Q^{n+1}=D \tag{4-4}$$

当然，特性函数也可从表 4-6 真值表化简求得。

③ 激励表：表 4-7 所示为 D 触发器的激励表。

（3）异步输入端 $\overline{R}_D$、$\overline{S}_D$

为了使用方便，在集成单元维持阻塞 D 触发器设置了异步输入端 $\overline{S}_D$、$\overline{R}_D$，它们都是低电平有效。如果要使触发器初始状态为 0，可由 $\overline{R}_D$ 端送入 0 来实现；如果让触发器状态为 1，则在 $\overline{S}_D$ 端输入 0 信号。此时触发器状态变化不受 CP 影响，故称异步输入。正常工作时，$\overline{S}_D$ 和 $\overline{R}_D$ 均接高电平。

表 4-6　真　值　表		
D	Q^n	Q^{n+1}
0	0	0
0	1	0
1	0	1
1	1	1

表 4-7　激　励　表		
Q^n	Q^{n+1}	D
0	0	0
0	1	1
1	0	0
1	1	1

2. D 锁存器

在集成触发器中有一类简化的 D 触发器。这种触发器没有维持阻塞功能，结构很简单，如图 4-11 所示。

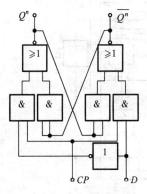

图 4-11　D 锁存器

它的作用是能把 D 端的输入数据在 CP=1 到来期间存入触发器，并在 CP=0 时，将 CP=1 期间的 D 数据保持下来，即当 CP=0 时，触发器的状态保持不变。这种简单的 D 触发器通常称为 D 锁存器。

4-2-3　JK 触发器

1. 主从 JK 触发器

主从结构触发器也可以彻底解决直接控制、防止空翻。这里以性能优良、广泛使用的主从 JK 触发器为例来讨论。

（1）主从 JK 触发器电路的组成和逻辑符号

主从 JK 触发器，简称 JK 触发器，其逻辑图和逻辑符号如图 4-12 所示。

在图 4-12（a）所示的逻辑图中 $G_1 \sim G_4$ 门构成的同步 RS 触发器称为从触发器；$G_5 \sim G_8$ 门构成的同步 RS 触发器称为主触发器，总称主从触发器。由于 G_9 门的作用，主、从触发器的时钟脉冲刚好相反。

（2）工作原理

① CP=0 时，由图 4-12（a）可知，主触发器的 G_7、G_8 门被封锁。主触发器保持原态不变；$\overline{CP}$=1 使从触发器打开，与图 4-7（a）比较，$S=Q^m$，$R=\overline{Q^m}$ 代入式（4-3）可得 $Q^n = Q^m$，$\overline{Q^n} = \overline{Q^m}$。

② CP 从 0 跳变为 1，主触发器被打开，从触发器被封锁而保持原态不变。将主触发器与图 4-7（a）比较可得

$$S = J\overline{Q^n}, \quad R = KQ^n$$

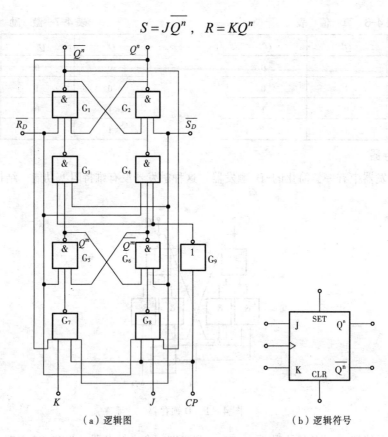

（a）逻辑图　　　　　　　　（b）逻辑符号

图 4-12　主从 JK 触发器

代入式（4-3）得

$$\left(Q^m\right)^{n+1} = J\overline{Q^n} + \overline{KQ^n}Q^m = J\overline{Q^n} + \overline{K}Q^m + \overline{Q^n}Q^m = J\overline{Q^n} + \overline{K}Q^n$$

当 CP 从 1 跳变为 0 后，将 $\left(Q^m\right)^{n+1}$ 送到从触发器输出端，即

$$Q^{n+1} = \left(Q^m\right)^{n+1} = J\overline{Q^n} + \overline{K}Q^n \tag{4-5}$$

此式为主从 JK 触发器的特性函数，它反映了 Q^{n+1} 与 Q^n、J、K 之间的逻辑关系。

由于 $\overline{Q^n}$ 和 Q^n 分别引回到 G_8、G_7 控制门的输入端，所以 J，K 间不存在约束。

主从 JK 触发器当 $CP=0$ 到来时触发器状态才改变，而在 $CP=0$ 时主触发器已被封住，即使 J、K 发生变化，触发器也不会产生空翻。

（3）真值表和激励表

由式（4-5）可以作出如表 4-8 所示的 JK 触发器的真值表，由真值表作如表 4-9 所示的激励表。

由表 4-8 可知：$J=K=0$ 时，触发器保持原状态，即 $Q^{n+1}=Q^n$；$J=0$，$K=1$ 时，触发器的 Q^{n+1} 总是为 0；$J=1$，$K=0$ 时，触发器的 Q^{n+1} 总是等于 1；$J=K=1$ 时，触发器的次态总是现态的反，即 $Q^{n+1}=\overline{Q^n}$，称为计数状态。

| 表 4-8 | JK 触发器的真值表 | | |

J	K	Q^n	Q^{n+1}
0	0	0	0
0	0	1	1
0	1	0	0
0	1	1	0
1	0	0	1
1	0	1	1
1	1	0	1
1	1	1	0

表 4-9　JK 触发器的激励表

Q^n	$\rightarrow$	Q^{n+1}	J	K
0		0	0	×
0		1	1	×
1		0	×	1
1		1	×	0

（4）异步输入端

图 4-12（a）中的 $\overline{R_D}$ 和 $\overline{S_D}$ 由于不受 CP 脉冲同步控制，故称异步输入端。因 $\overline{R_D}$ 既接到 G_1、G_5，又接到 G_4、G_8 门输入端，这样，加在 $\overline{R_D}$ 端的负脉冲不仅可将主触发器和从触发器同时置 0，而且还封锁了 G8 门，在 CP 脉冲为 1 期间，J 不可能通过 G_8 门将主触发器置 1，因此，能够可靠地将触发器置成 0 状态。同理，$\overline{S_D}$ 端同时接至 G_2、G_6 和 G_3、G_7 门，保证在 $\overline{S_D}$ 端加负脉冲可靠地使触发器置成 1 状态。

（5）主从 JK 触发器的基本特点

采用主从控制，J、K 间无约束的触发器是一种性能优良、大量生产、广泛使用的集成触发器；其缺点是存在一次性变化问题。因此，在 $CP=1$ 期间，一般要求 J、K 保持不变。

2．JK 边沿触发器

凡是满足以下条件的触发器，统称为边沿触发器。

① 触发器只接收 CP 约定跳变（正跳变或负跳变）时刻的输入数据。

② 在 CP 非约定跳变（包括 $CP=1$ 和 $CP=0$ 期间）触发器不接收数据，保持原态。

实现边沿触发一般有两种方法：一种利用维持阻塞原理，如正沿触发的 D 触发器；另一种是利用竞争险象，如负沿触发的 JK 触发器。下面以 JK 触发器为例，说明边沿触发原理。边沿 JK 触发器是解决主从 JK 触发器存在的一次性变化问题而出现的一种集成单元，原理逻辑电路如图 4-13 所示。

这种电路在 $CP=0$、CP 上升沿和 $CP=1$ 时，输入信号 J、K 不起作用，只有 CP 下降沿时刻，触发器才按如下特性函数更新状态。

$$Q^{n+1} = J\overline{Q^n} + \overline{K}Q^n$$

（1）工作原理

异步输入 $\overline{R_D}$ 和 $\overline{S_D}$ 在触发器工作时均为 1，所以，讨论电路工作原理时不用管它们。其作用与前面讨论过的触发器的异步输入相同。

① $CP=0$ 时，G_7、G_8 门被封锁，J、K 不起作用，显然触发器保持原状态。

② $CP=1$ 时，虽然 G_3、G_4、G_7 和 G_8 门被打开，但是因为

$$Z_1 = \overline{Q^n}, \quad Z_2 = Q^n$$

$$Z_3 = Z_5\overline{Q^n} = \overline{\overline{J\overline{Q^n}}} \cdot \overline{Q^n} = \overline{J}\,\overline{Q^n}, \quad Z_4 = Z_6 Q^n = \overline{\overline{KQ^n}} \cdot Q^n = \overline{K}Q^n$$

$$Q^{n+1} = \overline{Z_1 + Z_3} = Q^n, \quad \overline{Q^{n+1}} = \overline{Z_2 + Z_4} = \overline{Q^n}$$

可见，J、K 不起作用，触发器仍保持原状态。

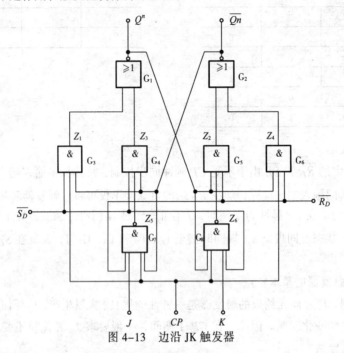

图 4-13　边沿 JK 触发器

③ CP 在上跳沿时，由于与非门 G_7、G_8 的延迟作用，G_3，G_4 门先打开，使

$$Z_1 = \overline{Q^n}, \quad Z_2 = Q^n$$

经过 T_{pd} 时间，CP 才送到 G_4，G_5，随后才出现

$$Z_3 = \overline{J}Q^n, \quad Z_4 = \overline{K}Q^n$$

$$Q^{n+1} = \overline{Z_1 + Z_3} = \overline{\overline{Q^n} + \overline{J}Q^n} = Q^n$$

$$\overline{Q^{n+1}} = \overline{Z_2 + Z_4} = \overline{Q^n + \overline{K}Q^n} = \overline{Q^n}$$

可见，J、K 仍不起作用，触发器保持原状态。

④ CP 在下跳沿时情况就不同了。由于 G_7、G_8 门的延迟作用，保证 G_3、G_4 门先关闭，则有

$$Z_1 = Z_2 = 0$$

而 G_7、G_8 门输出 $Z_5 = \overline{J\overline{Q^n}}$、$Z_6 = \overline{KQ^n}$ 要保持一个 T_{pd} 的时间，不难看出在这极短的时间内，G_1、G_2、G_4，G_5 构成基本 RS 触发器，而且

$$\overline{S} = \overline{J\overline{Q^n}}, \quad \overline{R} = \overline{KQ^n}$$

将 $\overline{S}$、$\overline{R}$ 代入基本 RS 触发器特性函数；见式（4-3），得

$$Q^{n+1} = J\overline{Q^n} + \overline{K}Q^n$$

由于 Q^n、$\overline{Q^n}$ 分别送回到 G_8、G_7 门的输入端，显然，J、K 之间没有约束。

（2）基本特点

边沿 JK 触发器在 CP 的下降沿触发，是一种使用灵活、抗干扰能力强、性能极好的触发器；但它是利用门的延时来解决一次变化问题，制造工艺要求严格。

4-2-4　T 触发器

凡是具有保持和翻转两种功能的触发器都可称做 T 触发器。例如，把 JK 触发器的两个控制端 J、K 连在一起变为一个端，并用字母 T 标注（见图 4-14），就构成 T 触发器。当 $T=0$（即 $J=K=0$）时，触发器保持原态不变，称为保持状态；当 $T=1$（即 $J=K=1$）时，每来一个 CP 脉冲触发器翻转一次，称为计数状态。T 触发器又称计数型触发器。

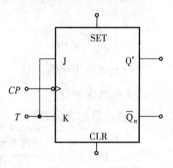

图 4-14　T 触发器

如果在式（4-4）中，若 $J=K=T$，便可得到 T 触发器的特性函数

$$Q^{n+1} = T\overline{Q^n} + \overline{T}Q^n \tag{4-6}$$

由式（4-6）作出 T 触发器的真值表，如表 4-10 所示，再由真值表可以作出表 4-11 所示的激励表。

<table>
<tr><td colspan="3">表 4-10　T 触发器的真值表</td></tr>
<tr><td>T</td><td>Q^n</td><td>Q^{n+1}</td></tr>
<tr><td>0</td><td>0</td><td>0</td></tr>
<tr><td>0</td><td>1</td><td>1</td></tr>
<tr><td>1</td><td>0</td><td>1</td></tr>
<tr><td>1</td><td>1</td><td>0</td></tr>
</table>

<table>
<tr><td colspan="4">表 4-11　T 触发器的激励表</td></tr>
<tr><td>Q^n</td><td>$\longrightarrow$</td><td>Q^{n+1}</td><td>T</td></tr>
<tr><td>0</td><td></td><td>0</td><td>0</td></tr>
<tr><td>0</td><td></td><td>1</td><td>1</td></tr>
<tr><td>1</td><td></td><td>0</td><td>1</td></tr>
<tr><td>1</td><td></td><td>1</td><td>0</td></tr>
</table>

4-2-5　不同类型时钟触发器间的转换

所谓触发器间的转换，是指将某种类型触发器加上适当的门电路转换为其他类型的触发器。研究功能转换目的在于：更深入地理解和掌握各类触发器的逻辑功能，有利于充分利用已有器件的作用，为下面讨论时序电路设计打下基础。

求已有触发器驱动函数通常有两种方法：一种是公式法。利用特性函数联解求已有触发器的驱动函数。这种方法可以利用逻辑代数中的公式和定律，但要求有一定的技巧。

另一种是图形法。利用真值表、激励表和卡诺图求解已有触发器的驱动方程。此方法比较直观清晰，不易出错，但有些烦琐。

1. JK 型触发器转换成其他触发器

由 JK 触发器转换为其他功能触发器，是在已经有的 JK 触发器基础上加上适当的门电路来实现 RS、D、T 功能触发器。转换的关键是利用公式法或者图形法，求出 JK 触发器的激励函数。

（1）由 JK 触发器转换为 D 触发器

① 公式法：利用公式法将 JK 触发器转换为其他功能触发器，通常都是首先将要实现功能的触发器特性函数转换成与 JK 触发器的标准函数式（4-5）相似的形式。然后再比较两个函数，就可以确 JK 触发器的激励函数。

D 触发器的标准函数式（4-4）为

$$Q^{n+1} = D$$

将此式变成与 JK 触发器标推函数相似形式为

$$Q^{n+1} = D = D(Q^n + \overline{Q^n}) = DQ^n + D\overline{Q^n}$$

JK 触发器的标准函数式（4-5）为

$$Q^{n+1} = J\overline{Q^n} + \overline{K}Q^n$$

两个函数相等，必须对应项相等。比较上面两个函数，得

$$J = D, K = \overline{D}$$

② 图形法：首先根据表 4-6 所示的 D 触发器的真值表和表 4-9 所示 JK 触发器的激励表，列出表 4-12 所示的使用表。

建立使用表的方法是首先列出要实现功能触发器的真值表，再根据真值表中触发器的状态变化情况去查已有触发器的激励表，将查出的已有触发器的控制端的取值填在使用表的相应列，即完成了使用表的建立。

我们正在进行的是 JK→D 触发器功能转换。因此，在表 4-12 的左边先列出 D 触发器的真值表。例如，表的第一行触发器是保持 D 状态不变，从表 4-9 所示 JK 触发器激励表查出得

表 4-12　JK 触发器→D 触发器使用表

D	Q^n	Q^{n+1}	J	K
0	0	0	0	×
0	1	0	×	1
1	0	1	1	×
1	1	1	×	0

$$J=0,\ K=\times$$

填入表 4-12 的 J、K 列下面。再如表的第三行触发器是从 0 状态变为 1 状态，查表 4-9 得：

$$J=1,\ K=\times$$

填入表 4-12 的 J、K 列第三行，依此类推。

下面所讨论的使用表建立方法都是如此，因此仅给出相应的使用表，不再详细说明。根据所建立的使用表，以 D、Q^n 作逻辑变量，就可求出 J、K 表达式。这里用图 4-15 所示的卡诺图求得

$$J = D,\quad K = \overline{D}$$

和公式法求得的结果一致。

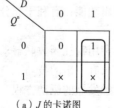

（a）J 的卡诺图

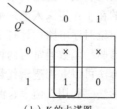

（b）K 的卡诺图

图 4-15　求 J、K 表达式

（2）由 JK 触发器转换为 RS 触发器

由其他触发器转换为 RS 触发器时（尤其是利用公式法），要特别注意用 RS 触发器约束条件，

以便使求得的激励函数最简。

① 公式法：首先，把式（4-3）给出的 RS 触发器标准特性函数，转换为 JK 触发器标准特性函数相似的形式，即

$$Q^{n+1} = S + \overline{R}Q^n$$
$$= S(\overline{Q^n} + Q^n) + \overline{R}Q^n$$
$$= S\overline{Q^n} + SQ^n + \overline{R}Q^n$$
$$= S\overline{Q^n} + \overline{R}Q^n + SQ^n(R + \overline{R})$$
$$= S\overline{Q^n} + \overline{R}Q^n + SQ^nR + SQ^n\overline{R}$$
$$= S\overline{Q^n} + \overline{R}Q^n \quad （去掉约束项）$$

将此式与式（4-4）比较可得

$$J=S, \quad K=R$$

② 图形法：由 RS 触发器的真值表（见表 4-4）和 JK 触发器的激励表，建立表 4-13 所示的使用表。

表 4-13　JK 触发器→RS 触发器使用表

S	R	Q^n	Q^{n+1}	J	K
0	×	0	0	0	×
0	1	1	0	×	1
1	0	0	1	1	×
×	0	1	1	×	0

将表 4-13 所示的 R、S、Q^n 作逻辑变量，利用图 4-16 所示卡诺图求得

$$J=S, \quad K=R$$

2. 由 T 触发器转换为其他功能触发器

利用公式法将 T 触发器转换为其他功能触发器的方法是：首先令两种触发器的特性函数相等，再求出 T 触发器的激励函数。

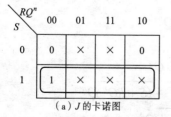
（a）J 的卡诺图

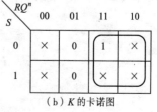
（b）K 的卡诺图

图 4-16　求 J、K 卡诺图

（1）由 T 触发器转换为 JK 触发器

式（4-6）给出 T 触发器的特性函数为

$$Q^{n+1} = T\overline{Q^n} + \overline{T}Q^n = T \oplus Q^n$$

① 公式法：令式（4-5）和式（4-6）相等，即

$$T \oplus Q^n = J\overline{Q^n} + \overline{K}Q^n$$

所以

$$T = (J\overline{Q^n} + \overline{K}Q^n) \oplus Q^n$$

$$= (J\overline{Q^n} + \overline{K}Q^n)\overline{Q^n} + \overline{(J\overline{Q^n} + \overline{K}Q^n)}Q^n$$

$$= J\overline{Q^n} + \overline{(J\overline{Q^n} + \overline{K}Q^n)}Q^n$$

$$= J\overline{Q^n} + \overline{\overline{K}Q^n}Q^n$$

$$= J\overline{Q^n} + KQ^n$$

② 图形法：根据表 4-7 所示的 JK 触发器真值表和表 4-11 所示的 T 触发器的激励表，建立表 4-14 所示的使用表。

表 4-14　T 触发器→JK 触发器使用表

J	K	Q^n	Q^{n+1}	T
0	×	0	0	0
×	1	1	0	1
1	×	0	1	1
×	0	1	1	0

以 Q^n、J、K 为逻辑变量，根据表 4-14 和图 4-17 所示的卡诺图，求得

$$T = J\overline{Q^n} + KQ^n \qquad (4-7)$$

根据式（4-7）画出图 4-18 所示的利用与门或非门构成的逻辑图。

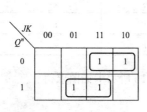

图 4-17　求 T 的卡诺图

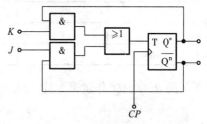

图 4-18　T→JK 转换逻辑图

（2）由 T 触发器转换为 RS 触发器

① 公式法：令式（4-6）和式（4-3）相等，即

$$T \oplus Q^n = S + \overline{R}Q^n$$

所以

$$T = (S + \overline{R}Q^n) \oplus Q^n$$

$$= (S + \overline{R}Q^n)\overline{Q^n} + \overline{(S + \overline{R}Q^n)}Q^n$$

$$= S\overline{Q^n} + \overline{S}(\overline{\overline{R}Q^n})Q^n$$

$$= S\overline{Q^n} + \overline{S}RQ_n$$

利用 RS 触发器的约束条件，$RS=0$，则

$$T = S\overline{Q^n} + \overline{S}RQ^n + SRQ^n$$

$$= S\overline{Q^n} + RQ^n$$

② 图形法：利用 RS 触发器的真值表和 T 触发器的激励表建立表 4-15 所示的使用表。

表 4-15　T 触发器→RS 触发器使用表

S	R	Q^n	Q^{n+1}	T
0	×	0	0	0
×	0	1	1	0
×	1	1	0	1
1	×	0	1	1

利用如图 4-19 所示的卡诺图，求出 T 的表达式

$$T = S\overline{Q^n} + RQ^n \tag{4-8}$$

根据式（4-8），画出如图 4-20 所示的由与非门实现的逻辑图。

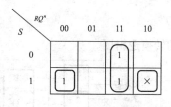

图 4-19　求 T 的卡诺图

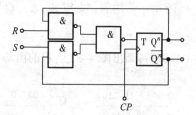

图 4-20　T 触发器→RS 触发器转换逻辑图

由 T 触发器转换为 D 触发器，留给读者自己去完成。

3. 由 RS 触发器转换为其他功能触发器

在利用公式法完成由 RS 触发器转换为其他功能触发器时，请读者一定要注意检查是否违背 RS 触发器的约束条件，如果有违背约束条件的情况，一定要改变设计，否则是错误的。

转换常用的方法也有公式法和图形法。利用公式法转换是：首先将要完成功能触发器的函数与 RS 触发器标准特性函数比较，确定 RS 触发器的激励函数，然后要检查是否违背约束条件（如果违背，一定要修改设计），最后，画逻辑图。图形法与其他触发器转换方法相同。

（1）由 RS 触发器转换为 JK 触发器

① 公式法：直接比较两种触发器的特性函数，可得

$$S = J\overline{Q^n}, \quad R = K$$

JK 触发器是没有约束条件的。按上面激励函数构成的转换电路，如果出现 $J=K=1$，$Q^n=0$ 时，将得

$$S = J\overline{Q^n} = 1, \quad R = K = 1$$

违背了 RS 触发器的约束条件，应进行适当修改。修改方法是：JK 触发器特性函数作适当变换。

$$Q^{n+1} = J\overline{Q^n} + \overline{K}Q^n = J\overline{Q^n} + \overline{K}Q^n + \overline{Q^n}Q^n = J\overline{Q^n} + \overline{KQ^n}Q^n$$

将变换后的函数与 RS 触发器特性函数比较，可得

$$S = J\overline{Q^n}, \quad R = KQ^n$$

就不会违背 RS 触发器的约束条件。

② 图形法：根据 JK 触发器的真值表和 RS 触发器的激励表，建立表 4-16 所示的使用表。

表 4-16　RS 触发器→JK 触发器使用表

J	K	Q^n	Q^{n+1}	S	R
0	0	0	0	0	×
0	0	1	1	×	0
0	1	0	0	0	×
0	1	1	0	0	1
1	0	0	1	1	0
1	0	1	1	×	0
1	1	0	1	1	0
1	1	1	0	0	1

根据表 4-16 所示使用表，并以 J、K、Q^n 为逻辑变量，利用图 4-21 所示的卡诺图得

$$S = J\overline{Q^n}, \quad R = KQ^n \tag{4-9}$$

根据式（4-9）可画出图 4-22 所示的由与门实现的转换逻辑图。

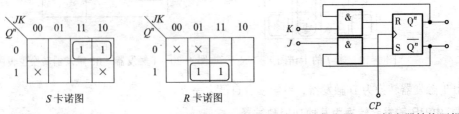

图 4-21　求 R、S 的卡诺图　　图 4-22　RS 触发器→JK 触发器转换逻辑图

（2）由 RS 触发器分别转换为 T、D 触发器

利用由 RS 转换为 JK 触发器相同的方法和步骤，可以实现由 JK 触发器分别转换为 T、D 触发器。这里仅给出相应激励函数，具体转换留给读者自己完成。

由 RS 触发器转换为 T 触发器，求得激励函数为

$$S = T\overline{Q^n}, \quad R = TQ^n$$

由 RS 触发器转换为 D 触发器，求得的激励函数为

$$S = D, \quad R = \overline{D}$$

4. 由 D 触发器转换为其他功能触发器

由 D 触发器转换为其他功能触发器，利用公式法极其简单，只要令两种触发器的特性函数相等，便得到 D 触发器的激励函数。读者可以自己分析。

4-2-6　集成触发器的参数

1. 直流参数

TTL 集成触发器的直流参数和 TTL 与非门的直流参数基本相同，可以用同样的方法来测试。这些直流参数包括：输出高电平 U_{OH}，输出低电平 U_{OL}，输入高电平（开门电平）U_{ON}，输入低电平（关门电平）U_{OFF}，低电平输入电流（输入短路电流）I_{IL}，高电平输入电流（交叉漏电流）I_{IH}，电源电流（功耗）I_{CC}。需要指出，对于不同的输入端（CP，J，K，$\overline{S_D}$，$\overline{R_D}$，D），其输入电流的指标是不同的。

2．时间参数

输入信号（J，K，D）的时间参数要求输入信号在时钟有效边沿之前和之后都存在一段稳定不变的时间，否则这个信号就不能可靠写入触发器，这两个时间参数的含义是：

① 建立时间——输入信号必须在时钟有效边沿之前提前到来的时间。

② 保持时间——输入信号在时钟有效边沿之后继续保持不变的时间。

时钟信号的时间参数也有两个：

① 时钟高电平宽度——时钟信号保持为高电平的最小持续时间。

② 时钟低电平宽度——时钟信号保持为低电平的最小持续时间。

时钟信号的宽度和输入信号建立时间、保持时间有关。

时钟高电平宽度和时钟低电平宽度之和是保证触发器能正常工作的最小时钟同期，进而可确定触发器的最高工作频率。使用时注意选择。

4-3　同步时序逻辑分析

所谓时序逻辑电路的分析，就是指出给定时序电路的逻辑功能。如 4-1 节所述，时序电路的主要特点在于它具有内部状态，随着时间顺序的推移和外部输入的不断改变，内部状态也相应地发生变化。因此，时序电路分析的关键是确定逻辑电路状态的变化规律。状态变化规律可以用激励表、次态函数、状态图或状态表（也可用文字说明）、波形图等来描述。

4-3-1　特性函数

特性函数就是次态 Q^{n+1} 的逻辑表达式，又称次态函数。若把 Q^n 也作为逻辑变量，可以用卡诺图化简法求出 Q^{n+1} 的逻辑函数表达式，即特性函数。

图 4-23 给出 RS 触发器 Q^{n+1} 的卡诺图。化简后得出同步 RS 触发器的特性函数

$$Q^{n+1} = S + \overline{R}Q^n$$

表明了正常工作时 S、R 不能同时为1，称为约束条件。

4-3-2　激励表

激励表又称驱动表。它表明触发器由现态转换到次态，对其输入状态的要求。表 4-17 所示为同步 RS 触发器的激励表。

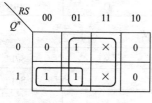

图 4-23　Q^{n+1} 的卡诺图

表 4-17　同步 RS 触发器激励表

Q^n	$\longrightarrow$	Q^{n+1}	S	R
0		0	0	×
0		1	1	0
1		0	0	1
1		1	×	0

4-3-3　状态图、状态表

1．状态图

状态图是状态转换图的简称。用状态转换图描述时序电路的逻辑功能，不仅能反映出输出状

态与当时输入之间的关系，还能反映输出状态与电路原来状态之间的关系。状态图分为原始状态图和编码状态图。图 4-24 所示为同步 RS 触发器的状态转换图。

它形象地表示出触发器状态转换的 4 种可能对输入端 S、R 状态的要求。圆圈内的 0、1 代表触发器的两个状态，箭头表示出转换方向从现态指向次态，箭头线旁 S、R 的状态代表了转换条件。

图 4-25 所示为交叉路口栅栏门控制电路的原始状态图。图中的圆圈内为电路状态；箭头指示状态转换的方向，起点状态为现态，终点状态为次态；分式的分子为电路的输入状态，分母为电路的输出状态。状态转换是在 CP 作用下实现的。加入 CP 信号之前的电路状态为 S_0，加入 CP 信号时的输入 $X_1X_2=00$（没来火车），那么，加入 CP 信号之后，电路仍然处于 S_0 状态，输出 $F=0$；若加入 CP 信号时的输入 $X_1X_2=10$（自东向西），则电路由 S_0 状态转换到 S_1 状态，输出 $F=1$；而若加入 CP 信号时的输入 $X_1X_2=01$（自西向东），电路状态将由 S_0 转换到 S_4，输出 $F=1$。火车自东向西，从压上压敏元件 X_1 起，到离开 X_1 止，输入 X_1X_2 始终为 10，加入 CP 信号前后，电路状态始终是 S_1。只有在火车离开压敏元件 X_1 之后，电路在 CP 作用下，才从 S_1 状态转换到 S_2 状态，输出仍然为 $F=1$。其余状态转换，读者自行分析。

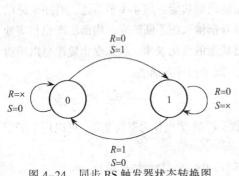

图 4-24　同步 RS 触发器状态转换图

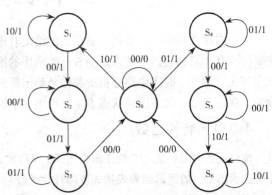

图 4-25　交叉路口栅栏门控制电路的原始状态图

2. 状态表

状态表是状态转换表的简称。状态表和状态图在表示时序电路逻辑的实质是一样的，只是形式不同。状态图表示时序电路逻辑较直观，而状态表虽然表示逻辑功能不够直观，但可以用状态表进行状态化简。根据图 4-25 画出的状态表如表 4-18 所示。

表 4-18　控制电路状态表

现态 状态/输出 输入	00	01	11	10
	S_{n+1}/F			
S_0	$S_0/0$	$S_4/1$	×	$S_1/1$
S_1	$S_2/1$	×	×	$S_1/1$
S_2	$S_2/1$	$S_3/1$	×	×
S_3	$S_0/0$	$S_3/1$	×	×
S_4	$S_5/1$	$S4/1$	×	×
S_5	$S_5/1$	×	×	$S_6/1$
S_6	$S_0/0$	×	×	$S_6/1$

上述的状态图和状态表为原始状态图和原始状态表。而由具体电路得到的状态图和状态表，则均为编码了的状态图和状态表。

4-3-4　波形图

时序电路的逻辑功能还可以用波形图来表示，例如计数器的功能用波形图来表示就很直观。即按照时间的变化，画出反应时钟脉冲、输入信号、触发器状态之间对应关系的波形图，可以进一步理解电路的工作过程。同步 RS 触发器的波形图如图 4-26 所示。它是反映了时钟脉冲 CP、输入信号 S、R、触发器状态 Q 之间对应关系的波形图，即时序波形图。为简便，假定信号的上升、下降时间均为 0，每级门的平均延迟时间相等，为 t_{pd}。设触发器初始状态为 0，以横轴为时间顺序，自左向右画出 Q、$\overline{Q}$ 端的波形。图中表明了 Q、$\overline{Q}$ 端相对于 CP 上升边沿转换状态所需时间是不同的。

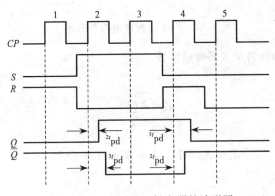

图 4-26　同步 RS 触发器的波形图

4-3-5　分析实例

分析的目的，就是要找出给定的时序电路的逻辑功能。时序电路分为同步时序电路和异步时序电路，那么，时序电路分析方法就分为同步时序电路分析方法和异步时序电路分析方法。但它们的基本分析方法是一致的。不同之处在于分析异步时序电路时，必须分析各触发器的时钟是否到来，只有时钟到来之后，方可求出次态。

分析时序电路可按下述步骤进行。

① 根据给定逻辑图写出每个触发器的激励函数，即写出触发器输入信号的逻辑函数表达式；对于有输出的逻辑电路写出其输出函数。

② 将各触发器的激励函数代入各自的特性函数中，求得次态函数。

③ 求出 CP 作用下逻辑图的状态图（状态表或波形图）。将输入变量和电路的初始状态的取值代入特性函数和输出函数，求出电路的次态和输出值；然后以求得的次态作为新的现态，与这时的输入变量取值一起，代入特性函数和输出函数，计算出新的次态和输出值。如此继续下去，把计算结果列成状态转换表的形式。进而还可以画出状态图或波形图。

④ 说明该时序逻辑电路的功能。

下面通过举例说明同步时序电路分析的过程。

【例 4-1】如图 4-27 是由两个 JK 触发器构成的同步时序电路。试分析其逻辑功能。

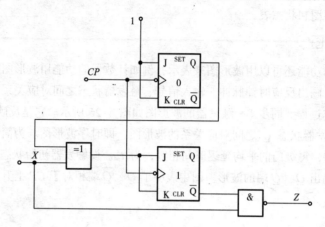

图 4-27　例 4-1 时序电路逻辑图

解：① 列出输出函数和各触发器激励函数。

输出函数

$$Z = \overline{X\overline{Q_1}}$$

激励函数

$$J_0 = K_0 = 1 , \quad J_1 = K_1 = X \oplus Q_0{}^n$$

② 求次态函数。

由表达式 JK 触发器的特性函数

$$Q^{n+1} = J\overline{Q^n} + \overline{K}Q^n$$

将激励函数表达式代入该电路中各触发器特性函数

$$Q_1{}^{n+1} = J_1\overline{Q_1{}^n} + \overline{K_1}Q_1{}^n = \left(X \oplus Q_0{}^n\right)\overline{Q_1{}^n} + \overline{X \oplus Q_0{}^n} \cdot Q_1{}^n = X \oplus Q_0{}^n \oplus Q_1{}^n$$

$$Q_0{}^{n+1} = J_0\overline{Q_0{}^n} + \overline{K_0}Q_0{}^n = \overline{Q_0{}^n}$$

③ 作状态图和状态表。

将 $Q_1{}^n$，$Q_0{}^n$，X 的各种取值组合代入 Q^{n+1} 表达式，可得到相应的次态和输出，就可以作出表 4-19 所示的状态表和图 4-28 所示的状态图。

表 4-19　例 4-1 的状态表

$Q_1^n Q_0^n$	X 0	1
0　0	01/1	11/0
0　1	10/1	00/0
1　0	11/1	01/1
1　1	00/1	10/1

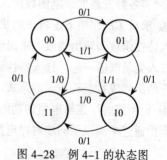

图 4-28　例 4-1 的状态图

④ 功能描述。

由状态图或状态表，可以看到：

当 $X=0$ 时，状态变化规律为每来一个 CP 脉冲，状态代码加 1。

$$00 \rightarrow 01 \rightarrow 10 \rightarrow 11$$

当 $X=1$ 时，状态变化规律为每来一个 CP 脉冲，状态代码减 1。

$$00 \rightarrow 11 \rightarrow 10 \rightarrow 01$$

所以，该同步时序电路是一个模 4 可逆计数器。或者称为两位二进制可逆计数器。

【例 4-2】试分析图 4-29 所示同步时序电路的逻辑功能。

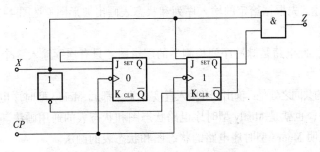

图 4-29　例 4-2 的逻辑图

要求：作出状态图和状态表；如果输入序列为 $X=101111010111$，作出波形图，进一步分析该时序电路的逻辑功能。

解： 触发器的控制端 J 有两根线，表示此两根线相与后再输入。

① 写出输出函数和激励函数式。

输出函数式

$$Z = Q_1^n X$$

激励函数式

$$J_0 = \overline{Q_1^n} \cdot X, \quad K_0 = 1$$
$$J_1 = Q_0^n \cdot X, \quad K_1 = \overline{X}$$

② 求各触发器的状态表达式：将 J_1、K_1、J_0、K_0 代入 JK 触发器的特性函数

$$Q^{n+1} = J\overline{Q^n} + \overline{K}Q^n$$

得

$$Q_1^{n+1} = J_1\overline{Q_1^n} + \overline{K_1}Q_1^n = \overline{Q_1^n}Q_0^n X + Q_1^n \cdot X = Q_0^n X + Q_1^n X$$
$$Q_0^{n+1} = J_0\overline{Q_0^n} + \overline{K}Q_0^n = \overline{Q_1^n}\,\overline{Q_0^n}X$$

③ 作状态图和状态表。将 Q_0^n，Q_1^n，X 的各种取值的组合，分别代入 JK 触发器的特性函数及输出函数，可求出相应的次态和输出值。便可作出表 4-20 所示的状态表及图 4-30 所示的状态图。

表 4-20 例 4-2 的状态表

$Q_1^n Q_0^n$ \ X	0	1
0 0	00/0	01/0
0 1	00/0	10/0
1 0	00/0	10/1
1 1	00/0	10/1

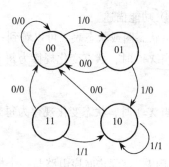

图 4-30 例 4-2 的状态图

④ 电路特性描述。先根据给定的输入序列和状态表画出波形图（见图 4-31），再由波形图说明它的逻辑功能。

由图 4-31 可见，此电路是脉冲序列检测器的逻辑图。只有连续输入 3 个或 3 个以上 1 时，在时钟到来时输出才为 1。

例 4-1 和例 4-2 的共同之处是：输出都和输入直接有关。都属 Mealy 型时序电路。两例题中的状态图和状态表的画法，也就是 Mealy 型时序电路状态图和状态表的通用画法。

下面通过例题说明 Moore 型时序电路的状态图和状态表的画法。

【例 4-3】试分析图 4-32 所示时序电路的逻辑功能。

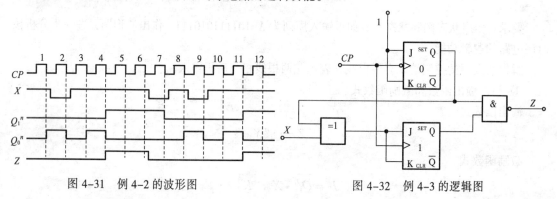

图 4-31 例 4-2 的波形图   图 4-32 例 4-3 的逻辑图

解：① 写出输出函数和激励函数。
输出函数

$$Z = \overline{Q_1^n Q_0^n}$$

激励函数

$$J_1 = K_1 = Q_0^n \oplus X$$
$$J_0 = K_0 = 1$$

② 求各触发器状态函数：将 J_1、K_1、J_0、K_0 代入 JK 触发器的基本特性函数得

$$Q_1^{n+1} = J_1\overline{Q_1^n} + \overline{K_1}Q_1^n = (Q_0 \oplus X)\overline{Q_1^n} + \overline{(Q_0^n \oplus X)}Q_1^n = Q_1^n \oplus Q_0^n \oplus X$$
$$Q_0^{n+1} = J_0\overline{Q_0^n} + \overline{K_0}Q_0^n = \overline{Q_0^n}$$

③ 作状态图和状态表。
请注意：因为 Moore 型时序电路的输出与输入没有直接关系，在列状态表时，输出单独列一列；

画状态图时，将输出标在现态的下面。本例题的状态表如表 4-21 所示。图 4-33 所示为状态图。

表 4-21　例 4-3 的状态表

$Q_1{}^n Q_0{}^n$ ＼ X	0	1	Z
0　0	01	11	1
0　1	10	00	1
1　0	11	01	1
1　1	00	10	0

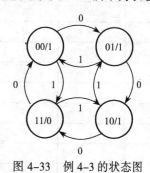

图 4-33　例 4-3 的状态图

④　功能描述。由状态表和状态图可知：当 $X=0$ 时，作加 1 计数；当 $X=1$ 时，作减 1 计数。X 是加/减控制端，此电路是 Moore 型模 4 可逆计数器。

对于一般计数器，没有加/减控制，甚至也不需讨论输出，只记录时钟脉冲的个数，它的状态图和状态表可以简化。

【例 4-4】如图 4-34 所示的逻辑电路，试分析其逻辑功能。

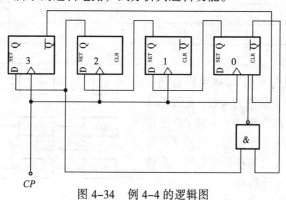

图 4-34　例 4-4 的逻辑图

解：① 写出各触发器激励函数。

$$D_3 = Q_2{}^n, D_2 = Q_1{}^n, D_1 = Q_0{}^n$$

$$D_0 = \overline{\overline{Q_3{}^n} \cdot \overline{Q_2{}^n} \cdot \overline{\overline{Q_0{}^n}}} = \overline{Q_3{}^n Q_2{}^n} + \overline{Q_3{}^n Q_0{}^n}$$

② 写出各触发器的状态函数：将 $D_0 \sim D_3$ 分别代入 D 触发器的特性函数

$$Q^{n+1} = D$$

得出各触发器的特性函数

$$Q_3{}^{n+1} = Q_2{}^n, \quad Q_2{}^{n+1} = Q_1{}^n, \quad Q_1{}^{n+1} = Q_0{}^n$$

$$Q_0{}^{n+1} = \overline{Q_3{}^n Q_2{}^n} + \overline{Q_3{}^n Q_0{}^n}$$

③ 作状态图和状态表。将各触发器现态的不同取值组合代入上面各式，可得到相应的次态组合。作出表 4-22 所示的状态表。作出图 4-35 所示的状态图。

表 4-22　例 4-4 的状态表

Q_3^n	Q_2^n	Q_1^n	Q_0^n	Q_3^{n+1}	Q_2^{n+1}	Q_1^{n+1}	Q_0^{n+1}
0	0	0	0	0	0	0	1
0	0	0	1	0	0	1	1
0	0	1	0	0	1	0	1
0	0	1	1	0	1	1	1
0	1	0	0	1	0	0	0
0	1	0	1	1	0	1	1
0	1	1	0	1	1	0	0
0	1	1	1	1	1	1	1
1	0	0	0	0	0	0	0
1	0	0	1	0	0	1	0
1	0	1	0	0	1	0	0
1	0	1	1	0	1	1	0
1	1	0	0	1	0	0	0
1	1	0	1	1	0	1	0
1	1	1	0	1	0	0	0
1	1	1	1	1	1	1	0

④ 电路功能描述。分析图 4-35 可以看到：该电路有 16 种状态，每个状态为 4 位。有效循环的 8 个状态，如果让其每个状态表示对 CP 脉冲进行一次计数，则构成模 8 计数器。时钟脉冲就是计数脉冲，这种编码方式是左移步进码。称该计数器为左移步进码模 8 计数器。

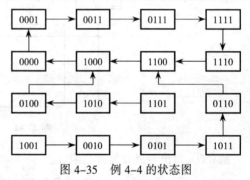

图 4-35　例 4-4 的状态图

在图 4-35 的状态图中，0000，0001，0011，0111，1111，1110，1100，1000 这 8 个状态称为有效状态，其余 8 个状态为无效状态。由于某种原因电路处于无效状态，在时钟脉冲作用下，最终能回到有效循环中去，此电路能自动启动。

实际逻辑电路中，如果无效状态之间构成循环，则称为死循环。有死循环存在的逻辑电路是不能正常工作的。因此在时序电路设计时，如果无效状态存在一定要检查是否能自动启动。对于不能自动启动的逻辑电路要改变设计。

4-4　同步时序逻辑设计

任何一个数字逻辑电路，总是由一组给定的输入，得到一组确定的输出。在组合电路中多次重复出现的输入，可以得到完全相同的输出。然而，在时序电路中，如果一组输入多次重复出现，电路的输出却不尽相同，这是因为在相同的输入条件下，可能有不同的次态。因此，时序电路的设计要比组合电路的设计复杂得多，但仍然有规律可循。一般时序电路设计可以按下列几步进行：

① 分析设计要求，建立原始状态图和状态表。

② 进行状态化简，以便消去多余状态，得到最小化状态表。

③ 进行合理的状态编码，也就是将用数字或者符号表示的状态，给予合理的二进制编码。

④ 选择存储器件，并求出激励函数和输出函数。

⑤ 画出逻辑图。

⑥ 对所设计的逻辑电路进行必要的讨论。

下面对设计的各个步骤分别讨论。

4-4-1　原始状态图和状态表

根据设计要求建立原始状态图和状态表，它是时序电路设计的第一步。而且是极其重要的一步。建立的状态表正确与否，将决定所设计的电路能否实现预定的逻辑功能。

1. 建立原始状态图和状态表的原则和方法

（1）原则

① 在指定状态时，必须考虑到输入和输出各种可能性，确保没有状态遗漏。

② 保证状态之间转换关系和输出情况的正确性。

③ 对于不能构成循环的变量序列，还必须指定一个"初始状态"。

（2）方法

根据上述原则建立原始状态图和状态表，至今尚没有一个系统的方法，目前多采用的方法仍然是经验法。下面介绍常用的直接进行状态指定的方法。当然，在实际设计中还要依赖设计者的经验和技巧。

对于不太复杂的逻辑电路设计，状态之间转换关系比较清楚，就可以直接进行状态指定，并画出状态图。直接构图的基本做法是根据文字描述的设计要求，先假定一个初始状态，从初态开始，每加入一种输入就可以确定一个次态（该次态可能是现态本身，也可以是另一个状态，或者是新增加的一个状态）。这个过程一直到每个现态向其次态的转换都已经考虑，并且不再增加新的状态为止。

【例 4-5】试画出五进制加 1、加 2 计数器的状态图和状态表。

解： 计数器总是循环工作的，五进制计数器应有 5 个独立状态，用 $S_0 \sim S_4$ 分别表示十进制数的 $0 \sim 4$。要做加 1、加 2 计数，要有一个控制信号 X。设 $X=0$ 时，做加 1 计数；$X=1$ 时，做加 2 计数。可以直接画出图 4-36 所示状态图及表 4-23 所示状态表。

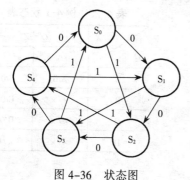

图 4-36　状态图

表 4-23　例 4-5 状态表

S	X　0	1
S_0	S_1	S_2
S_1	S_2	S_3
S_2	S_3	S_4
S_3	S_4	S_0
S_4	S_0	S_1

【例 4-6】试作出两个二进制码串行加法器的状态图和状态表。

解： 设两个二进制数为

$$A = a_n a_{n-1} \cdots a_1 a_0$$
$$B = b_n b_{n-1} \cdots b_1 b_0$$

串行相加是从低位到高位逐位相加。每位相加时除获得本位和 S_i 外，还要记忆它的进位数 c_{i+1}。第 $i+1$ 位相加时，c_{i+1} 也参加运算。也就是说，如果第 i 位相加产生了进位信号，则第 $i+1$ 位相加时应是 $a_{i+1}+b_{i+1}+c_{i+1}$；如果第 i 位没有进位信号产生，则第 $i+1$ 位运算时则为 $a_{i+1}+b_{i+1}$，如图 4-37 所示。

设 0 状态表示没有进位，1 状态表示有进位，根据加法法则，可以作出图 4-38 所示状态图及表 4-24 所示状态表。

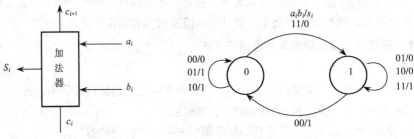

图 4-37　加法器逻辑图　　　　　图 4-38　状态图

表 4-24　例 4-6 状态表

c_i	a_ib_i			
	c_{i+1}/S_i			
	00	01	11	10
0	0/0	0/1	1/0	0/1
1	0/1	1/0	1/1	1/0

【例 4-7】试建立引爆装置的原始状态图和状态表。要求：装置不引爆时，输入总为 0；装置引爆时，一定连续输入 4 个 "1"，其间肯定不再输入 0。

解：该装置实际上是有约束条件的检测器，即一旦输入 1，就不允许再有 0 输入出现，而且，一旦连续输入 4 个 1 时，输出便为 1，装置引爆将自毁，其次态不需再考虑。

图 4-39 所示为该装置的框图及状态图，表 4-25 所示为其状态表。

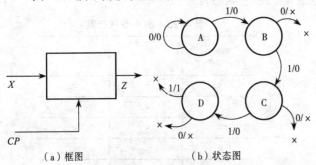

（a）框图　　　　　　　（b）状态图

图 4-39　例 4-7 的图

表 4-25　例 4-7 状态表

Q^n	X	
	Q^{n+1}/Z	
	0	1
A	A/0	B/0
B	×/×	C/0
C	×/×	D/0
D	×/×	×/1

2. 两种典型时序电路的原始状态图和状态表

（1）信号序列检测器

信号序列检测器的框图如图 4-40 所示。

输入 X 是一个串行的随机信号，序列检测器的功能是识别出随机信号中的特定信号序列，当识别出特定信号序列时，输出为 1（或者为 0）；否则，输出为 0（或者为 1）。

下面介绍一般序列检测器的原始状态图的建立方法。该种电路建立原始状态图（表），要注意下列几个问题：

① 要检测的有效码长度。

② 有效序列是否可重叠。

③ 是从高位还是从低位开始检测。

④ 输出情况。

图 4-40　检测器框图

这种电路建立原始状态图（表）的方法是：如果有效序列长度为 n，则设 n 个状态。其中，有效序列第一个输入为 0，则设初态为 1，否则，设初态为 0。写出有效序列的各种可能的输入/输出情况（注意：初态也是有效序列中的一个输入/输出情况）。在每个输入/输出后面设一个状态，再用箭头标明各状态在不同输入时的次态即可。

下面通过例题做进一步说明。

【例 4-8】试建立 1010 序列检测器的原始状态图和状态表。

解：要检测的有效序列长度为 4，假定从高位开始检测。如果是可重叠的，对应给定输入序列的输出序列为

$$X: 011010101101$$
$$Z: 000000101010000$$

如果是不可重叠的，则输入序列与输出序列的对应关系为

$$X: 011010101101$$
$$Z: 000001000000$$

因为有效序列长度为 4，故设 A，B，C，D 等 4 个状态。有效序列第 1 个数码为 1，设初态 A 为 0，即输入为 0，输出也为 0，电路保持在 A 状态，输入第 1 个 1 到 B 状态，由 B 状态输入 0 到 C 状态，处于 C 状态输入 1 到 D 状态，上述过程对可重叠和不可重叠都适用。

① 可重叠：如果电路处于 D 状态，输入为 1，则回到 B 状态；输入为 0 就回到 C 状态且输出为 1（因为是可重叠的，D 状态再输入 0 可以认为是第一个有效序列的第 2 个 10，也可认为是第 2 个有效序列的第 1 个 10），再考虑其余输入情况就形成图 4-41（a）所示的状态图及表 4-26（a）所示状态表。

② 不可重叠：它与可重叠时建立状态图的区别在于：如果电路处于 D 状态时，输入为 0 回到 A 状态，而不回到 C 状态，因为此刻输入的 0 仅能认为是第一个有效序列的最后一个 0。其他情况和可重叠的相同。图 4-41（b）所示为不可重叠的状态图，表 4-26（b）所示为其状态表。

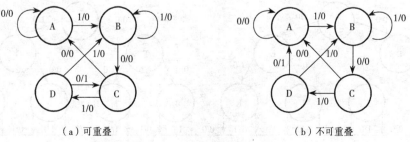

（a）可重叠　　　　　　　　　　　　　（b）不可重叠

图 4-41　1010 检测器状态图

表 4-26　例 4-8 状态表

（a）可重叠				（b）不可重叠		
S \ X	0	1		S \ X	0	1
A	A/0	B/0		A	A/0	B/0
B	C/0	B/0		B	C/0	B/0
C	A/0	D/0		C	A/0	D/0
D	C/1	B/0		D	A/1	B/0

（2）非法码检查电路

非法码检查电路是又一种类型的检测电路。它是用来检查串行传输的代码是否为非法码。如果发现非法码电路输出为 1，以表示有非法码出现。

这类电路建立原始状态图的特点为：

① 将串行输入序列按规定的代码位数分段，每检测完一段都要返回初始状态。

② 建立状态树，来反映全部可能的状态。

③ 注意是从低位还是高位开始检测。

【例 4-9】试建立串行输入的 8421BCD 码检测器的原始状态图。

解：8421BCD 码是用 4 位二进制代码来表示 1 位十进制数，串行输入每 4 位是 1 个代码，所以，每 4 位是 1 个检测段。设该电路检测出现非法码时，输出为 1，其他输出都为 0。假定电路初始状态为 A，从高位开始检测及从低位开始检测树形结构的状态图分别如图 4-42（a）、（b）所示。

下面以图 4-42（b）所示，从低位开始检测的状态图为例，对此类电路状态图的建立作简要的说明。

设电路的初始为 A 状态，如果第 1 位输入为 0 到 B 状态，输入为 1 到 C 状态；在 C 状态时，如果输入第 2 位数为 0 到 F 状态，输入 1 则到 G 状态；在 G 状态时，如果输入第 3 位数是 1 到 P 状态，输入为 0 到 N 状态；在 N 状态时，如果输入第 4 位数 0 表示输入为合法码，输出为 0；如果输入为 1，则表示输入为非法码，输出为 1。第 4 位数输入后，无论所检查的码是合法的还是非法的都返回到初始状态 A，以准备检测下 1 个代码。按同样的方法，可以分析其他状态的设置，读者可以自己分析。

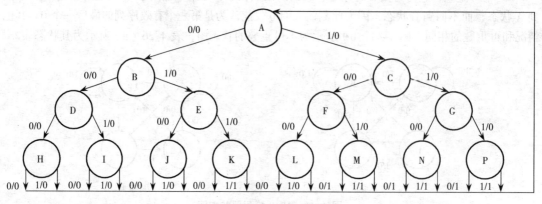

（a）从高位开始检测树形结构

图 4-42　8421BCD 码检测器状态树

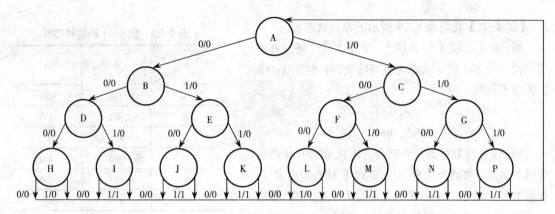

（b）从低位开始检测树形结构

图 4-42　8421BCD 码检测器状态树（续）

4-4-2　状态表化简

根据设计要求建立的原始状态表，可能存在"多余状态"。用一定的方法消去多余状态，得到状态数目最少的所谓"最小化状态表"的过程，称为状态化简。状态化简必须保证由化简前后两个状态表分别设计的电路具有相同的外特性。换句话说，对于同样的输入序列，两个电路输出序列完全相同。状态化简的目的在于减少时序电路中存储单元的数量。

1．状态化简的基本原理

在建立原始状态表的过程中，设置状态的目的在于：利用这些状态记住输入的历史情况，以便对其后的输入产生相应的输出。如果所设置的两个状态对输入的所有序列产生的输出序列完全相同，则两个状态可以合并为一个状态，这就是状态化简的基本原理。

【例 4-10】化简表 4-27 所示原始状态表。

解：表中 C 和 E 状态在输入 X 为 0 或为 1 的情况下，所产生的输出都分别相同，即

$$Z(C, 0)=Z(E, 0)=0$$
$$Z(C, 1)=Z(E, 1)=0$$

且所建立的次态也分别相同，即

$$S(C, 0)=S(E, 0)=A$$
$$S(C, 1)=S(E, 1)=D$$

这意味着从 C 和 E 状态开始，对于其后的所有输入序列所产生的输出序列一定都相同，故表中的 C 和 E 状态可以合并为一个状态，并用状态 C 表示，其最小化状态表如表 4-28 所示。

表 4-27　原始状态表

S ＼ X	0	1
A	A/0	B/0
B	C/0	B/0
C	A/0	D/0
D	E/1	B/0
E	A/0	D/0

表 4-28　最小化状态表

S ＼ X	0	1
A	A/0	B/0
B	C/0	B/0
C	A/0	D/0
D	C/1	B/0

【例4-11】化简表4-29所示的原始状态表。

解：首先比较 A 和 D 状态，无论 X 为 1 还是 0 输出都相同。当 $X=1$ 时，次态为现态的交错，但在 $X=0$ 时，次态却不相同，即

$$S(A, 0)=E$$
$$S(D, 0)=B$$

表 4-29　例 4-11 原始状态表

S \ X	0	1
A	E/0	D/0
B	A/1	F/0
C	C/0	A/1
D	B/0	A/0
E	D/1	C/0
F	C/0	D/1

因此，A 和 D 状态是否能合并取决 B 和 E 状态是否等价。为此，要进行追踪比较 B 和 E 状态。由表 4-29 查得 B 和 E 状态，不论 X 为 0 还是为 1，它们的输出都分别相同。但是，它们的次态却不相同：

$$S(B, 0)=A \qquad S(B, 1)=F$$
$$S(E, 0)=D \qquad S(E, 1)=C$$

因此，B 和 E 状态是否能合并，取决于 A 和 D 状态，以及 F 和 C 状态是否分别等价。前面已查过 A 和 D 状态，接下来追踪 F 和 C 状态。F 和 C 状态在 $X=0$ 或 $X=1$ 时，输出都分别相同，在 $X=0$ 时，次态也相同，但是，在 $X=1$ 时它们的次态却是不同的，即

$$S(C, 1)=A$$
$$S(F, 1)=D$$

因此，C 和 F 状态能否合并反过来又取决于 A 和 D 状态是否能合并。

至此，发现 AD，BE，CF 状态各自能否合并，出现如下循环关系：

显而易见，出于该循环中的各状态对在不同的输入下所产生的输出是分别相同的，因而从循环中某一状态对出发，都能保证在所有输入下所产生的输出序列均相同，因此循环中的各状态对是可以合并的，令

$$S_1=\{A, D\}$$
$$S_2=\{B, E\}$$
$$S_3=\{C, F\}$$

则可作出表 4-30 所示的最小化状态表。

综上所述，可以把两个状态合并为一个状态的原理归纳为状态合并的两个条件。即：

若状态表中的任意两个状态 S_i、S_j 同时满足下列两个条件，则它们可以合并为一个状态：

① 在所有不同的现输入下，现输出都分别相同。

② 在所有不同的现输入下，次态分别为下列情况之一。

● 两个次态完全相同。

● 两个次态为现态本身或者为现态交错。

表 4-30　例 4-12 最小化状态表

S \ X	0	1
S_1	S_2/0	S_1/0
S_2	S_1/1	S_3/0
S_3	S_3/0	S_1/1

- 两个次态为状态对循环中的一个状态对。
- 两个状态的某一后继状态对可以合并。

必须同时满足上述两个条件的状态才能合并为一个状态。而且第一个条件是状态合并的必要条件。

用上述方法化简原始状态表称为直观比较法。显然，从原始状态表中判断任意两个状态是否满足第一个条件，是容易做到的。但是，判断是否满足第二个条件就不大容易了。下面将介绍解决该问题的系统方法。

2. 完全描述时序机的状态化简方法

所谓完全描述时序机是指其状态表中的次态和输出都能完全确定。完全描述时序机的状态化简的原理是建立在状态等效这个概念的基础之上的。在介绍具体化简方法之前，先给出完全描述时序机的状态化简中涉及的几个概念。

等价状态：设 S_a 和 S_b 是时序机状态表中的两个状态，如果从 S_a 和 S_b 开始，任何加到时序机上的输入序列均产生相同的输出序列，则称状态 S_a 和 S_b 是等价状态或等价状态对，并记为（S_a, S_b）或｛S_a, S_b｝。即满足上述合并条件的两个状态（S_a 和 S_b）称为等价状态。

等价状态的传递性：若状态 S_a 和 S_b 等价，状态 S_b 和 S_c 等价，状态 S_a 和 S_c 也必然等价，记为 $(S_a, S_b)(S_b, S_c) \rightarrow (S_a, S_c)$。

等价类：彼此等价的状态集合，称等价类。如若有（S_a, S_b）和（S_b, S_c），则有等价类（S_a, S_b, S_c）。

最大等价类：若一个等价类不是任何别的等价类的子集，则此等价类称为最大等价类。

显然，原始状态表化简的根本任务在于找出最大等价类，并且每个最大等价类用一个状态来代替。下面介绍寻找最大等价类的两种方法。

（1）哈夫曼化简法

这种方法是根据判断状态等价的准则，采取逐次分组的办法直接找出原始状态表的最大等价类，所以这种方法又称分组化简法。

具体作法是：参照原始状态表，根据各个输入数组对应输出的异同把原始状态分组（将在各种输入条件下，输出都分别相同的状态分到一组），称为一次分组。在一次分组的基础上，在每个状态下面标上在各种输入情况下该状态的次态所属的组号。再按每组中各个状态下标的组号异同进行二次分组（组号相同的分为一组），……依此类推，直到每组中的各个状态下面的组号都相同为止，每组是一个最大等价类。

【例 4-12】 用分组法化简表 4-31 所示的原始状态表。

表 4-31 例 4-12 原始状态表

S \ X	0	1
A	E/0	B/0
B	A/0	D/1
C	F/0	D/0
D	C/0	B/1
E	C/0	A/0
F	A/0	C/0

解：① 一次分组：

$$Z=00 \quad S_1: \{A, C, E, F\}$$
$$Z=01 \quad S_2: \{B, D\}$$

下面以 S_1 组中的 A 状态为例说明下标注方法：

$X=0$ 时，次态 $A \in S_1$；

$X=1$ 时，次态 $A \in S_2$。

则记作 $A \atop 1,2$。根据此方法可标出其他状态的下标，则

$$S_1: \begin{matrix} A & C & E & F \\ 1,2 & 1,2 & 1,1 & 1,1 \end{matrix}, \quad S_2: \begin{matrix} B & D \\ 1,2 & 1,2 \end{matrix}$$

② 二次分组。对一次分组后 S_1、S_2 各状态下标重新分组，即将 S_1 分成两组，并重新标组号和下标，则

表 4-32　例 4-12 最小化状态表

S \ X	0	1
S_1	$S_3/0$	$S_2/0$
S_2	$S_1/0$	$S_2/1$
S_3	$S_1/0$	$S_1/0$

$$S_1: \begin{matrix} A & C \\ 3,2 & 3,2 \end{matrix}, \quad S_2: \begin{matrix} B & D \\ 1,2 & 1,2 \end{matrix}, \quad S_3: \begin{matrix} E & F \\ 1,1 & 1,1 \end{matrix}$$

至此，每个组中的各状态下标都相同，每组就是一个最大等价类。化简后的状态表如表 4-32 所示。

【例 4-13】化简表 4-33 所示的原始状态表。

解：① 一次分组：

$$S_1: \begin{matrix} A & E \\ 1,2,4,4 & 1,2,4,4 \end{matrix}, \quad S_2: \begin{matrix} B & D \\ 4,2,1,3 & 4,2,1,3 \end{matrix},$$

$$S_3: \begin{matrix} C & G & H \\ 3,4,2,3 & 3,4,2,3 & 1,3,2,4 \end{matrix}, \quad S_4: \begin{matrix} F \\ 3,1,4,3 \end{matrix}$$

以 S_1 组中的 A 状态为例说明下标注方法：

$X_1X_2=00$ 时，次态为 A，它属 S_1 组；$X_1X_2=01$ 时，次态为 D，它属 S_2 组；

$X_1X_2=11$ 时，次态为 F，它属 S_4 组；$X_1X_2=10$ 时，次态为 F，它属 S_4 组。

所以，S_1 组中，状态 A 的下标为 1，2，4，4，…其余状态的下标部是用同样方法标出的。

② 二次分组。在一次分组中，可以看出 S_3 组中的状态不同，分成两组得

$$S_1: \begin{matrix} A & E \\ 1,2,4,4 & 1,2,4,4 \end{matrix}, \quad S_2: \begin{matrix} B & D \\ 4,2,1,3 & 4,2,1,3 \end{matrix},$$

$$S_3: \begin{matrix} C & G \\ 3,4,2,5 & 3,4,2,5 \end{matrix}, \quad S_4: \begin{matrix} F \\ 3,1,4,3 \end{matrix}, \quad S_5: \begin{matrix} H \\ 1,5,2,4 \end{matrix}$$

表 4-34 所示为最小化状态表。

（2）蕴涵表法

蕴涵表法又称表格法，它是一种有规律的方法。它的基本指导思想是：首先对原始状态表中的所有状态都进行两两比较，找出等价对；然后，利用等价的传递性，得到等价类，最大等价类；最后，建立最小化状态表。

蕴涵表法化简步骤如下：

① 作蕴涵表：蕴涵表是直角边格数相等的直角三角形网格，直角边的格数等于原始状态表

中状态数减 1。设原始状态表中有 n 个状态 $S_1 \to S_n$，在蕴涵表的垂直方向从上而下排列 $S_2 \to S_n$；水平方向自左向右排列 $S_1 \to S_{n-1}$。简单地说，垂直方向"缺头"，水平方向"少尾"。蕴涵表中每个小格表示一个状态对。

表 4-33 例 4-13 的原始状态表

S \ X_1X_2	00	01	11	10
A	A/10	D/00	F/11	F/01
B	F/11	D/11	E/00	G/10
C	C/11	F/01	D/10	H/00
D	F/11	D/11	A/00	C/10
E	A/10	D/00	F/11	F/01
F	C/00	E/11	F/01	C/11
G	G/11	F/01	B/10	H/00
H	A/11	H/01	D/10	F/00

表 4-34 例 4-13 的最小化状态表

S \ X_1X_2	00	01	11	10
S_1	S_1/10	S_2/00	S_4/11	S_4/01
S_2	S_4/11	S_2/11	S_1/00	S_3/10
S_3	S_3/11	S_4/01	S_2/10	S_5/00
S_4	S_3/00	S_1/11	S_4/01	S_3/11
S_5	S_1/11	S_5/01	S_2/10	S_4/00

② 顺序比较：顺序比较蕴涵表中各对状态的关系，并将比较的结果填入小方格内。

如果两个状态是等价的，则在蕴涵表相应方格内打"√"。

如果两个状态是不等价的，则在蕴涵表相应小方格内打"×"。

如果不能确定两个状态是否等价，需要进一步追踪比较，则在相应小格内填上两个状态的次态对。

③ 关联比较：这是对步骤②中的待定状态追踪考察来确定两个状态是否等价，若追踪结果的后续状态对是等价的或者出现循环，则这两个状态是等价的；若后续状态对中出现不等价状态对，则此状态对就是不等价的。

④ 找最大等价类，作最小化状态表：找完等价对后，根据等价具有传递件，便容易找到最大等价类，每个最大等价类可合并为 1 个状态，并用新的符号代替，便可以列出最小化状态表。

【例 4-14】试用蕴涵表法化简表 4-35 所给出的原始状态表。

解：① 作蕴涵表，如表 4-36 所示。

表 4-35 原始状态表

S \ X	0	1
A	C/1	B/0
B	C/1	E/0
C	B/1	E/0
D	D/1	B/1
E	D/1	B/1

表 4-36 蕴涵表

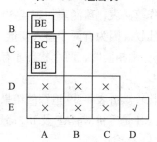

② 顺序比较。需要注意：每个状态都要与其他状态比较一次。虽然比较的结果与进行的先

后顺序无关，但为了保证不出现遗漏，建议按顺序比较。如把横向的 A 状态与纵向的 BCDE 各状态都比较完，再把横向的 B 状态与纵向 CDE 各状态依次比较，依此类推，直至全比较完为止。将每次比较的结果填入蕴涵表内。例如，A 状态和 B 状态比较，在 $X=0$ 或 $X=1$ 时，它们的输出都分别相同，且 $X=0$ 时，次态相同，$X=1$ 时次态分别为 B 和 E，B 和 E 是否等价还不知道，所以将 B 和 E 作待比较的条件填入。再如，比较 A 和 E 状态时，发现在 $X=1$ 时，输出就不同，不可能等价，故在方格中打上"×"。再如，B 和 C 两个状态比较，在各种输入下，它们的输出都分别相同，$X=0$ 时，次态为原状态的交错，$X=1$ 时，次态都是 E，所以 B 和 C 为等价状态，在 B 和 C 交叉的方格上画"√"，……依此类推。

③ 关联比较。蕴涵表中填有次态对的都要进一步追踪，直至确定两个状态是等价的，还是不等价的为止。例如，在 A 和 B 状态交叉处填 BE，就是说 A 和 B 是否等价需要检查 B 和 E 是否等价，我们进一步检查 B 和 E 是不等价的，所以 A 和 B 也就不等价。同理 A 和 C 是否等价，取决于 B、C 和 B、E 是否等价，检查结果：虽然 B 和 C 等价，但 BE 不等价，所以 A 和 C 也就不等价了。我们采用方框框起来表示状态对是不等价的。

④ 列出最大等价类。由蕴涵表查得等价类有

$$(A), (B, C), (D, E)$$

它们都是最大等价类，令 $S_1=A$，$S_2=(B, C)$，$S_3=(C, E)$

⑤ 作最小化状态表。最小化状态表如表 4-37 所示。

【例 4-15】试用蕴涵表法化简表 4-38 所示的原始状态表。

表 4-37 最小化状态表

S \ X	0	1
S_1	$S_2/1$	$S_2/0$
S_2	$S_2/1$	$S_3/0$
S_3	$S_3/1$	$S_2/1$

表 4-38 原始状态表

S \ X_1X_2	00	01	11	10
A	D/0	D/0	F/0	A/0
B	C/1	D/0	E/1	F/0
C	C/1	D/0	E/1	A/0
D	D/0	B/0	A/0	F/0
E	C/1	F/0	E/1	A/0
F	D/0	D/0	A/0	F/0
G	D/0	G/0	A/0	A/0
H	B/1	D/0	E/1	A/0

解： ① 作蕴涵表，蕴涵表如表 4-39 所示。

② 顺序比较。因为有两个输入变量 X_2X_1，在两个状态比较时。必须在输入变量 4 种组合所对应的输出都分别相同时，两个状态才有可能等价。比较的方法与例 4-14 相同。比较的结果已填入蕴涵表中。

③ 关联比较。由表 4-39 追踪的结果是：由于 AF 是等价对，导致 BC 是等价对；由于 BC 是等价对，导致 CH 是等价对；AF 及 BC 都是等价对，导致 BH 是等价对。上面的分析，可用图 4-43（a）所示的连锁关系来表示。

同理，可以找出图 4-43（b）、（c）所示的不等价的连锁关系。

表 4-39 蕴 涵 表

	A	B	C	D	E	F	G
B	×						
C	×	√					
D	AF BD	×	×				
E	×	AF DF	DF	×			
F	√	×	×	BD	×		
G	AF DG	×	×	AF BG	×	AF DG	
H	×	(AF BC)	(BC)	×	BC DF	×	×

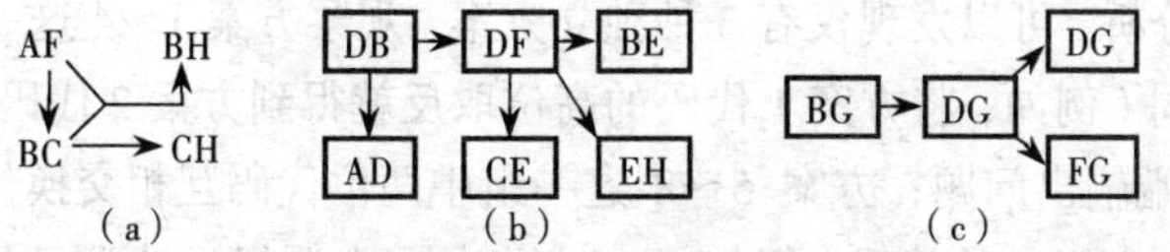

图中 (a) AF → BH，BC → CH；(b) DB → DF → BE，AD，CE，EH；(c) BG → DG → DG，FG

图 4-43 等价和不等价的连锁关系

图中括号内的状态表示是等价状态，方框内两状态是不等价的。

④ 找最大等价类。由表 4-39 查得等价对为

$$(A, F),\ (B, C),\ (B, H),\ (C, H)$$

根据等价具有传递性，得出最大等价类有

$$(A, F),\ (B, C, H),\ (D),\ (E),\ (G)$$

⑤ 作最小化状态表。令

$$S_1 = (AF),\ S_2 = (BCH),\ S_3 = D,\ S_4 = E,\ S_5 = G$$

则最小化状态表，如表 4-40 所示。

表 4-40 最小化状态表

S \ X_1X_2	00	01	11	10
S_1	$S_3/0$	$S_3/0$	$S_1/0$	$S_1/0$
S_2	$S_2/1$	$S_3/0$	$S_4/1$	$S_1/0$
S_3	$S_3/0$	$S_2/0$	$S_1/0$	$S_1/0$
S_4	$S_2/1$	$S_1/0$	$S_4/1$	$S_1/0$
S_5	$S_3/0$	$S_5/0$	$S_1/0$	$S_1/0$

4-4-3 状态分配

在求得最小化状态表之后，需要将用字母或者数字表示的每一个状态，指定一个二进制代码，以便设计逻辑电路。所谓状态分配就是形成二进制代码的过程。状态分配也称为状态编码或状态赋值。

1. 状态分配需解决的问题

对于同一个最小化状态表，采用不同的编码方案所设计出的各电路，虽然它们的外特性都相同，也就是说，对相同的输入序列，各电路产生的输出序列也完全相同。但是，各电路有简、有繁。状态分配首先要解决两个问题：一个是确定触发器的数目；另一个是给每个状态指定一个二进制码，以便使所设计的电路最简，或比较简单。

触发器的数目，由下列不等式来确定

$$2^n \geqslant S > 2^{n-1}$$

或

$$n = \lceil \log_2 S \rceil$$

式中，n 代表触发器数目，S 为最小化状态表中的状态数目，方括号表示 n 要取不小于 $\log_2 S$ 的最小整数。

确定触发器的数目之后，就要确定编码方案，可能的编码方案是很多的。例如，最小化状态表中有 4 个状态，要用两个触发器构成电路，表 4-41 所示的全部状态分配方案有 24 种。

当然，如果仔细分析，可以发现仅有 3 种独立方案。观察方案 1～4 这一组中各方案间只有一位或两位值原、反不同（例如，将方案 1 代码的高位取反就得到方案 2 代码），在逻辑设计时主要考虑触发器的 Q 或 $\bar{Q}$ 端输出问题；方案 5～8 这一组中两位代码互相交换位置（例如，将方案 1 的代码两位互换，便是方案 5 的编码）便与 1～4 组相同。在逻辑设计中只要改变一下两个触发器的编号就可以了，所以方案 1～8 实质上可以看作一种方案。也就是说，8 种方案分别设计出的电路结构是相同的，称为等效编码方案。同理，方案 9～16 实质上是一种编码方案；方案 17～24 实质上是一种编码方案。从每组中各任选一种编码方案（例如，选 1，9，17），才是 3 种实质不同的编码方案。

表 4-41　编 码 方 案

方案	1	2	3	4	5	6	7	8
A	00	10	10	11	00	01	10	11
B	01	11	00	10	10	11	00	01
C	11	01	10	00	11	10	01	00
D	10	00	11	01	01	00	11	10
方案	9	10	11	12	13	14	15	16
A	00	10	01	11	00	01	10	11
B	11	01	11	00	11	10	01	00
C	01	11	00	10	10	11	00	01
D	10	00	11	01	01	00	11	10
方案	17	18	19	20	21	22	23	24
A	00	10	01	11	00	01	10	11
B	10	00	11	01	01	00	11	10
C	01	11	00	10	10	11	00	01
D	11	01	10	00	11	10	01	00
变量	$Q_2 Q_1$	$Q_2 \bar{Q_1}$	$\bar{Q_2} Q_1$	$\overline{Q_2} \overline{Q_1}$	$Q_2 Q_1$	$Q_2 \bar{Q_1}$	$\bar{Q_2} Q_1$	$\overline{Q_2 Q_1}$

【例 4-16】 试用 D 触发器设计实现该功能的逻辑电路。

解： 最小化状态表中有 4 个状态，所以用 2 个触发器实现。

① 选用表 4-41 所示的方案 1 编码，其状态编码表如表 4-42 所示。

由此状态编码表，利用图 4-44 所示卡诺图可以求出激励函数和相应输出函数。

表 4-42　状态编码表

Q_2Q_1 ＼ X_1X_0	00	01	11	10	Z
00	00	01	10	11	1
01	11	10	01	00	1
11	01	00	11	10	0
10	10	11	00	10	0

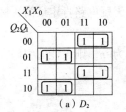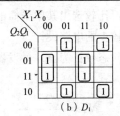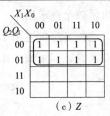

图 4-44　卡诺图

$$D_2 = \overline{Q_2 Q_1} X_1 + \overline{Q_2} Q_1 \overline{X_1} + Q_2 Q_1 X_1 + Q_2 \overline{Q_1} \overline{X_1} = Q_2 \cdot \oplus Q_1 \oplus X_1$$
$$D_1 = Q_1 \overline{X_1 X_0} + \overline{Q_1} \overline{X_1} X_0 + Q_1 X_1 X_0 + \overline{Q_1} X_1 \overline{X_0} = Q_1 \oplus X_1 \oplus X_0$$
$$Z = \overline{Q_2}$$

根据上述函数组画出图 4-45 所示的逻辑图。

② 选用表 4-41 所示编码方案 17，同样方法可求出激励函数和输出函数为

$$D_2 = Q_1 \oplus X_0, \quad D_1 = Q_2 \oplus X_1, \quad Z = \overline{Q_1}$$

根据此函数组可画出图 4-46 所示的逻辑图。

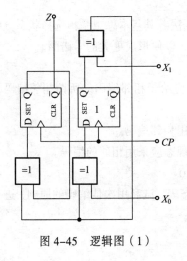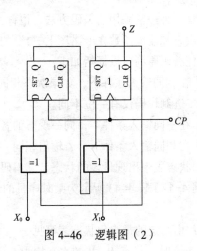

图 4-45　逻辑图（1）　　　　图 4-46　逻辑图（2）

可见，对本例题而言，采用表 4-41 所示方案 17 编码，所设计的电路更简。

综上所述，状态分配所要解决的根本问题是：根据最小化状态表给出的次态、输出与现态、输入的关系，确定一组使激励函数及输出函数最简的编码方案，称为最佳编码。

2．状态分配方法

理论上可以有最佳的状态分配方法。但是，至今人们还没有找到解决该问题的理想算法。现在通常采用下列几种状态分配方法。

（1）直接进行状态分配

有些时序电路的状态数目及状态编码是固定的，例如，按 8421BCD 码设计一位十进制加 1 计数器等问题，就采用直接状态分配的方法。

（2）直观比较法

虽然，目前尚未找到解决最佳编码的算法，但是，如果将各种可能的状态分配方案的激励函数及输出函数全都求出来，然后，进行比较选出其中最简的方案，无疑电路肯定最简，称为直观比较法。此种方法仅适用于状态数目较少的电路设计。

一般来说，如果最小化状态表中状态数目为 S，触发器的个数为 n，则可能的编码方案数目 N_A 为

$$N_A = \frac{2^n!}{(2^n - S)!}$$

正如在分析表 4-41 所示的编码方案指出的那样，在所有可能的编码方案中有些方案之间是等效的。因此，独立编码方案的数要比可能方案的数少得多，当状态数 S 和触发器数 n 确定之后，可求出独立编码方案数 N_B 为

$$N_B = \frac{(2^n - 1)!}{(2^n - S)!n!}$$

随着状态数目的增加，编码方案数目会急剧地增加。例如，当 $S=4$ 时仅有 3 种独立编码方案，而当 $S=9$ 时，独立编码方案将增加到 10 810 800 个。若将各个方案都计算一遍，其工作量大得惊人，甚至完全无法完成。

（3）次佳编码方法

这是一种经常采用的编码方法。也称为经验编码法。其基本思想是：选择状态分配时，尽可能地使次态和输出函数在卡诺图上"1"的分布相邻，以便形成更大的卡诺圈。

次佳编码原则可以概括如下：

① 在相同输入条件下，如果次态相同，则现态应给予相邻编码。所谓相邻编码，是指两个状态的二进制代码仅有一位不同。

② 在不同输入条件下，同一现态的各次态应采用相邻编码。

③ 在相同输入条件下，若输出相同，则相应的现态应采用相邻的编码。

④ 状态表中出现最多的状态，其编码分配逻辑 0。

【例 4-17】表 4-43 所示为某时序机的最小化状态表，试利用次佳编码的原则，进行合理的状态分配。

解：由给定的最小化状态表可见

当 $X=0$ 时，状态 A，B 的次态均为 C；

当 $X=1$ 时，状态 A，C 的次态均为 D。

根据次佳编码原则①，则状态 A 和 B 应取相邻编码，状态 A 和 C 应取相邻编码。根据次佳编码原则②应对 C 和 D，A 和 C，B 和 D，A 和 B 分别给予相邻编码。根据原则③应对 A、B、C、D 四个状态给予相邻编码，因为它们输出相同。

综上所述，我们应优先满足 A 和 B，A 和 C 分别取相邻编码。

一般地说，能满足的条件越多，电路越简。当然，有时不可能诸条件都满足。例如本例题中不可能保证 A、B、C、D 四个状态之间两两都有相邻编码。

具体作法是：首先确定触发器数目（本例题用两个触发器），即决定用几位二进制数进行编码，然后在卡诺图上确定各状态的编码。

本例题先画出图 4-47 所示的两变量卡诺图，选状态 A 放在最小项 m_0 处，要优先保证 A 和 B，A 和 C 相邻编码，将 B 放在 m_1 处，C 放在 m_2 处，D 放在 m_3 处，这样同时满足 C 和 D，B 和 D 相邻编码的要求，表 4-44 所示为编码状态表。

表 4-43　最小化状态表

S \ X	0	1
A	C/0	D/1
B	C/0	A/1
C	B/0	D/1
D	A/0	B/1

图 4-47　两变量卡诺图

Q_2 \ Q_1	0	1
0	A	B
1	C	D

表 4-44　编码状态表

Q_2Q_1 \ X	0	1
00	10/0	11/1
01	10/0	00/1
10	01/0	11/1
11	00/0	01/1

4-4-4　设计实例

以上对同步时序逻辑电路设计的方法的各个环节进行了详细的讨论，下面通过几个典型实例来说明同步时序电路设计的全过程。

【例 4-18】 设计一个"111"信号序列检测器。该电路有一个输入 X 和一个输出 Z。输入 X 为一个随机串行信号，每当连续输入三个或两个以上 1 时，检测器输出为 1；其余情况输出总为 0。

解： ① 建立原始状态图和状态表。

根据题意可知，该电路实际上是一个可重叠的信号序列检测器。有效码长度为 3，原始状态图设三个状态，并设初态 A 为零，则有图 4-48 所示的状态图及表 4-45 所示的状态表。

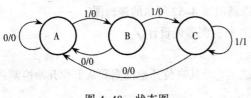

图 4-48　状态图

表 4-45　状 态 表

S \ X	0	1
A	A/0	B/0
B	A/0	C/0
C	A/0	C/1

② 状态化简。信号序列检测器，设置状态数等于有效序列长度，一般得到的状态表都是最小化状态表，不需要再化简。

③ 状态分配。得到的状态表有 3 个状态，要用两个触发器实现。根据次佳编码原则，A 和 B，A 和 C 分别有相邻编码。状态分配如图 4-49 所示，由此得到表 4-46 所示的状态编码表。

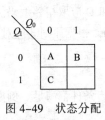

图 4-49　状态分配

表 4-46　编码状态表

Q_1Q_0 \ X	0	1
00	00/0	01/0
01	00/0	10/0
10	00/0	10/1

④ 求激励函数和输出函数。

选用 JK 触发器实现，并用图 4-50 所示卡诺图求激励函数和输出函数。求得

$$J_0 = X\overline{Q_1} \qquad K_0 = 1$$
$$J_1 = XQ_0 \qquad K_1 = \overline{X}$$
$$Z = XQ_1$$

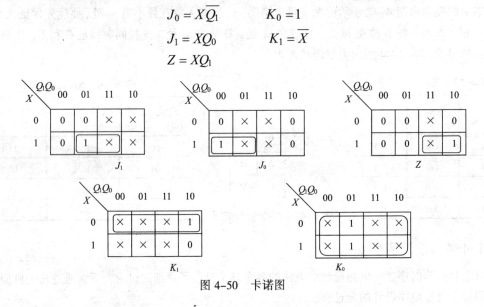

图 4-50　卡诺图

⑤ 检查电路的自动恢复性

由上面得到的激励函数，代入 JK 触发器函数，则得

$$Q_1^{n+1} = Q_0X + Q_1X,\ Q_0^{n+1} = \overline{Q_1Q_0}X$$

重新作出图 4-51 所示的状态图，可见所设计的电路能自动启动。

⑥ 逻辑图

根据上面求得的激励函数和输出函数，可以画出图 4-52 所示的逻辑图。

【例 4-19】试完成例 4-9 串行输入 8421BCD 码检测器的设计。

解：① 状态化简。

核检测器的原始状态图在例 4-9 中已经形成。它分从高位开始检测和从低位开始检测两种，这里完成从低位开始检测的电路设计。

由原始状态图，可以列出表 4-47 所示的原始状态表。

根据状态合并的条件，可见状态 H 和 L 是等价的，可以合并，令 H=(H, L)；状态 I，J，K，M，N，P 是等价的，可以合并为一个状态，令 I=(I, J, K, M, N, P)得到表 4-48 所示的初步简化的状态表。

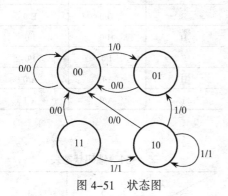

图 4-51 状态图

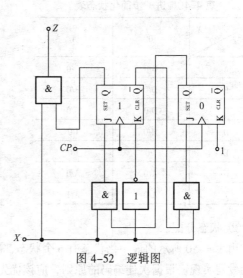

图 4-52 逻辑图

表 4-47 原始状态表

S \ X	0	1
A	B/0	C/0
B	D/0	E/0
C	F/0	G/0
D	H/0	I/0
E	J/0	K/0
F	L/0	M/0
G	N/0	P/0
H	A/0	A/0
I	A/0	A/1
J	A/0	A/1
K	A/0	A/1
L	A/0	A/0
M	A/0	A/1
N	A/0	A/1
P	A/0	A/1

表 4-48 简化状态表

S \ X	0	1
A	B/0	C/0
B	D/0	E/0
C	F/0	G/0
D	H/0	I/0
E	I/0	I/0
F	H/0	I/0
G	I/0	I/0
H	A/0	A/0
I	A/0	A/1

进一步观察表 4-48 所示的状态表，可以发现状态 D 和 F，E 和 G 分别等价，可以合并，令 D=(D, F)，E=(E, G)，则得到表 4-49 所示的进一步化简的状态表。

分析表 4-49 可以看出状态 B 和 C 是等价的，并令 B=(B, C)，得到表 4-50 所示的最小化状态表。

表 4-49　进一步简化状态表

S \ X	0	1
A	B/0	C/0
B	D/0	E/0
C	D/0	G/0
D	H/0	I/0
E	I/0	I/0
H	A/0	A/0
I	A/0	A/1

表 4-50　最小化状态表

S \ X	0	1
A	B/0	C/0
B	D/0	E/0
D	H/0	I/0
E	I/0	I/0
H	A/0	A/0
I	A/0	A/1

② 状态分配。

由表 4-50 所示的最小化状态有 6 个状态，需要 3 个触发器实现。根据次佳编码的原则，应该优先考虑状态 D 和 E、H 和 I 相邻编码，再考虑其他状态的相邻编码。图 4-53 所示为状态分配情况。表 4-51 所示为状态编码表。

表 4-51　编码状态表

$Q_3Q_2Q_1$ \ X	0	1
000	001/0	001/0
001	010/0	011/0
011	101/0	101/0
010	100/0	101/0
110	×/×	×/×
111	×/×	×/×
101	000/0	000/1
100	000/0	000/1

Q_3 \ Q_2Q_1	00	01	11	10
0	A	H	×	D
1	B	I	×	E

图 4-53　状态分配图

③ 求激励函数和输出函数。

选用 D 触发器实现，用图 4-54 所示卡诺图求出激励函数和输出函数为

$$D_1 = Q_2, \quad D_2 = \overline{Q_1 Q_2 Q_3}, \quad D_3 = \overline{Q_1 Q_2 Q_3} + \overline{Q_1} X + Q_2 Q_3, \quad Z = Q_1 Q_3 X$$

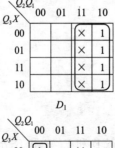

D_1

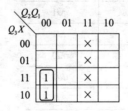

D_2

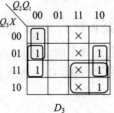

D_3

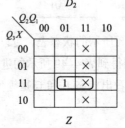

Z

图 4-54　卡诺图

④ 逻辑图。

根据上面求出的激励函数和输出函数，可画出图 4-55 所示的逻辑图。

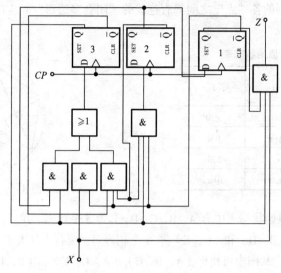

图 4-55 例 4-19 逻辑图

⑤ 检查电路的自动恢复性。

请读者自行检查一下，此电路能否自动启动。

4-4-5 不完全状态逻辑设计

所谓不完全描述时序机是指其状态表中的次态和输出不能完全确定，即存在不确定的次态和输出，这些不确定的次态和输出对于状态化简将是有利的，关键是如何恰当处理，以确保化简后状态表的逻辑功能不变。

完全描述时序机的状态化简的原理是建立在相容状态这个概念的基础之上的。在介绍具体化简方法之前，我们先给出不完全描述时序机的状态化简中涉及的几个概念。

1. 不完全描述状态表的化简

（1）基本概念

① 相容状态。若状态 S_i 和 S_j 是非完全描述时序电路的两个状态，当加入所有允许输入序列时，如果它们输出和次态的确定部分满足前面所述合并条件，则 S_i 和 S_j 称为相容状态或相容对。

例如，某不完全描述时序机的原始状态表如表 4-52 所示。

根据上述相容状态定义，则有状态 A 和 B 相容，B 和 C 相容，并记做（A，B），（B，C）。

注意：相容没有传递性。例如，状态 S_i 和 S_j 相容，状态 S_j 和 S_k 相容，但是，状态 S_i 和 S_k 不一定就相容。

例如，在表 4-52 中，状态 A 和 B 相容，状态 B 和 C 相容，但是状态 A 和 C 却不相容，因为它们的输出不同。

② 相容类。所有状态之间都是两两相容的状态集合，称为一个相容类。

③ 最大相容类。若一个相容类不是其他任何相容类的子集时，则称此相容类为最大相容类。

由于相容没有传递性，就不能像完全描述时序机确定最大等价类那样来确定最大相容类。

为了从相容对方便地找出最大相容类，介绍一种状态合并图。合并图的画法是：先把原始状态表中的每个状态以"点"的形式均匀分布在一个圆周上。然后，把各个相容状态对的两点用直线连起来。那么，所得到的各"点"之间都有连线的"闭合多边形"对应的状态，就是一个最大相容类，如图 4-56 所示。

表 4-52　原始状态表

S ╲ X	0	1
A	B/0	× /0
B	A/ ×	B/0
C	× /1	B/0
D	C/1	D/ ×

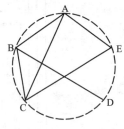

图 4-56　合并图

例如，某时序机的原始状态表中有 A，B，C，D，E 等 5 个状态。并且已知共有（A，B），（A，C），（A，E），（B，C），（B，D）和（C，E）等 6 个相容对。要找出最大相容类，先按上述方法画出图 4-56 所示的合并图，从图中可找出（A，B，C），（A，C，E）和（B，D）等 3 个最大相容类。

（2）不完全描述的状态表化简步骤

在化简不完全描述的状态表时，要充分利用未给定的次态及输出，可使状态表更简。由于"无关项"的存在不仅产生不同的概念，而且，化简过程中也存在差异，请读者特别注意它与完全描述时序机化简时的不同之处。

用蕴涵表法化简不完全描述状态表的步骤如下：

第一步：画蕴涵表，寻找相容对。

这一步，除了注意将未给定的次态看成任意给定状态，未给定的输出看成任意输出外，与完全描述的状态表寻找等价对的方法和步骤完全相同，不再重述。

第二步：作合并图，寻找最大相容类。

第三步：确定原始状态表的最小闭合覆盖。

从上面找到的最大相容类（或相容类）中，选出能覆盖原始状态中的全部状态，并且数目最少的一组最大相容类（或相容类），这组相容类必须满足以下条件。

① 该组最大相容类（或相存类），必须覆盖原始状态表中的全部状态，不得有遗漏。称为覆盖性。

② 该组相容类中的任意一个相容类，在任何输入条件下所产生的次态都属于该组中的某一相容类。满足此要求，称为闭合性。

③ 在满足条件①和②的前提下，该组内的相容类的数目应最少。称为具有最小性。

确定最小闭合覆盖是用覆盖闭合表来完成。

第四步，建立最小化状态表。

将已经确定的满足闭合覆盖条件的一组相容类中的每个相容类，用一个新的状态代替后，便可以建立最小化状态表。

需要提醒读者注意的是满足闭合覆盖建立最小化状态表，不一定全部选择最大相容类。在有的时候选择相容类，而不是选最大相容类，反而使最小化状态表中的状态数目最少。下面将在例题中说明。

2．不完全描述状态化简举例

【例 4-20】试化简表 4-53 所示的原始状态表。

解： ① 画蕴涵表，寻找相容对。

蕴涵表如表 4-54 所示。由表查得相容对为

$$(AB),\ (AC),\ (AD),\ (AE),\ (BE),\ (CD),\ (CE)$$

表 4-53　原始状态表

S \ X	0	1
A	A/×	×/×
B	C/1	B/0
C	D/1	×/1
D	×/×	B/×
E	A/0	C/1

表 4-54　蕴　涵　表

B	AC			
C	AD	×		
D	√	√	√	
E	√	×	AD	BC
	A	B	C	D

② 画合并图，寻找最大相容类。

合并图如图 4-57 所示。由图查得最大相容类为（ABD），（ACD），（ACE）。

③ 作闭合覆盖表，确定最小闭合覆盖。

表 4-55 所示为该例题的闭合覆盖表。此表由两部分构成：其中一部分是反映最大相容类对状态的包含情况，称为覆盖表；另一部分反映最大相容类的闭合关系，称为闭合表。

该表的每一行表示一个最大相容类。在覆盖表中，每一列表示原始状态表中的一个状态，在行与列交叉小方格标明每个最大相容类是否包含该状态。如，在最大相容类（ABD）行与状态 A，B，D 各列交叉处分别填入 A，B，D。在闭合表中，每一列表示一种输入情况，在行与列交叉小方格填入每个最大相容类在该输入下全部给

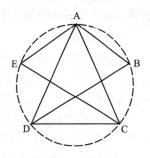

图 4-57　合并图

定的次态。如表中对应最大相容类（ABD）行与 $X=0$ 列交叉处填 AC。因为当 $X=0$ 时，原始状态中现态 A 的次态为 A，现态 B 次态为 C，现态 D 的次态是不给定的，因此次态为 AC。

寻找闭合覆盖是从覆盖表上选择最小覆盖。也就是在 3 个最大相容类中选取最少数目的相容类，但是，需要包含原始状态表中全部状态。此例要包含 B 状态，必须选取相容类（ABD），要包含 E 状态，必须选取相容类（ACE），选取相容类（ABD），（ACE）就覆盖了原始状态表中的全部状态。

接着，从闭合表中检查所选取的满足最小覆盖的一组相容类是否满足闭合关系。闭合表中单个给定次态肯定满足闭合关系，不必检查。

相容类（ABD），在 $X=0$ 时，次态为 AC，它是相容类（ACE）的部分状态集合；相容类（ACE）在 $X=0$ 时，次态为 AD，它是相容类（ABD）的部分状态集合。

因此，相容类（ABD），（ACE）满足闭合覆盖条件。

④ 作最小化状态表。

令 A'=（ABD），B'=（ACE），则可以列出表 4-56 所示的最小化状态表。

表 4-55　闭合覆盖表

相容类	覆 盖					闭 合	
	A	B	C	D	E	$X=0$	$X=1$
ABD	A	B	—	D	—	AC	B
ACD	A	—	C	D	—	AD	B
ACE	A	—	C	—	E	AD	C

表 4-56　最小化状态表

S ＼ X	0	1
A'	B'/1	A'/0
B'	A'/0	B'/1

4-5　常用的中规模同步时序逻辑构件的使用

常用的时序电路主要有寄存器、计数器等。它们可以由单个触发器构成，但是，目前寄存器、计数器都有集成电路产品。集成寄存器、计数器同样是由触发器构成的，只不过是将它们集成在一块芯片中。讲过时序电路分析方法之后，对寄存器和计数器等时序电路的逻辑功能不作详细分析，而重点介绍其逻辑功能表示及应用。

4-5-1　寄存器

寄存器按其功能特点分成数码寄存器和移位寄存器两类。数码寄存器用来存放一组二值代码。而移位寄存器除了存储二值代码之外，还具有移位功能，就是在移位脉冲作用下，将代码左移或右移，左移和右移的方向是面对逻辑图而言的。

1. 数码寄存器

数码寄存器有双拍和单拍两种工作方式。双拍工作方式是指接收数码的过程分两步进行，第一步清零，第二步接收数码的工作方式。单拍工作方式是指只需一个接收脉冲就可完成接收数码的工作方式。

由于双拍工作方式每次接收数码都必须依次给出清零、接收两个脉冲。使得不仅操作不便，而且还限制了工作速度。因此，集成数码寄存器几乎都采用了单拍工作方式。

一个触发器只能存储一位二值代码。N 个触发器构成的数码寄存器可以存储一组 N 位的二值代码。由于数码寄存器是将输入代码存在数码寄存器中，所以要求数码寄存器所存的代码一定和输入代码相同。因此，构成数码寄存器的触发器必定是 D 触发器。

由于数码寄存器由 D 触发器构成，所以集成数码寄存器常称做 N 位 D 触发器。图 4-58 给出了 8 位上升沿触发 D 触发器 T3374 的逻辑图。T3374 内部有 8 个 D 触发器。在时钟脉冲 cp 上升沿到来时，实现数据的并行输入/并行输出。

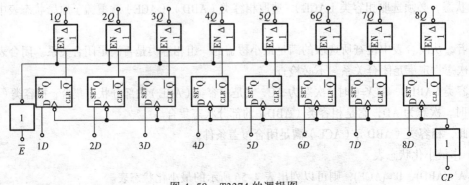

图 4-58　T3374 的逻辑图

3374 有两个特点：第一个特点是输出级是三态门，控制端 $\overline{E}$ =0 时送出数码，$\overline{E}$ =1 时输出为高阻状态。第二个特点是时钟脉冲经施密特非门（参阅第 6 章内容）整形之后送入各触发器的时钟输入端，提高了抗干扰能力。

锁存器也是一种存放数码的部件。它有如下特点：锁存信号没到来时，锁存器的输出状态随输入信号变化而变化（相当于输出直接接到输入端，即所谓的"透明"），当锁存信号到达时，锁存器输出状态保持锁存信号跳变时的状态。常用的锁存器有双 2 位锁存器、4 位锁存器、双 4 位锁存器、8 位透明锁存器、8 位可寻址锁存器和多模式缓冲锁存器。

图 4-59 所示为双 2 位锁存器 74LS75 的逻辑图，当锁存（控制、使能）输入 G=1 时，下面与门被封锁，Q 的状态不能反馈到输入；上面与门打开，输入数据 D 经两次取反送到输出端，使 Q=D。因此，锁存器输出 Q 随输入数据 D 变化而变化。当 G 由 1 变 0 时，上面与门被封锁，输入数据 D 不能送入锁存器；下面与门打开，此时电路相当于两个非门输出、输入首尾相接，当然锁存器输出 Q 就保持 G 由 1 变 0 时 Q 的状态。表 4-57 列出了 74LS75 的功能。表中的 Q^n 为 G 由 1 变 0 时锁存器输出 Q 的状态。

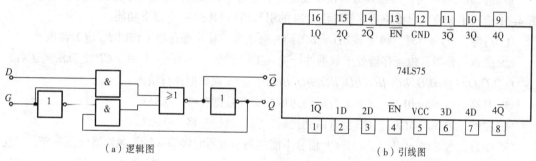

（a）逻辑图　　　　　　　　　（b）引线图

图 4-59　双 2 位锁存器 74LS75 的逻辑图

2. 移位寄存器

由于移位寄存器不仅可以存储代码，还可以将代码移位，所以移位寄存器除了存储代码之外，还可用于数据的串行/并行转换、数据运算和数据处理等。

图 4-60 给出了 4 位右移移位寄存器的逻辑图和工作波形图。由图 4-60（a）可直接写出

表 4-57　74LS75 真值表

G	D	Q	$\overline{Q}$
1	0	0	1
1	1	1	0
0	×	Q^n	$\overline{Q^n}$

$$Q_3^{n+1}=Q_2^n,\quad Q_2^{n+1}=Q_1^n,\quad Q_1^{n+1}=Q_0^n,\quad Q_0^{n+1}=u_1$$

当 CP 上升沿同时作用于所有触发器时，触发器输入端的状态都为现态。于是，CP 上升沿到达之后，各触发器按状态函数进行状态转换。输入代码 u_1 存入触发器 F_0，Q_1 按 Q_0 原来状态翻转，Q_2 按 Q_1 原来状态翻转、Q_3 按 Q_2 原来状态翻转。总的看来，移位寄存器中的代码依次右移了一位。

由图 4-60（b）的波形图看出，经过 4 个 CP 周期之后，串行输入的 4 位代码全部移入 4 位移位寄存器中，此时可以在 4 个触发器的 4 个输出端，并行输出 4 位代码。这种输入、输出方式称为串行输入/并行输出方式，用于代码的串行/并行转换。如果继续加入 4 个时钟脉冲，移位寄存器中的 4 位代码就依次从串行输出端送出。数据从串行输入端送入，从串行输出端送出的工作方式称作串行输入/串行输出方式。若把移位寄存器中的 4 位数据看成是并行数据，则从串行输出端输出数据，便实现了数据的并行/串行转换，这种工作方式称为并行输入—串行输出方式。

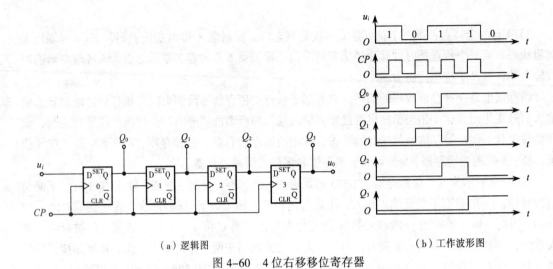

（a）逻辑图 （b）工作波形图

图 4-60　4 位右移移位寄存器

通常，集成移位寄存器除具有移位功能之外，还附加有数据并行输入、保持、异步清零功能。图 4-61 给出了 8 位双向移位寄存器 74LS299 的引脚。74LS299 有以下功能。

① 清零：$\overline{R_d} = 0$ 时，触发器 $I/O_0 \sim I/O_7$ 同时被清零。移位寄存器工作时 $\overline{R_d}$ 应为高电平。

② 送数：是指移位寄存器处于数据并行输入工作状态。当 $S_1 = S_0 = 1$ 时，CP 上升沿到达后，$Q_0Q_1Q_2Q_3Q_4Q_5Q_6Q_7 = I/O_0\ I/O_1\ I/O_2\ I/O_3\ I/O_4\ I/O_5\ I/O_6\ I/O_7$，实现数据并行输入。

③ 右移：当 $S_1S_0 = 01$ 时，CP 上升沿到达后，实现数据右移，$Q_0 = SR$。

④ 左移：当 $S_1S_0 = 10$ 时，CP 上升沿到达后，实现数据左移，$Q_7 = SL$。

⑤ 保持：当 $S_1 = S_0 = 0$ 时，$A = 1$，CP 信号不能加到触发器时钟输入端，触发器状态不变，实现了数据保持。

综合上述分析，列出 74LS299 的工作状态如表 4-58 所示。

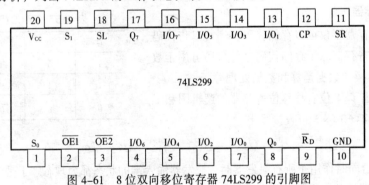

图 4-61　8 位双向移位寄存器 74LS299 的引脚图

表 4-58　74LS299 工作状态表

$\overline{OE_1}$	$\overline{OE_2}$	$\overline{R_D}$	S_1	S_0	CP	工作状态
0	0	0	×	×	×	异步清零
×	×	1	1	1	↑	送数
0	0	1	0	1	↑	右移
0	0	1	1	0	↑	左移
0	0	1	0	0	×	保持

【例 4-21】 试分析图 4-62 所示电路的逻辑功能。

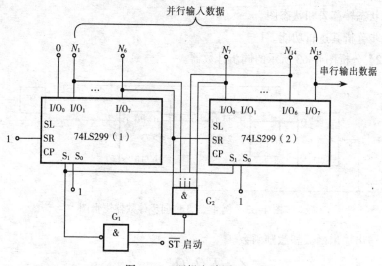

图 4-62　逻辑电路图

解：两片 74LS299 组成 16 位右移移位寄存器。并行输入数据为 $0N_1N_2N_3N_4N_5N_6N_7$ $N_8N_9N_{10}N_{11}N_{12}N_{13}N_{14}N_{15}$，右移串行输入数据为 1。启动命令 $\overline{ST}=0$ 使 $S_1S_0=11$，并行输入数据送入移位寄存器。由于 1 号片的 $Q_0=I/O_0=0$，故门 G_2 输出为 1。当 $\overline{ST}$ 由 0 变 1 之后，$S_1S_0=01$，移位寄存器中的数据右移，从串行输出数据端输出数据。15 个 CP 脉冲之后，除 2 号片 I/O_7 之外，两片 74LS299 的输出均为 1，使门 G_2 输出为 0，代替了启动命令（无须再加启动命令）。这时，$S_1S_0=11$，自动地为下一次送入并行数据做好了准备。上述分析表明图 4-62 所示电路实现了并行/串行数据转换。当然，该电路还不完善，实际应用时还需要改进。

4-5-2　计数器

计数器是数字系统中应用最广泛的基本逻辑构件，其功能是记忆脉冲的个数。计数器所能记忆脉冲的最大数目称为该计数器的模，用字母 M 来表示。

计数器的种数繁多，分类方法也不同。按计数的功能来分可分为加法计数器、减法计数器和可逆计数器；按进位基数来分，可分为二进制计数器（模为 2^r 的计数器，r 为整数）、十进制计数器和任意进制计数器；按计数的进位方式来分，可分为同步计数器（又称为并行计数器）和异步计数器（又称串行计数器）。

1. 同步计数器

同步计数器电路中，所有触发器的时钟都与同一个时钟脉冲源连接一起，每一个触发器的状态变化都与时钟脉冲同步。

而异步计数器中，各触发器的时钟不是来自同一个时钟脉冲源。在状态变化时，有些触发器与时钟源同步，有些则要滞后一些时间。关于异步计数器留待后续章节讨论。

同步计数器的一般分析步骤如下：

① 根据已知的逻辑电路图，写出激励函数和输出函数。

② 由激励函数和触发器特征函数写出触发器的状态函数。

③ 作出状态转移表和状态图。

④ 进一步分析其逻辑功能。

【例4-22】分析图4-63所示的同步计数器。

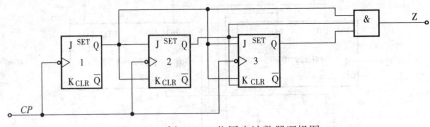

图 4-63　例 4-22 3 位同步计数器逻辑图

解：① 写出输出函数和激励函数。

$$Z = Q_1^n Q_2^n Q_3^n$$

$$J_3 = K_3 = Q_1^n Q_2^n$$

$$J_2 = K_2 = Q_1^n$$

$$J_1 = K_1 = 1$$

② 写出电路的状态函数。

$$Q_3^{n+1} = Q_1^n Q_2^n \overline{Q_3^n} + \overline{Q_1^n Q_2^n} Q_3^n = Q_1^n Q_2^n \overline{Q_3^n} + \overline{Q_1^n} Q_3^n + \overline{Q_2^n} Q_3^n$$

$$Q_2^{n+1} = Q_1^n \overline{Q_2^n} + \overline{Q_1^n} Q_2^n$$

$$Q_1^{n+1} = 1 \cdot Q_1^{n+1} \cdot Q_1^n = \overline{Q_1^n}$$

③ 作状态转移表和状态图。

作状态转移表的方法与组合逻辑中输出函数表达式作真值表的方法类似，可由上述状态函数作出状态转移表，如表4-59所示。

其状态图如图4-64所示。

表4-59　3位同步计数器状态转移表

Q_3^n	Q_2^n	Q_1^n	Q_3^{n+1}	Q_2^{n+1}	Q_1^{n+1}	Z
0	0	0	0	0	1	0
0	0	1	0	1	0	0
0	1	0	0	1	1	0
0	1	1	1	0	0	0
1	0	0	1	0	1	0
1	0	1	1	1	0	0
1	1	0	1	1	1	0
1	1	1	0	0	0	1

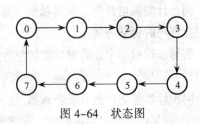

图 4-64　状态图

④ 分析说明。

根据状态图，这个计数器是模 $M=8$ 的二进制加法计数器，计数循环从 000～111，共 8 个状态。当计满 8 个数时，输出等于 1，相当于逢 8 进 1 的进位输出。

同步二进制加法计数器的组成很有规律，若触发器的数目为 k，模数为 $M=2^k$，各级之间的连接关系为

$$J_1 = K_1 = 1$$
$$J_i = K_i = Q_1^n Q_2^n \cdots Q_{i-1}^n$$

2. 中规模集成计数器

实际应用中，直接采用芯片厂商生产的中规模集成计数器。它有同步计数器和异步计数器两类，而且是多功能的。下面只讨论同步计数器。

表 4-60 列出了几种中规模集成同步计数器。

表 4-60　几种中规模集成同步计数器

型　号	模　式	预　置	清　零	工作频率/MHz
74LS162A	十进制	同步	同步（低）	25
74LS160A	十进制	同步	异步（低）	25
74LS168	十进制可逆	同步	无	40
74LS190	十进制可逆	异步	无	20
74LS568	十进制可逆	同步	同步（低）	20
74LS163A	4 位二进制	同步	同步（低）	25
74LS161A	4 位二进制	同步	异步（低）	25
74LS561	4 位二进制	同步	同步（低）/异步（低）	30
74LS193	4 位进制可逆	异步	异步（高）	25
74LS191	4 位进制可逆	异步	无	20
74LS569	4 位进制可逆	同步	异步（低）	20
74LS867	8 位二进制	同步	同步	115
74LS869	8 位二进制	异步	异步	115

（1）中规模同步计数器的一般功能

同步计数器具有工作速度快，译码后输出波形好等优点，使用非常广泛。中规模同步计数器品种很多，并且具有如下多种功能。

① 可逆计数。可逆计数又称加/减计数，实现可逆计数的方法有两种：加减控制方式和双时钟方式。

加减控制方式就是用一个控制信号 $U/\overline{D}$ 来控制计数方式。当 $U/\overline{D}=1$ 时，作加法计数；当 $U/\overline{D}=0$ 时，作减法计数。

在双时钟方式中，计数器有两个外部时钟输入端：CP_+ 和 CP_-，当外部时钟从 CP_+ 输入时作加法计数；当外部时钟从 CP_- 输入时，作减法计数。不加外部时钟时，应根据器件的要求接 1 或接

0，使之不起作用。

② 预置功能。计数器有一个预置控制端 $\overline{LD}$ ，非号表示低电平有效。当 $\overline{LD}=0$ 时，可使计数器的状态等于预先设定的状态，即 $Q_D Q_C Q_B Q_A = DCBA$ ，其中，$DCBA$ 为预置的输入数据。

预置有同步预置和异步预置两种方式。在同步预置中，$\overline{LD}$ 信号变为有效之后并不立即实行预置，而是要到下一个时钟有效边沿到来时才完成预置功能，即预置的实现与时钟同步。在异步预置中，$\overline{LD}$ 信号变为有效时（ $\overline{LD}=0$ ），立即将预置数据送到各触发器，而与此时的时钟信号无关，这类似于触发器的复位／置位。通常是把预置数据在 $\overline{LD}$ 控制下直接加到触发器的置位端。

③ 复位功能。大多数中规模同步计数器都有复位功能。复位功能分为同步复位和异步复位，其含义和同步预置与异步预置的含义相似。

④ 时钟有效边沿的选择。一般而言，中规模的同步计数器都是上升沿触发，而异步计数器则是下降沿触发。

⑤ 其他功能。同步计数器还有进位（借位）输出功能、计数控制输入功能。后者可用来控制计数器是否计数，常用在多片同步计数器级联时，控制各级计数器的工作。

【例 4-23】分析 74LS163 同步二进制计数器。

图 4-65（a）是 74LS163 的逻辑电路图，图 4-65（b）是它的典型工作波形图。

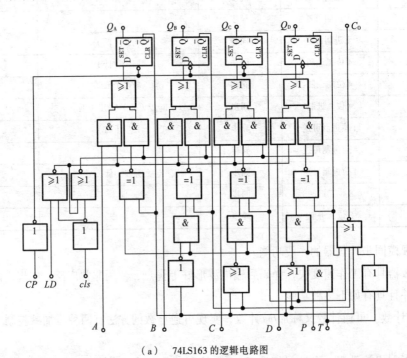

（a）　74LS163 的逻辑电路图

图 4-65　74LS163 同步二进制计数器

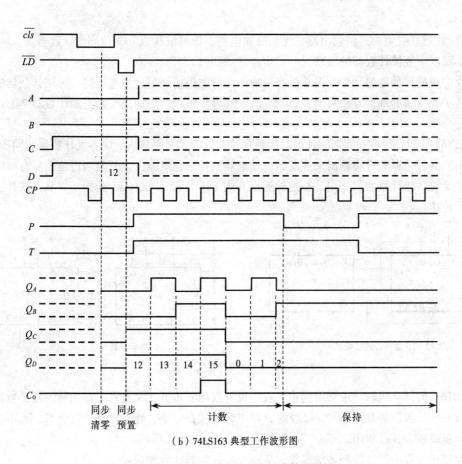

（b）74LS163 典型工作波形图

图 4-65　74LS163 同步二进制计数器（续）

74LSl63 的功能表如表 4-61 所示。

表 4-61　74LSl63 功能表

$\overline{cls}$	P	T	$\overline{LD}$	CP	D	C	B	A	Q_D	Q_C	Q_B	Q_A
0	×	×	×	↑	×	×	×	×	0	0	0	0
1	0	0	1	×	×	×	×	×	保持原状态			
1	0	0	0	↑	d	c	b	a	d	c	b	A
1	1	1	1	↑	×	×	×	×	计数			

解： 根据上述资料，可以看出 74LS163 具有如下功能。

① 此器件为 4 位二进制加法计数器，模为 16，时钟上升沿触发。

② 同步清除，清除输入端的低电平将在下一个时钟脉冲之前，把 4 个触发器的输出置为低电位，而不管使能输入 P、T 为何电平。

③ 预置受时钟控制，为同步预置。当 $\overline{LD}$=0，在时钟脉冲作用下，计数器可并行预置 4 位二进制数。

④ 当 $\overline{LD}$=1，两个计数使能输入 P、T 同时为高电平，在时钟脉冲作用下，计数器进行正常计数。

⑤ 计数器具有超前进位输出端，无须另加电路，即可级联成 $n×4$ 位同步计数器。

（2）同步中规模计数器的级联

单片中规模计数器的计数范围总是有限的。当计数模值超过计数范围时，可用计数器的级联来实现。实现级联的基本方法有两种：同步级联和异步级联。下面以十六进制计数器 74LS163 为例作简要介绍。

74LS163 的同步级联：外加时钟同时接到各片计数器的时钟输入，使各级计数器能同步工作。此时，用前级计数器的进位输出来控制后级计数器的计数控制输入。只有当进位信号有效时，时钟输入才能对后级计数器起作用。在这种连接方式下（见图 4-66（a）是同步级联方式接线图）进位串行传送。

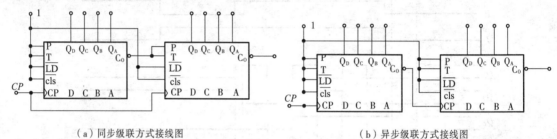

（a）同步级联方式接线图　　　　　　　　　　（b）异步级联方式接线图

图 4-66　中规模计数器的级联

74LS163 的异步级联：中规模同步计数器也可以用异步方式来级联，即用前一级计数器的输出作为后一级计数器的时钟信号。每级的 P 和 T 都要接高电平，处于允许计数状态。图 4-66（b）所示为异步级联方式接线图。

实际使用过程中，可以把清除端接一拨动开关，控制计数的启停。

（3）用中规模计数器构成任意进制计数器

几乎所有的中规模计数器都具有预置功能。因而，可以通过设置不同的预置值来构成任意进制计数器。其基本思想是：使计数器从某个预置状态开始计数，到达满足模值为 M 的终止状态时，产生预置控制信号，加到预置控制端 $\overline{LD}$ 进行预置，并重复以上过程，实现模 M 的计数。

在实际构成模 M 的计数器时，常选用计数达到最大模值的状态为终止状态，因为这时会产生一个进位信号。利用这个进位信号（低电平有效）来作为预置控制信号 $\overline{LD}$。这时计数器的工作过程为：预置→计数→预置→计数……。具体实现方法如下：

① 将进位（加计数）或借位（减计数）输出（低电平有效）接到预置控制端 $\overline{LD}$ 上。这样，在加计数计到最大值，或减计数计到最小值时，可自动地得到有效的预置控制信号。

② 预置值的设定。设 N 为计数器的最大计数值，M 为所要求实现的模值，则预置值按下述情况处理。

异步预置：　加计数　　　预置值=$N-M-1$

　　　　　　减计数　　　预置值=M

同步预置：　加计数　　　预置值=$N-M$

　　　　　　减计数　　　预置值=$M-1$

例如，若要把模 $M=10$ 的计数器改接为 $M=6$ 的计数器，则对于同步预置的计数器，预置值=10-6=4，计数过程为：4→5→6→7→8→9→4，到达状态 9 时，进位输出也使预置控制变为有效，但预置的实现则要等到下一个时钟有效边沿的到来，因此状态 9 和 4 占两个时钟周期，波形上不会出现毛刺。

若是减法计数器，则预置与计数器的计数范围无关。如要实现 $M=6$ 计数器，则同步预置时，预置值=5，其过程为 $5\to4\to3\to2\to1\to0$。

图 4-67 所示为采用 74LS192 构成的六进制加法计数器和减法计数器连接图。

其中 74LS192 为带清零的同步 BCD 码可逆双时钟计数器。CP_D 为减法时钟，CP_C 加法时钟，C_o 为进位输出，B_o 为借位输出。其他引脚与 74LS163 类似。详细功能如表 4-62 所示的 74LS192 功能表。

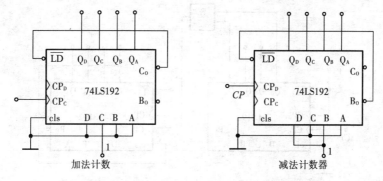

图 4-67　采用 74LS192 构成的六进制计数器连接图

表 4-62　74LS192 功能表

CP_C	CP_D	$\overline{LD}$	cls	D	C	B	A	Q_D	Q_C	Q_B	Q_A
×	×	×	1	×	×	×	×	0	0	0	0
×	×	0	0	d	c	b	a	d	c	b	a
↑	1	1	0	×	×	×	×	加计数			
1	↑	1	0	×	×	×	×	减计数			
1	1	1	0	×	×	×	×	保持原状态			

【例 4-24】用中规模计数器芯片可以灵活地实现各种计数器：

① 用 74LS192 实现 8421BCD 码十进制计数器，即计数状态应从 0000 到 1001 循环，画出逻辑图（74LS192 功能表见表 4-62）。

② 用两个这样的十进制计数器构成一个十进制模 100 计数器，画出连接图。

③ 用两个这样的十进计数器和少量逻辑门，构成一个十进制模 80 计数器，画出连接图。

解：① 由 74LS192 的功能表可以看出，用加法计数或减法计数都可以达到本题的要求。在这里采用加法计数。当计到 9 后将计数清零，如图 4-68 所示。因为 74LS192 是十进制计数器而非十六进制计数器，将 cls 端接低电平即可。

② 用两个 74LS192 构成一个模 100 计数器，将两个计数器级联即可，如图 4-69 所示由于 74LS192 计数到 9 后会自动清 0，故置零控制端直接接无效电平即可。

③ 用两个 74LS192 构成一个模 80 计数器，将两个计数器级联，从 0 计到 79，如图 4-70 所示。

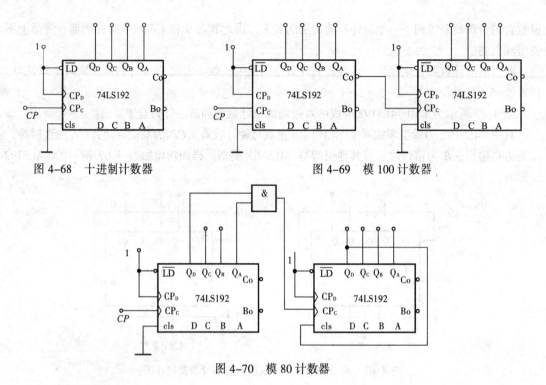

图 4-68　十进制计数器　　　　　　　　　图 4-69　模 100 计数器

图 4-70　模 80 计数器

3．计数器的应用

数字系统中计数器的应用十分广泛。其中，脉冲分配器和数字序列信号发生器是计算机系统和通信系统中最常用的逻辑构件。

（1）脉冲分配器

将输入时钟脉冲经过一定的分频后分别送到各路输出的逻辑电路，称为脉冲分配器。它常用来产生各种定时信号。图 4-71（a）所示为脉冲分配器的组成原理框图，它由一个模值 M 的计数器及相应的译码电路组成。其中，M 等于输出脉冲的路数。计数器一般采用同步计数器。由于使用移位寄存器型计数器具有译码简单的特点，常采用移位寄存器型计数器来构成脉冲分配器。图 4-71（b）是 $M=6$ 的扭环计数器组成的脉冲分配器逻辑图，而图 4-71（c）是它的输出波形图；每路输出脉冲的周期是时钟周期的 6 倍。由于扭环计数器中，各相邻两个工作状态只有一位的取值不同，所以，各路脉冲输出信号波形很好，不会因译码而产生不必要的毛刺。

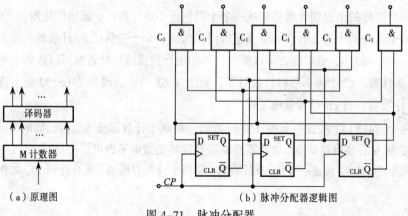

（a）原理图　　　　　　　　（b）脉冲分配器逻辑图

图 4-71　脉冲分配器

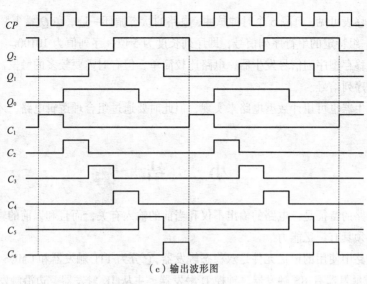

（c）输出波形图

图 4-71　脉冲分配器（续）

（2）序列信号发生器

序列信号发生器的功能与脉冲分配器不同，它是用来产生规定的串行脉冲序列信号。它一般用移存型计数器组成，其结构与移存型计数器非常相似，但是两者本质上有所不同。对于移存型计数器，其模值 M 和移存器位数 K 的关系一定能满足 $2^K < M \le 2^{K+1}$。而序列长度为 M 的序列信号发生器，则所需的移存器位数可能大于上式所决定的 K 值，否则就可能得不到所需要的序列信号。

图 4-72 是一个序列信号发生器的逻辑电路图。由图可得反馈信号 D_0 的表达式为

$$D_0 = \overline{Q_3^n \cdot Q_0^n}$$

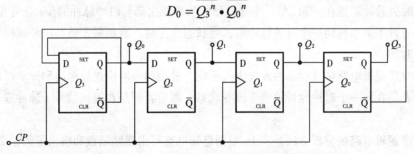

图 4-72　序列信号发生器逻辑电路图

假设给定的起始状态为 1010，则可求出相应状态下的 D_0 值。如表 4-63 中第一行，起始状态为 $Q_3^n Q_2^n Q_1^n Q_0^n = 1010$，故 $D_0=0$。CP 到来之后 Q_2 移入 Q_1，Q_1 移入 Q_2，Q_2 移入 Q_3，0 移入 Q_0，得到第二个状态；然后再求出第二个状态下的 D_0 值，如表 4-63 中第二行所示。依此类推，求出其他各个状态，直到又出现起始状态为止。

表 4-63　序列信号发生器状态转移表

Q_3	Q_2	Q_1	Q_0	D_0
1	0	1	0	0
0	1	0	0	1
1	0	0	1	0
0	0	1	0	1
0	1	0	1	0

分析状态转移表可见，每隔 5 个时钟脉冲，电路的状态循环一遍，在 Q_3 端上顺序输出 10100，10100，…这样一组特定的串行序列信号，即序列长度为 5 位，序列值为 10100。

一般来说，移存型序列信号发生器，电路比较简单，但有时需要较多的触发器，而且一个电路只能形成一种序列信号。

序列信号发生器也可用计数型电路来实现，但此时要通过组合理逻辑电路，才能最后产生序列信号。

小　结

时序逻辑电路的特征是：电路的输出不仅和当前的输入有关，而且和以前的输入也有关。因此，这类电路必须具有记忆能力。

时序逻辑电路中使用的记忆元件是双稳态触发器，它分为 TTL 触发器和 CMOS 触发器两大类。常用的 TTL 集成触发器有 RS 触发器、钟控 D 触发器、主从 JK 触发器、边沿触发的 D 触发器和 JK 触发器。就基本工作原理而言，CMOS 触发器和 TTL 触发器是相同的，但从具体构成来看，两者有不少差别。

锁存器、寄存器和移位寄存器是数字系统中最常用的时序逻辑电路构件，其功能是：在某一时刻将数据并行输入其中进行保存，或通过移位寄存器的移位功能实现数据左移、右移、并入/并出、串入/并出、并入/串出等逻辑功能。

计数器是数字系统中最常用的另一类时序逻辑电路构件，其功能是记忆脉冲的个数。根据计数的进位方式不同，分为同步计数器和异步计数器两大类。在同步计数器中，所有触发器的时钟都与同一个时钟脉冲源连在一起，每一个触发器的状态变化都与时钟脉冲同步；在异步计数器中，各触发器的时钟不是来自同一个时钟脉冲源，当状态变化时，有些触发器与时钟源同步，有些则要滞后一些时间。

一般的时序逻辑电路按其状态的改变方式不同，分为同步时序逻辑电路和异步时序逻辑电路两大类。前者是在同一个时钟脉冲控制下改变状态，而后者则是在输入信号（脉冲或电位）控制下改变状态。

同步时序逻辑电路的分析方法是：① 根据已知电路写出激励函数和输出函数；② 由激励函数和触发器特征函数写出触发器的状态函数；③ 作出状态转移表和状态图；④ 进一步分析其逻辑功能。

同步时序逻辑电路的设计过程恰好是分析过程的逆过程：① 根据设计要求建立原始状态图和状态表；② 求得一个简化的状态表；③ 状态编码；④ 由状态转移表求出次态函数，然后再求出触发器激励函数和输出函数，完成组合逻辑部分设计；⑤ 画出逻辑图，考虑工程问题。

习　题

1. 图 4-73 所示为一个同步时序逻辑电路，写出该电路的激励函数和输出函数的表达式。

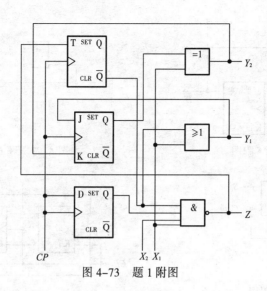

图 4-73 题 1 附图

2. 已知状态表如表 4-64 所示，作出相应的状态图。

表 4-64 状 态 表

现 态	次态/输出			
	$X_1X_2=00$	$X_1X_2=01$	$X_1X_2=11$	$X_1X_2=10$
A	A/0	B/0	C/1	D/0
B	B/0	C/1	A/0	D/1
C	C/0	B/0	D/0	D/0
D	D/0	A/1	C/0	C/0

3. 已知状态图如图 4-74 所示，作出相应的状态表。

4. 分析图 4-75 所示的同步时序逻电路，作出外部输入为 10111100 的波形图。

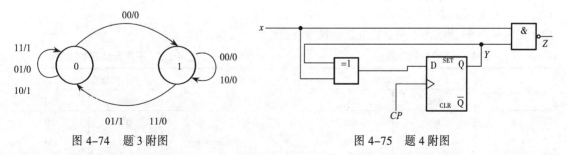

图 4-74 题 3 附图

图 4-75 题 4 附图

5. 分析图 4-76 所示的同步时序逻辑电路，作出外部输入为 01101010 的波形图。

6. 分析图 4-77 所示的同步时序逻辑电路，作出外部输入为 01101010 的波形图，外部输入为电平信号。

7. 图 4-78 所示的同步时序逻辑电路是一个串行加法器，试作出状态图和状态表。

8. 图 4-79 所示的同步时序逻辑电路是一个 3 位扭环计数器，试找出它的计数规律，并说明该电路是否具有从无效状态到有效状态转换的能力。

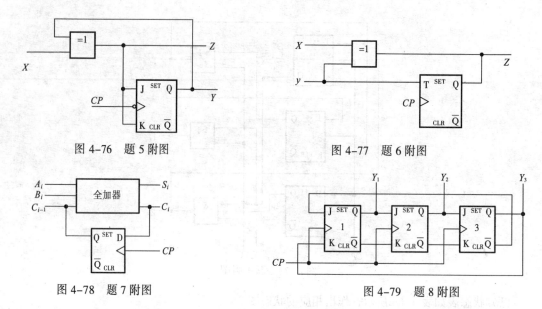

图 4-76 题 5 附图

图 4-77 题 6 附图

图 4-78 题 7 附图

图 4-79 题 8 附图

9. 作出"101"序列检测器的 Mealy 型状态图和 Moore 型状态图。假定外部输入及其相应的外部输出序列如下：

$$外部输入\ x:\ 0\ 0\ 1\ 0\ 1\ 0\ 1\ 0\ 1\ 1\ 0\ 1\ 0\ 0$$
$$外部输出\ z:\ 0\ 0\ 0\ 0\ 1\ 0\ 1\ 0\ 1\ 0\ 0\ 1\ 0\ 0$$

10. 作出 0101 序列检测器的 Mealy 型状态图和 Moore 型状态图。假定外部输入及其相应的外部输出序列如下：

$$外部输入\ x:\ 1\ 1\ 0\ 1\ 0\ 1\ 0\ 1\ 0\ 1\ 0\ 0\ 1\ 1$$
$$外部输出\ z:\ 0\ 0\ 0\ 0\ 0\ 1\ 0\ 1\ 0\ 1\ 0\ 0\ 0\ 0$$

11. 设计一个代码检测器，外部输入 x 是串行余 3 码（先低位输入），当输入出现非法数字时，外部输出为 1，否则外部输出为 0。试作出 Mealy 型时序电路的状态图。

12. 化简表 4-65 原始状态表。

13. 化简表 4-66 所示的不完全确定原始状态表。

表 4-65 原始状态表

现　　态	次态/输出	
	$X=0$	$X=1$
A	B/0	C/0
B	A/0	F/0
C	F/0	G/0
D	A/0	C/0
E	A/0	A/1
F	C/0	E/0
G	A/0	B/1

表 4-66 不完全确定状态表

现　　态	次态/输出	
	$X=0$	$X=1$
A	D/d	C/0
B	A/1	E/d
C	d/d	E/1
D	A/0	C/0
E	B/1	C/d

14. 按照状态分配基本原则，将表 4-67 所示的状态表转换成二进制状态表。

15. 分别用 JK、T 和 D 触发器作为同步时序电路的存储电路，试根据表 4-68 所示的二进制状态表设计该同步时序电路，并进行比较用哪一种触发器时同步时序电路最简单。

表 4-67　状　态　表

现　　态	次态/输出	
	$X=0$	$X=1$
A	A/0	B/0
B	C/0	B/0
C	D/1	C/0
D	B/1	A/0

表 4-68　给定的状态表

现态 y_2y_1	次态/输出 Z	
	$X=0$	$X=1$
00	01/0	10/0
01	11/0	10/0
11	10/1	01/0
10	00/1	11/1

16. 设计一个"1011"序列检测器（不可重叠），采用 JK 触发器设计。

17. 设计一个模 5 计数器（计数到 5 进位），采用 D 触发器设计。当 $X=0$ 时该计数器加 1 计数，当 $X=1$ 时该计数器加 2 计数。

18. 设计一个 8421 码十进制加 1 计数器，采用 T 触发器设计。

19. 设计一个 3 位二进制加 1 计数器，采用 D 触发器设计。写出其激励函数表达式，试把激励函数表达式推广到 n 位二进制加 1 计数器。

20. 设计一个"0101"序列检测器（采用可重叠与不可重叠进行设计），用 JK 触发器实现。

21. 设计一个能对两个二进制数 $X=x_1, x_2, \cdots, x_n$ 和 $Y=y_1, y_2, \cdots, y_n$ 进行比较的同步时序电路。其中，X，Y 串行地输入到电路的 X，Y 输入端。比较从 x_1, y_1 开始，依次进行到 x_n, y_n。电路有两个输出 Z_x 和 Z_y，若比较结果 $X>Y$，则 Z_x 为 1，Z_y 为 0；若 $X<Y$，则 Z_x 为 0，Z_y 为 1；若 $X=Y$，则 Z_x 和 Z_y 都为 1。要求用尽可能少的状态数作出状态图和状态表，并用尽可能少的逻辑门和触发器来实现。

第5章 异步时序逻辑

同步时序电路在同步时钟的作用下统一触发内部状态的变化。尽管逻辑门、触发器均有延时，但其延时之和小于时钟周期，故在下一个时钟脉冲到来前，电路已处于稳定状态。而异步时序电路没有统一的时钟脉冲，电路状态的改变完全由外部输入信号 x 的变化引起。根据输入信号的不同，异步时序电路又可分为脉冲型异步时序电路和电平型异步时序电路。顾名思义，脉冲型异步时序电路的输入包含脉冲信号，而电平型异步时序电路的输入仅由电平信号构成。

由于异步时序电路中没有统一的时钟信号，其分析、设计方法与同步时序电路有所不同。

5-1 异步时序逻辑电路的特点

5-1-1 基本概念

现在已经很清楚，所谓同步时序电路是指电路中各个存储部件是在统一的时钟脉冲控制下工作的。通常讨论问题时使用了以下两个假设。

① 电路中各逻辑门和导线上的延迟时间全部忽略。讨论的是理想情况。

② 外部输入信号的变化不发生在时钟脉冲的变化期间。由于网络的状态是在 CP 脉冲到来的极短瞬间完成的，此后便成为稳定状态。所以要求外部输入的变化在网络稳定时发生。

由于这两个假设，使分析和设计的方法简化了许多。大量的实际应用证明，只要注意消除竞争和险象，上一章介绍的方法是完全可行的。同步时序逻辑电路设计简便，速度快，应用很广。

但是，也有不少问题满足不了以上假设和同步时序的要求，此时就要考虑异步操作。

异步时序电路有两大类。一类叫脉冲异步时序电路，输入是脉冲，存储器件也是触发器，但触发器不受统一的时钟限制，框图如图 5-1（a）所示。另一类是电平异步时序电路，输入是电平，存储器件是延迟线 Δt，Δt 表示输入和输出间的延迟量，如图 5-1（b）所示。

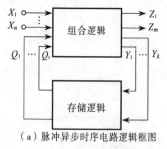

（a）脉冲异步时序电路逻辑框图

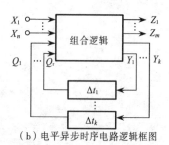

（b）电平异步时序电路逻辑框图

图 5-1 异步时序电路

5-1-2 分析和设计异步时序电路的几点规定

1. 关于电平输入和脉冲输入

脉冲输入：其脉冲宽度要有一定限制。脉冲之间的间隔可以不同，但应足够长，以便使电路能够有充足的时间从非稳态到稳态。

电平输入：异步时序电路中很大一部分外部输入都是电平输入，没有脉冲输入。状态之间的变化（转换）是由电平输入的变化引起的，要求输入变化的时间间隔足够长，以便电路有充足时间从非稳态到稳态变化。

实质上电平输入可以认为是脉冲作用时间比较长的输入方式。为方便区分特作如下规定。

① 输入脉冲宽度只允许电路改变一次状态，称为脉冲式异步时序电路。电路状态和输出的改变都是由输入脉冲直接引起的，其分析和设计方法与同步时序相似。存储器件为触发器，但触发器受两个以上的时钟控制。

② 输入脉冲宽度内，如果电路改变两次以上的状态，则称为电平异步时序电路。没有脉冲输入端（例如时钟），状态之间的转换是由电平输入的变化引起的。分析和设计方法得通过流程表，线路的存储用延迟线，通常表现在从输出到输入的反馈线上。

2．几点规定

无论是脉冲异步时序还是电平异步时序电路，人们都希望它们的分析和设计方法尽量接近同步时序电路。仿照同步时序对输入的限制，异步时序电路应有以下规定。

（1）基本工作方式

异步时序电路中当且仅当它处于内部稳定状态时，才允许外部输入变化。要求一根或几根输入线上两次跳变之间的时间间隔不能太小。只有当一次跳变在电路中引起的响应完全结束时，才允许输入电平发生第二次跳变。这个规定保证了电路在状态转变过程中不接收新信号。从而避免了由于时差小的输入导致电路状态的转换不同引起的状态不可预测，即状态不确定。

异步时序比同步时序复杂的原因是存在"不稳定性"和"不确定性"。其不稳定状态的存在是异步时序固有的，不可避免的；而不确定性问题就可通过这条规定来避免。因为不确定是由于状态竞争引起的。按照这条规定，可以避免很多竞争。这一条是异步时序状态分配的主要解决目标。

（2）单输入变化

单输入变化即规定每一时刻仅允许一个输入变量发生变化。

同步时序电路状态表中的关键是掌握内部状态改变：现态 y^n →次态 y^{n+1}。而异步时序电路中，脉冲异步电路仍然是掌握状态的变化。

对于单输入变化，实际中是很容易做到的。由于各逻辑门延迟时间的离散性，使各输入不可能同时发生变化。

（3）节拍

同步时序电路的操作是有一定节拍的。异步时序电路没有统一 CP 控制，有没有节拍呢？

规定：按输入信号的变化来区别状态转换的节拍。即设某一稳态是原始状态，由于每次只能有一个输入变化。所以输入一旦变化，就算进入下一节拍。完成这一次的过渡而进入另一稳态时，就算系统处于下一状态。直至再发生一次输入变化。

下面重点对脉冲异步时序逻辑电路进行讨论。

5-2　脉冲异步时序逻辑分析

5-2-1　分析步骤

脉冲异步时序逻辑电路的分析方法与同步时序逻辑电路大致相同。分析过程中同样采用状态表、状态图、时间图等作为工具，分析步骤如下：

① 写出电路的输出函数和激励函数表达式。

② 列出电路次态真值表或次态方程组。

③ 作出状态表和状态图。

④ 画出时间图并用文字描述电路的逻辑功能。

显然，脉冲异步时序逻辑电路的分析步骤与同步时序逻辑电路的分析非常相似。但是，由于脉冲异步时序逻辑电路没有统一的时钟脉冲以及对输入信号的约束，因此，在具体步骤的实施上是有区别的。其差别主要表现为两点。

第一，当存储元件采用时钟控制触发器时，对触发器的时钟控制端应当作为激励函数处理。分析时应特别注意触发器时钟端何时有脉冲作用，仅当时钟端有脉冲作用时，才根据触发器的输入确定状态转移方向，否则触发器状态不变。若采用非时钟控制触发器，则应注意作用到触发器输入端的脉冲信号。

第二，由于不允许两个或两个以上输入端同时出现脉冲，加之输入端无脉冲出现时，电路状态不会发生变化。因此，分析时可以排除这些情况，从而使分析过程和使用的状态图、状态表中的内容简单一些。具体地说，对 n 个输入端的一位输入，只需考虑各自单独出现脉冲的 n 种情况。

例如，假定电路有 x_1、x_2 和 x_3 共 3 个输入，并用取值 1 表示有脉冲出现，则一位输入的取值只有 001、010、100 共 3 种，分析时只讨论这 3 种外部输入的情况即可。

第 4 章中用的是状态方程，没有用激励矩阵。激励矩阵表示了每组输入和现态组合情况下的存储部件输入，与状态表格式完全一样。求法很简单，只要把每组输入和现态的值代入输入方程即可得到。

与同步时序电路的区别是 CP 端作为输入端，用激励函数表示。此外因为多输入端之间信号不同时出现时，可以大大压缩激励矩阵和状态表的信息量。

下面举例说明脉冲异步时序逻辑电路的分析方法。

5-2-2　分析实例

【例 5-1】图 5-2 所示电路，试分析功能。

解：① 输入、输出、CP 方程。

$$D_1 = \overline{Q_1^n}, \quad D_2 = \overline{Q_1^n}$$

$$CP_1 = XQ_2^n, \quad CP_2 = X$$

$$Z = XQ_1^n Q_2^n$$

② 激励矩阵。除了列 D_1、D_2 的激励矩阵外，也要列出 CP_1 和 CP_2 的矩阵，如图 5-3 所示。

③ 状态表。求 Q_2^{n+1} 时要同时考虑 CP_2 和 D_2 的两个激励矩阵。当 $CP_2=1$ 时跟随，$Q_2^{n+1}=D_2$。而 $CP_2=0$ 时保持原态。由此得出图 5-4（a）的状态表。

Q_1^{n+1} 也要同时考虑 CP_1 和 D_1 两个激励矩阵。当 $CP_1=1$ 时跟随，$CP_1=0$ 时保持原态。如图 5-4（b）所示状态表。图（c）是把图（a）和图（b）合并在一起，并加入输出矩阵的完整状态表。

④ 分析功能。该电路在外部输入 $X=0$ 时保持原态，状态是不变的。在 $X=1$ 时是三进制加 1 计数器，且在计满 3 时，输出为"1"。但该电路在 01 态自锁，不能自启动。应想法消除该处的无效循环。

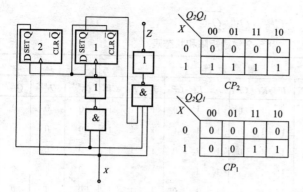

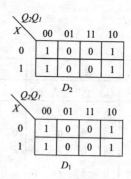

图 5-2 例 5-1 脉冲异步时序电路 　　　　图 5-3 例 5-1 激励矩阵

$$00 \to 10 \to 11, \ 01$$

通过以上例题看出脉冲异步时序电路的分析方法与同步时序基本相同。只要注意到 CP 信号是作为一种输入处理，因此 CP 不总是 "1"。

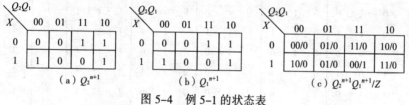

图 5-4 例 5-1 的状态表

【例 5-2】试分析图 5-5 所示电路的逻辑功能。

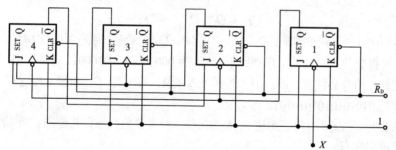

图 5-5 例 5-2 脉冲异步时序电路

解： ① 输入输出方程为

$$J_1 = K_1 = 1 \qquad\qquad CP_1 = X$$
$$J_2 = \overline{Q_4^n}, K_2 = 1 \qquad CP_2 = CP_4 = Q_1^n$$
$$J_3 = K_3 = 1 \qquad\qquad CP_3 = Q_2^n$$
$$J_4 = Q_2^n Q_3^n \qquad\qquad K_4 = 1$$

② 激励矩阵和状态表。

图 5-5 所示电路只有外部输入 X，没有外部输出。激励矩阵和状态表合起来如表 5-1 所示。

JK 触发器是下降沿触发。以 CP_3 为例，CP_3 的下降沿是在 Q_2^n 由 "1" → "0" 时形成的。所以 $CP_3=1$ 的条件是现态 $Q_2^n=1$ 且次态 $Q_2^{n+1}=0$。可以表示为

$$CP_3 = Q_2^n \cdot \overline{Q_2^{n+1}}$$

表 5-1　例 5-2 激励矩阵和状态表

外部输入	现 态				激 励 矩 阵											次 态			
X	Q_4^n	Q_3^n	Q_2^n	Q_1^n	J_4	K_4	CP_4	J_3	K_3	CP_3	J_2	K_2	CP_2	J_1	K_1	CP_1	Q_4^{n+1}	Q_3^{n+1}	Q_2^{n+1}	Q_1^{n+1}
1	0	0	0	0	0	1	0	1	1	0	1	1	0	1	1	1	0	0	0	1
1	0	0	0	1	0	1	1	1	1	0	1	1	0	1	1	1	0	0	1	0
1	0	0	1	0	0	1	0	1	1	0	1	1	0	1	1	1	0	0	1	1
1	0	0	1	1	0	1	1	1	1	1	1	1	1	1	1	1	0	1	0	0
1	0	1	0	0	0	1	0	1	1	0	1	1	0	1	1	1	0	1	0	1
1	0	1	0	1	0	1	1	1	1	0	1	1	0	1	1	1	0	1	1	0
1	0	1	1	0	1	1	0	1	1	0	1	1	0	1	1	1	0	1	1	1
1	0	1	1	1	1	1	1	1	1	1	1	1	1	1	1	1	1	0	0	0
1	1	0	0	0	0	1	0	1	1	0	0	1	0	1	1	1	1	0	0	1
1	1	0	0	1	0	1	0	1	1	0	0	1	1	1	1	1	1	0	1	0
1	1	0	1	0	0	1	0	1	1	0	0	1	0	1	1	1	1	0	1	1
1	1	0	1	1	0	1	1	1	1	1	0	1	1	1	1	1	1	0	0	0
1	1	1	0	0	0	1	0	1	1	0	1	1	0	1	1	1	1	1	0	1
1	1	1	0	1	0	1	0	1	1	0	1	1	1	1	1	1	1	1	1	0
1	1	1	1	0	0	1	0	1	1	0	1	1	0	1	1	1	1	1	1	1
1	1	1	1	1	1	1	1	1	1	1	0	1	1	1	1	1	0	0	0	0

同样

$$CP_2 = Q_1^n \cdot \overline{Q_1^{n+1}} = CP_4$$

因此表5-1中，CP_3不能单纯等于Q_2^n（表中若$CP_3=Q_2^n$，则应按顺序为0011001100110011），而等于$Q_2^n \cdot \overline{Q_2^{n+1}}$时得到的$CP_3$与以上序列完全不同，为0001000100010001。这是用 JK 触发器和用 D 触发器不同之处，请务必注意。不过对 CP_2 和 CP_4 来说，按 $CP_2=Q_1^n$ 和按 $CP_2=Q_1^n \cdot \overline{Q_1^{n+1}}$ 所得结果无区别，都是 0101010101010101。

次态的求法是：当 $CP=0$ 时，无论 J、K 为何值，触发器的次态保持原态。当 $CP=1$ 时，按 JK 触发器功能表决定次态。

例如，现态为 1011 时，$CP_1=1$，$J_1=K_1=1$，则 $Q_1^{n+1}=0$；$CP_2=CP_4=Q_1^n \overline{Q_1^{n+1}}=1$，$J_2=J_4=0$，$K_2=K_4=1$，则 $Q_2^{n+1}=0$，$Q_4^{n+1}=0$；$CP_3=Q_2^n\overline{Q_2^{n+1}}=1$，$J_3=K_3=1$，则 $Q_3^{n+1}=1$。最后结果 $Q_4^{n+1} Q_3^{n+1} Q_2^{n+1} Q_1^{n+1}=0100$。其他组次态的求法可以类推。

③ 根据状态表可以画出图 5-6 所示状态图。可见，有效序列共 10 组，是一个十进制计数器。无效状态没形成无效循环，是可以自启动的十进制计数器。

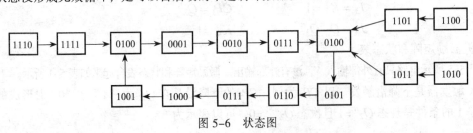

图 5-6　状态图

【例 5-3】分析图 5-7 所示的脉冲异步时序逻辑电路，指出该电路功能。

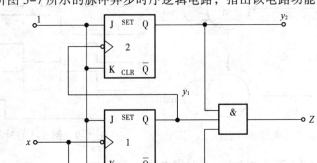

图 5-7　例 5-3 的逻辑电路图

解：该电路由两个 JK 触发器和一个与门组成，有一个外部输入端 x 和一个输出端 Z，输出是输入和状态的函数，它属于 Mealy 型脉冲异步时序电路。

① 写出输出函数和激励函数表达式。

$$Z=xy_2y_1$$
$$J_2=K_2=1 \qquad CP_2=y_1$$
$$J_1=K_1=1 \qquad CP_1=x$$

② 列出电路次态真值表。由于电路中的两个 JK 触发器没有统一的时钟脉冲控制，所以，分析电路状态转移时，应特别注意各触发器时钟端何时有脉冲作用。JK 触发器的状态转移发生在时钟端脉冲负跳变的瞬间，在次态真值表中用"↓"表示。仅当时钟端有"↓"出现时，相应触发器状态才能发生变化，否则状态不变。据此，可列出该电路的次态真值表如表 5-2 所示。表中，x 为 1 表示输入端有脉冲出现，考虑到输入端无脉冲出现时电路状态不变，故省略了 x 为 0 的情况。

表 5-2　例 5-3 电路的次态真值表

输　入	现　态		激励矩阵						次　态	
X	y_2^n	y_1^n	J_2	K_2	CP_2	J_1	K_1	CP_1	y_2^{n+1}	y_1^{n+1}
1	0	0	1	1		↓	1	1	0	1
1	0	1	1	1	↓	↓	1	1	1	0
1	1	0	1	1		↓	1	1	1	1
1	1	1	1	1	↓	↓	1	1	0	0

③ 作出状态表和状态图。根据表 5-2 所示的次态真值表和输出函数表达式，可作出该电路的状态表如表 5-3 所示，状态图如图 5-8 所示。

④ 画出时间图并说明电路逻辑功能。为了描述该电路在输入脉冲作用下的状态和输出变化过程，可根据状态表或状态图画出该电路的时间图，如图 5-9 所示。由状态图和时间图可知，该电路是一个模 4 加 1 计数器，当收到第 4 个输入脉冲时，电路产生一个进位输出脉冲。

表 5-3　例 5-3 电路的状态表

现　态		$y_2^{n+1}y_1^{n+1}/Z$
y_2^n	y_1^n	$X=1$
0	0	01/0
0	1	10/0
1	0	11/0
1	1	00/1

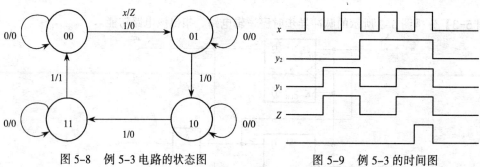

图 5-8 例 5-3 电路的状态图　　　　　图 5-9 例 5-3 的时间图

【例 5-4】 分析图 5-10 所示的脉冲异步时序电路。

解： 该电路由两个 T 触发器组成，有一个外输入信号 CP，电路的输出取自电路的状态。具体分析如下：

① 写出激励函数表达式。由图 5-10 可得电路的激励函数为

$$T_1=1 \qquad CP_1=CP \quad (1\rightarrow 0)$$
$$T_2=1 \qquad CP_2=Q_1 \quad (1\rightarrow 0)$$

② 写出电路的次态方程组。将激励函数表达式分别代入 T 触发器状态方程 $Q^{n+1}=(T\overline{Q^n}+\overline{T}Q^n)\cdot CP$ 得

$$Q_1^{n+1}=\overline{Q_1^n}\cdot CP$$
$$Q_2^{n+1}=\overline{Q_2^n}\cdot Q_1^n+\overline{Q_1^n}\cdot Q_2^n$$

③ 作状态表。设电路的初态 $Q_1^n Q_2^n=00$，根据电路的次态方程，按低位到高位的顺序逐行填写次态位，如表 5-4 所示。

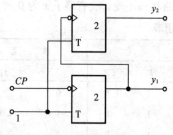

图 5-10 例 5-4 的脉冲异步时序电路

表 5-4 例 5-4 的状态表

现	态	次	态	时钟信号
Q_2^n	Q_1^n	Q_2^{n+1}	Q_1^{n+1}	CP
0	0	0	1	1
0	1	1	0	1
1	0	1	1	1
1	1	0	0	1

④ 作时间图和说明电路功能。根据状态表作出时间图，如图 5-11 所示。由时间图可以看出，图 5-10 所示的电路工作在计数状态，起分频作用。分频的一般概念是由给定的信号来获得另一个信号，且前者的频率是后者的整数倍。例如，第一级输出信号 Q_1 的频率 f_1，是时钟频率 f_{CP} 的 1/2；第二级输出信号 Q_2 的频率 f_2 是 f_{CP} 的 1/4，依此类推。

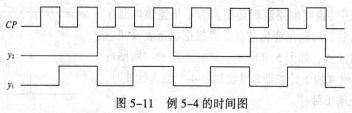

图 5-11 例 5-4 的时间图

5-3 脉冲异步时序逻辑设计

5-3-1 设计步骤

脉冲异步时序电路的设计方法与同步时序电路设计很相似，只是要把各个 CP 作为输入信号处理，所以要增加时钟方程和时钟矩阵。

脉冲异步时序逻辑电路设计的一般过程与同步时序逻辑电路设计大体相同。同样分为形成原始状态图和状态表、状态化简、状态编码、确定激励函数和输出函数、画逻辑电路图等步骤。但由于在脉冲异步时序逻辑电路中没有统一的时钟脉冲信号，以及对输入脉冲信号的约束，所以，在某些步骤的处理细节上有所不同。

在脉冲异步时序逻辑电路设计时，主要应注意如下两点。

一是由于不允许两个或两个以上输入端同时为 1（用 1 表示有脉冲出现）。所以，形成原始状态图和原始状态表时，若有多个输入信号，则只需考虑多个输入信号中仅一个为 1 的情况，从而使问题的描述简单一些。即前面提到的单输入变化规则。此外，在确定激励函数和输出函数时，可以将两个或两个以上输入端同时为 1 的情况作为无关条件处理。这有利于激励函数和输出函数在卡诺图上的简化。

二是由于电路中没有统一的时钟脉冲，因此，当存储电路采用带时钟控制端的触发器时，激励函数的时钟端是作为激励函数处理的。这就意味着可以通过控制时钟端的输入脉冲的有、无去控制触发器的翻转与不翻转。基于这一思想，在设计脉冲异步时序逻辑电路时，可列出 4 种常用时钟控制触发器的激励表如表 5-5～表 5-8 所示。

表 5-5 RS 触发器激励表

$Q^n \to Q^{n+1}$		CP	R	S
0	0	×	×	0
0	0	0	×	×
0	1	1	0	1
1	0	1	1	0
1	1	×	0	×
1	1	0	×	×

表 5-6 JK 触发器激励表

$Q^n \to Q^{n+1}$		CP	J	K
0	0	×	0	×
0	0	0	×	×
0	1	1	1	×
1	0	1	×	1
1	1	1	×	0
1	1	0	×	×

表 5-7 T 触发器激励表

$Q^n \to Q^{n+1}$		CP	T
0	0	×	0
0	0	0	×
0	1	1	1
1	0	1	1
1	1	1	0
1	1	0	×

表 5-8 D 触发器激励表

$Q^n \to Q^{n+1}$		CP	D
0	0	×	0
0	0	0	×
0	1	1	1
1	0	1	0
1	1	×	1
1	1	0	×

从表 5-5～表 5-8 可知，在要求触发器状态保持不变时，有两种不同的处理方法：一是令 CP 为 d（任意），输入端取相应值；二是令 CP 为 0，输入端取任意值。例如，当要使 D 触发器维持不变时，可令 CP 为 d，D 为 0；也可令 CP 为 0，D 为 d。这使激励函数的确定更加灵活。一般选择 CP 为 0，输入为任意值。

5-3-2 设计实例

【例5-5】试设计"$X_1 \to X_2 \to X_2 \cdots$"序列检测器。

解：① 画框图、分析功能。如图 5-12 所示。X_1X_2 输入序列是一列串行的随机输入信号。但 X_1 和 X_2 不会同时出现。该电路仅在"$X_1 \to X_2 \to X_2$"或"$X_1 \to X_2 \to X_2 \cdots$"系列出现时产生输出 $Z=1$。

② 作出原始状态图和状态表。

仍按同步时序中对序列检测器的约定。初态为 A 态。若来 X_2，则状态自环，若来 X_1，则转至新状态 B，输出为 0；再来 X_1 则 B 态自环，来 X_2 则转至状态 C 且输出为 0；直到再来 X_2，输出为 1，转回 A 态。而 C 态来 X_1 时转回 B 态且输出为 0。状态图如图 5-13（a）所示。

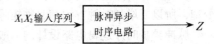

图 5-12 例 5-5 框图

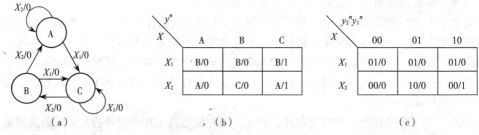

图 5-13 例 5-5 状态图和状态表

③ 状态化简。图 5-13（b）的状态表已是最简。

④ 状态分配。3 个状态需要 2 个触发器。若分配 00→A，01→B，10→C 则可得图 5-13（c）所示的状态表。

⑤ 选择触发器确定输入输出方程。本例选定 D 触发器，注意这里的输入方程应包括 CP_1 和 CP_2 的方程。

在作激励矩阵时，由于 X_1 可为 0 也可为 1，X_2 可为 0 也可为 1。所以把它们作为两个输入的组合看待。相当于 X_1 和 X_2 分别由两条输入线输入的检测器。

该电路不可能出现 11 态，所以 $Y_1Y_2=11$ 时可作为无关项 × 处理。这是因为单输入变化的规定决定 X_1 为 1 时，X_2 不能同时变为 1。

同步时序电路中对 D 触发器规定：在 $CP=1$ 时，D 触发器起跟随作用。因此它的激励表如表 5-9 所示。而异步时序电路还应考虑 $CP=0$ 时的情况。由表 5-10 可知，电路保持原态时 $CP=0$，$D=d$（任意），则可得表 5-11 的激励表。

表 5-9 例 5-5 CP=1 激励表

Q^n	Q^{n+1}	D
0	0	0
0	1	1
1	0	0
1	1	1

表 5-10 D 触发器激励表

CP	Q^n	D	Q^{n+1}
0	0	0	0
0	0	1	0
0	1	0	1
0	1	1	1
1	0	0	0
1	0	1	1
1	1	0	0
1	1	1	1

表 5-11 例 5-5 激励表

Q^n	Q^{n+1}	CP	D
0	0	0	×
0	1	1	1
1	0	1	0
1	1	0	×

根据以上各点，图 5-13（c）的状态表应改为图 5-14（a）。并由此得出图 5-14（b）、图 5-14（c）的激励矩阵。其中 $X_1X_2=00$ 时，触发器保持原态，$CP=0$，$D=d$。

Y_2Y_1 \ X_2X_1	00	01	11	10
00	00/1	01/0	×	00/0
01	01/0	01/0	×	10/0
11	×	×	×	×
10	10/0	01/0	×	00/1

$$Y^{n+1}_2 Y^{n+1}_1 / Z$$
（a）

Y_2Y_1 \ X_2X_1	00	01	11	10
00	00	01	×	00
01	01	00	×	11
11	×	×	×	×
10	00	11	×	10

$$CP_2CP_1$$
（b）

Y_2Y_1 \ X_2X_1	00	01	11	10
00	××	×1	×	×
01	××	××	×	10
11	×	×	×	×
10	××	01	×	0×

$$D_2D_1$$
（c）

图 5-14　例 5-5 的状态表、激励矩阵

由激励矩阵得

$$CP_2 = X_2Q_1{}^n + X_1Q_2{}^n + X_2Q_2{}^n$$

$$CP_1 = X_1\overline{Q_1{}^n} + X_2Q_1{}^n$$

$$D_2 = \overline{Q_2{}^n} \text{ 或 } Q_1{}^n$$

$$D_1 = X_1 \text{ 或 } \overline{X_2}$$

$$Z = Q_2{}^n \cdot X_2$$

⑥ 画出电路图，如图 5-15 示。

⑦ 讨论：无关态 11 态的次态在 X_1 为 11 时，X_2 为 10 时，不能自启动。请读者自行分析如何解决。

【例 5-6】用 T 触发器作为存储元件，设计一个异步模 8 计数器，该计数器对输入端 x 出现的脉冲进行计数，当收到第 8 个脉冲时，输出端 $Z=1$。

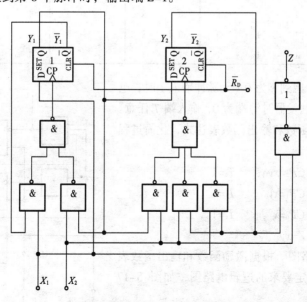

图 5-15　例 5-5 的逻辑电路

解：该电路的状态数量和状态转换关系比较清楚，可直接作出状态图和状态表。

① 作出状态图和状态表，如图 5-16 和表 5-12 所示。

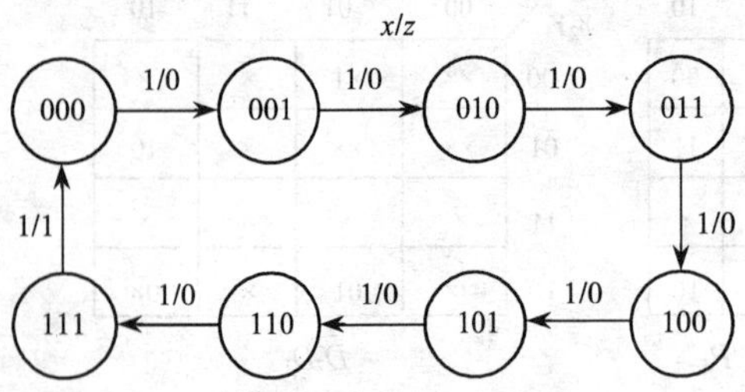

图 5-16 例 5-6 的状态图

表 5-12 例 5-6 的状态表

现	态		$y_2^{n+1} y_1^{n+1} y_1^{n+1}/Z$
y_2^n	y_1^n	y_0^n	$X=1$
0	0	0	001/0
0	0	1	010/0
0	1	0	011/0
0	1	1	100/0
1	0	0	101/0
1	0	1	110/0
1	1	0	111/0
1	1	1	000/1

② 确定激励函数和输出函数。

T 触发器状态保持不变时，令 T 触发器的时钟端为 0（无脉冲），T 端为任意值；T 触发器状态要改变时，令 T 触发器的时钟端为 1，T 端为 1。根据表 5-12 的状态表，可得到 $x=1$ 时的确定激励函数和输出函数真值表如表 5-13 所示。

表 5-13 例 5-6 的激励函数和输出函数真值表

输入脉冲	现	态		激励	矩阵				输	出
x	y_2^n	y_1^n	y_0^n	CP_2	T_2	CP_1	T_1	CP_0	T_0	Z
1	0	0	0	0	×	0	×	1	1	0
1	0	0	1	0	×	1	1	1	1	0
1	0	1	0	0	×	0	×	1	1	0
1	0	1	1	1	1	1	1	1	1	0
1	1	0	0	0	×	0	×	1	1	0
1	1	0	1	0	×	1	1	1	1	0
1	1	1	0	0	×	0	×	1	1	0
1	1	1	1	1	1	1	1	1	1	1

根据表 5-13 并考虑到 x 为 0（无脉冲输入）时，电路状态不变，可令各触发器时钟端为 0，输入端 T 任意。可得到简化后的激励函数和输出函数表达式，化简过程略。表达式如下：

$CP_2=xy_1y_0$ $\quad T_2=1$

$CP_1=xy_0$ $\quad\quad T_1=1$

$CP_0=x$ $\quad\quad\quad T_0=1$

$Z=xy_2y_1y_0$

③ 画出逻辑电路图。根据激励函数和输出函数表达式，可画出实现给定要求的逻辑电路图，如图 5-17 所示。

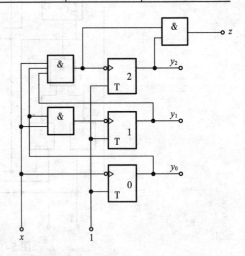

图 5-17 例 5-6 的逻辑电路图

【例 5-7】试用 D 触发器设计异步十进制计数器。计满第 10 个脉冲时，产生输出 $Z=1$。

解：① 作原始流程图、表。典型逻辑功能部件的状态转换规律性强。计数器的计数时序就是其状态图，而且不用状态化简。状态分配只看所选用的编码。若选用 8421BCD 码，则状态图、表如图 5-18 所示。

状态转换之间标注的是 CP/Z。只要有状态转换 CP 必为"1"，Z 只有在第 10 个 CP 时才为"1"。

② 激励矩阵。利用图 5-18（b）的状态表可以求得 4 个 D 触发器的 $D_0 \sim D_3$ 激励矩阵和 CP 矩阵，如图 5-19 所示。事实上，脉冲异步时序电路中最低位的计数器一定受外部 CP 控制，因此只需求 J_0，K_0，而 $CP_0=1$。从激励矩阵可求得

$$D_0 = \overline{Q_0^n}, \quad CP_0 = 1 \text{（外接 } CP\text{）}$$

$$D_1 = \overline{Q_1^n}, \quad CP_1 = \overline{Q_3^n} \cdot Q_0^n$$

$$D_2 = \overline{Q_2^n}, \quad CP_2 = Q_1^n \cdot Q_0^n$$

$$D_3 = \overline{Q_3^n}, \quad CP_3 = Q_3^n \cdot Q_0^n + Q_2^n \cdot Q_1^n \cdot Q_0^n$$

$$Z = Q_3^n \cdot Q_0^n$$

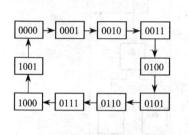

（a）例 5-7 的状态图

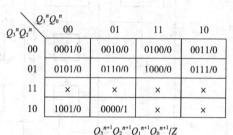

（b）例 5-7 的状态表

图 5-18 异步十进制计数器

图 5-19 D 触发器实现异步十进制计数器激励矩阵

③ 电路。根据以上输入方程可画出电路图，如图 5-20 所示。

④ 讨论。这里主要讨论该计数器有没有自启动功能。参照表 5-14，电路可以自启动，因为 1010→1011→0110，1100→1101→0100，1110→1111→0010。

表 5-14　异步十进制计数器的无关态

现　态				激　励　矩　阵								次　态			
Q_3^n	Q_2^n	Q_1^n	Q_0^n	D_3	CP_3	D_2	CP_2	D_1	CP_1	D_0	CP_0	Q_3^{n+1}	Q_2^{n+1}	Q_1^{n+1}	Q_0^{n+1}
1	0	1	0	0	0	1	0	0	0	1	1	1	0	1	1
1	0	1	1	0	1	1	1	0	0	0	1	0	1	1	0
1	1	0	0	0	0	0	0	1	0	1	1	1	1	0	1
1	1	0	1	0	1	0	1	0	0	0	1	0	1	0	0
1	1	1	0	0	0	0	0	0	1	1	1	1	1	1	1
1	1	1	1	0	1	0	1	0	0	0	1	0	0	1	0

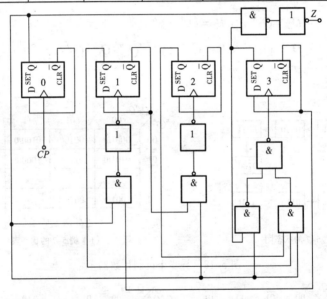

图 5-20　D 触发器异步十进制计数器（1）

图 5-21 表示出了状态图。

在实际设计中有时还考虑尽量减少所用时钟脉冲的数目。本计数器 4 个触发器的时钟都是独立的。能不能减少 1 个甚至 2 个 CP 呢？

采用下面称为覆盖阻塞法的方法可以做到。

在状态表中找那些现态→次态、由 0→1 或 1→0 转化的状态。这种转换称为动态转换，触发器作动态转换时必须有 CP。反过来说，时钟 CP 出现的那些状态必须包括状态表中所有动态转换项（当中可以包含若干无关项）。凡时钟有效时出现不应有的动态转换时，应采用在其输入端进行封锁（阻塞）的方法进行排除。

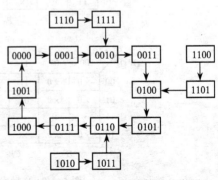

图 5-21　异步十进制计数器状态图

考虑 D_1 触发器，它可用 0# 触发器的输出作为 CP_1。分析 0 触发器的状态图和 D_1 触发器的状态图。D_1 触发器的动态转换项是：最小项号为 m_1、m_3、m_5、m_7 的 4 项。注意到 D 触发器的状态转换是在 CP 的上升沿，即 CP 由 0→1 时产生，所以只考虑 D_1 触发器的 m_1 和 m_5 两个最小项。再看 0 触发器，它的状态由 0→1 变化的最小项是 m_0、m_2、m_4、m_6、m_8，它不能覆盖 m_1、m_5。而 0 触发器状态由 1→0 变化的最小项是 m_1、m_3、m_5、m_7、m_9 可以覆盖动态转换的 m_1 和 m_5。所以可取 $\overline{Q_0}$ 作为 D_1 触发器的时钟即可。同时应该对 D_1 触发器的 D_1 输入端产生信号，用以对多余的 3 个最小项 m_3、m_7、m_9 进行排除，所示方法是进行阻塞，也就是把 m_3、m_7、m_9 排除在 D_1 输入方程之外。由于状态在 m_0、m_2、m_4、m_6 和 m_8 时 $CP_1=0$，所以可以把它们当作无关项处理。将

$$m_0 + m_1 + m_4 + m_5 = \overline{Q_3^n Q_2^n Q_1^n Q_0^n} + \overline{Q_3^n Q_2^n Q_1^n Q_0^n} + \overline{Q_3^n Q_2^n Q_1^n Q_0^n} + \overline{Q_3^n Q_2^n Q_1^n Q_0^n}$$

化简可得

$$D_1 = \overline{Q_3^n Q_1^n}$$

对 D_2 触发器来说，又增加了 D_1 触发器的输出可供时钟脉冲 CP_2 选择。要在 D_0、D_1 触发器的状态表中寻找对 D_2 触发器中动态转换的 m_3、m_7 的覆盖。

D_3 触发器要在 D_0，D_1，D_2 触发器的状态表中寻求对 m_7 和 m_9 的覆盖。采用与 D_1 触发器相同的方法可求得 D_2 和 D_3 触发器的输入方程。最后

$$D_0 = \overline{Q_0^n}, \qquad CP_0=1$$
$$D_1 = \overline{Q_3^n Q_1^n}, \quad CP_1 = \overline{Q_0^n}$$
$$D_2 = \overline{Q_2^n}, \qquad CP_2 = \overline{Q_1^n}$$
$$D_3 = Q_2^n Q_1^n, \quad CP_3 = \overline{Q_0^n}$$

图 5-22 是它的逻辑图。与图 5-20 相比较。可见 CP_1 和 CP_3 公用 $\overline{Q_0^n}$，且逻辑上比较简单。

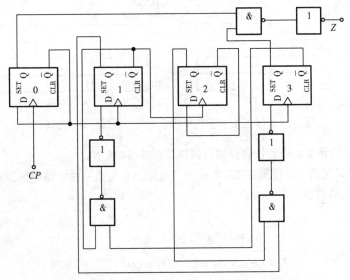

图 5-22　D 触发器异步十进制计数器（2）

【例 5-8】试用 JK 触发器完成例 5-7 设计。

如果采用第一种方法，前几步的步骤与例 5-7 相同，区别在求激励矩阵和输入方程。

JK 触发器在 CP=1 时发生状态转换，由 0→1 或由 1→0。这时对 J、K 端的要求如表 5-15 所示，这是同步时序电路中用的激励表，要求 CP=1。异步时序电路还要考虑 CP=0 时的情况。JK 触发器在 CP=0 时保持原态，此时 J，K 输入端可以任意。表 5-16 为异步 JK 触发器。

由表 5-16 和图 5-18（b）可以分别画出 4 个 JK 触发器的激励矩阵，包括 CP 的矩阵，如图 5-23 所示。从而求出：

$$J_0 = K_0 = 1，\ CP_0 = 1(CP)$$

$$J_1 = K_1 = 1，\ CP_1 = \overline{Q_3{}^n} Q_0{}^n$$

$$J_2 = K_2 = 1，\ CP_2 = Q_1{}^n Q_0{}^n$$

$$J_3 = K_3 = 1，\ CP_3 = Q_3{}^n Q_0{}^n + Q_2{}^n Q_1{}^n Q_0{}^n$$

表 5-15 JK 触发器激励表（同步）

Q_n→	Q_{n+1}	J	K
0	0	0	×
0	1	1	×
1	0	×	1
1	1	×	0

表 5-16 JK 触发器激励表（异步）

Q_n→	Q_{n+1}	CP	J	K
0	0	0	×	×
0	1	1	1	×
1	0	1	×	1
1	1	0	×	×

J_0 K_0 CP_0

$Q_3{}^nQ_2{}^n$ \ $Q_1{}^nQ_0{}^n$	00	01	11	10
00	1×1	×11	×11	1×1
01	1×1	×11	×11	1×1
11	×	×	×	×
10	1×1	×11	×	×

J_1 K_1 CP_1

$Q_3{}^nQ_2{}^n$ \ $Q_1{}^nQ_0{}^n$	00	01	11	10
00	××0	1×1	×11	××0
01	××0	1×1	×11	××0
11	×	×	×	×
10	××0	××0	×	×

J_2 K_2 CP_2

$Q_3{}^nQ_2{}^n$ \ $Q_1{}^nQ_0{}^n$	00	01	11	10
00	××0	××0	1×1	××0
01	××0	××0	×11	××0
11	×	×	×	×
10	××0	××0	×	×

J_3 K_3 CP_3

$Q_3{}^nQ_2{}^n$ \ $Q_1{}^nQ_0{}^n$	00	01	11	10
00	××0	××0	××0	××0
01	××0	××0	××0	××0
11	×	×	×	×
10	××0	×11	×	×

图 5-23 JK 触发器实现异步十进制计数器的激励矩阵

JK 触发器实现的异步十进制计数器的逻辑图如图 5-24 所示。

如果采用覆盖阻塞法，可得图 5-25 所示的门电路。它与第一种电路的区别是 D_1、D_3 触发器公用 CP，且整个电路简单。

其输入方程为

$$J_0 = K_0 = 1，\ CP_0 = CP$$

$$J_1 = \overline{Q_3{}^n}，\ K_1 = 1，\ CP_1 = Q_0{}^n$$

$$J_2 = K_2 = 1，\ CP_2 = Q_1{}^n$$

$$J_3 = Q_1{}^n Q_2{}^n，\ K_3 = 1，\ CP_3 = Q_0{}^n$$

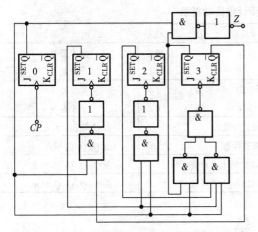

图 5-24　JK 触发器异步十进制计数器（1）

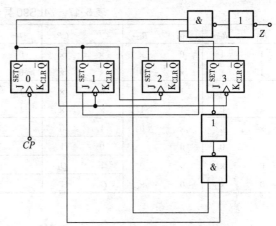

图 5-25　JK 触发器异步十进制计数器（2）

本例的多余状态是否影响自启动问题留给读者自己探讨。

5-4　常用中规模异步计数器

为了达到多功能的目的，异步计数器往往采用组合结构，即由两个独立的计数器组成。例如，74LS90 由模 2 和模 5 计数器组成，74LS93 由模 2 和模 8 计数器组成等。

图 5-26 所示是 74LS90 计数器的引脚图。

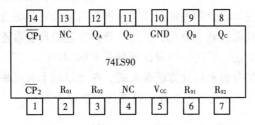

图 5-26　74LS90 异步计数器引脚图

74LS90 异步计数器具有如下功能：

① 只要 $R_{01}=R_{02}=1$，就使计数器全置 0。此时 R_{91} 和 R_{92} 应有一个为 0。

② 只要 $R_{91}=R_{92}=1$，就使计数器置 9，即 $Q_D Q_C Q_B Q_A=1001$。此时，R_{01} 和 R_{02} 也应有一个为 0。

③ 若从 CP_1 输入时钟，CP_2 为 0，Q_A 输出，则可完成模 2 计数器功能。

④ 若从 CP_2 输入时钟，CP_1 为 0，Q_D、Q_C、Q_B 输出，可完成模 5 计数器功能。

⑤ 若从 CP_1 输入时钟，Q_A 输出接 CP_2，则完成 8421 码十进计数器功能。

⑥ 若从 CP_2 输入时钟，Q_D 输出接 CP_1，则完成 5421 码十进计数器功能，即当模 5 计数器由 100→000 时，Q_D 产生一个时钟，使 Q_A 改变状态。

上述功能汇总于表 5-17 中。一般来说手册中只给出功能表而很少加以说明。因此，对于器件功能表必须会看会用，这样才能正确地发挥器件的作用。

表 5-17　74LS90 异步计数器功能表

R_{01}	R_{02}	R_{91}	R_{92}	CP_1	CP_2	Q_D	Q_C	Q_B	Q_A	说　明
1	1	0	×	×	×	0	0	0	0	异步置 0
1	1	×	0	×	×	0	0	0	0	异步置 0
0	×	1	1	×	×	1	0	0	1	异步置 9
×	0	1	1	×	×	1	0	0	0	异步置 9
×	0	×	0	↓	0	二进计数				由 Q_A 输出
×	0	0	×	0	↓	五进计数				由 $Q_D Q_C Q_B$ 输出
0	×	×	0	↓	Q_A	8421 码十进计数				由 $Q_D Q_C Q_B Q_A$ 输出
0	×	0	×	Q_D	↓	5421 码十进计数				由 $Q_A Q_D Q_C Q_B$ 输出

小　结

异步时序设计比较复杂，有很多要凭经验。有些问题还没有定论，还在发展，这里只作了简单介绍。有了这些基础，就可以进一步研究探讨了。

为保证异步时序电路按基本方式工作，对输入信号要加以限制：① 每个输入变化后，要稳定一段时间不变，以保证电路能进入稳定状态。② 不允许两个或两个以上的输入信号同时变化。

可以认为，全部时序电路问题都是电平异步时序逻辑问题。脉冲异步时序是电平异步时序逻辑的特例，同步时序是脉冲异步时序逻辑的特例，典型同步时序逻辑部件又是同步时序的特例，分析和设计方法最简单。

对时序逻辑问题进行逻辑设计的关键是能够根据逻辑要求完整无遗漏地、正确地列出原始状态表或流程表。至于状态化简和状态分配，虽然从开关理论的角度看还能研究得很深，我们还未介绍，但根据我们介绍的方法，解决一般设计问题是足够的。

掌握好同步时序电路的分析和设计方法是关键，在此基础上可以举一反三。例如，脉冲异步时序分析和设计中只要把 CP 作为输入处理，就抓住了主要矛盾。

习　题

1. 分析图 5-27 所示的脉冲异步时序逻辑电路。

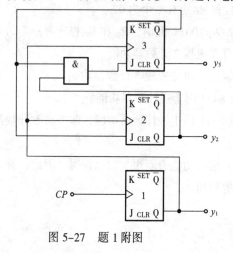

图 5-27　题 1 附图

表 5-18　状　态　表

现　　态	次态/输出		
	x_1	x_2	x_3
A	A/0	B/0	C/1
B	B/0	C/0	D/0
C	C/0	D/0	A/1
D	D/0	A/0	B/1

2. 某脉冲异步时序逻辑电路的状态表如表 5-18 所示，试用 D 触发器设计。

3. 设计一个脉冲异步时序逻辑电路，该电路有三个输入端 x_1、x_2、x_3，一个输出端 z，仅当输入序列 $x_1 \to x_2 \to x_3$ 出现时，输出 z 产生输出脉冲，并且与输入序列的最后一个脉冲重叠。试作出该电路的原始状态图和状态表。

4. 分析图 5-28 所示的脉冲异步时序逻辑电路。试作出状态表和时间图，说明脉冲异步时序逻辑电路的逻辑功能。

5. 分析图 5-29 所示的脉冲异步时序电路，作出时间图并说明该电路逻辑功能。

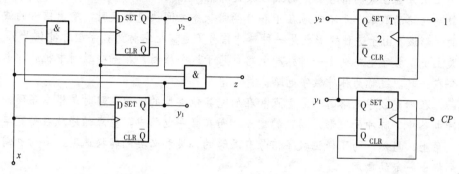

图 5-28　题 4 附图　　　　　图 5-29　题 5 附图

6. 用 D 触发器作为存储元件，设计一个脉冲异步时序电路，该电路在输入端 x 的脉冲作用下，实现 3 位二进制减 1 记数的功能，当电路状态为 "000" 时，在输入脉冲作用下输出端 z 产生一个借位脉冲，平时 z 输出 0。

7. 分析图 5-30 所示的脉冲异步时序逻辑电路。试作出状态表和状态图，说明脉冲异步时序逻辑电路的逻辑功能。

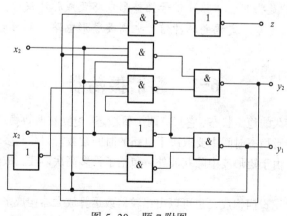

图 5-30　题 7 附图

8. 试用 74LS161 设计一个计数器，其计数为 1001~1111。

9. 试用 74LS161 设计一个同步二十四进制计数器。

10. 试用 74LS194 设计 8 位双向移位寄存器。

第6章 脉冲产生电路

所谓脉冲信号，最初是指那些在短促的时间里突然作用的断续信号。但从广义上讲，除了正弦波和由有限个正弦分量合成的信号以外，都可以算是脉冲信号。因此，又可以从信号的波形上把电子电路分成两大类，即工作在脉冲信号下的脉冲电路和工作在正弦信号（包括由有限个正弦分量合成的信号）下的线性放大电路。

当数字电路的基本单元不断地在1和0两种状态之间快速转换时，输出信号的波形将是一系列的矩形波。由于这种矩形也是一种脉冲信号（通常把它称为数字型脉冲信号），所以从这个意义上说，数字电路也是一种脉冲电路。基于这个原因，在一些教材中把脉冲电路和数字电路合在一起，统称为脉冲数字电路。

然而，在研究数字电路时的着重点和在研究其他类型的脉冲电路时是根本不同的。在一般的脉冲电路中，脉冲的波形是研究的重点，而在数字电路中，重点始终放在研究单元之间的逻辑关系上。当然，为了保证数字信号有足够的幅度和必要的转换速度，有时也需要对信号的波形提出一定的要求。

时钟脉冲是数字系统中一个非常重要的因素。形成脉冲的电路是利用惰性元件（电容 C 或电感 L）的充放电现象的。脉冲电路由两部分组成：惰性电路和开关。开关的作用是破坏稳态，使电路出现暂态。

本章介绍常见的矩形波发生器。矩形波有周期性的和非周期性的两种。例如，时钟脉冲就是一种周期性的矩形波，数字系统中的各个部件都是按照时钟脉冲的节拍有条不紊地工作的。那么，怎样获得符合要求的时钟脉冲呢？通常有两种获得脉冲信号的方法：一种是由多谐振荡器产生；另一种是将其他非脉冲信号经整形电路变成脉冲信号。另外，有时为了使脉冲波形陡峭，从而形成定宽、定幅的脉冲信号也需要整形电路。整形电路分两类，单稳态触发器和施密特触发器。

6-1　多谐振荡器

多谐振荡器没有持久的稳定状态，它只有两个暂稳态。电路在两暂稳态之间自动地来回跳变，不需要外加触发信号。暂稳态时间主要取决于电路的时间常数。因此，多谐振荡器是能产生矩形脉冲波的自激振荡器。由于矩形波中除基波外，包括了许多高次谐波，故这类振荡器称为多谐振荡器。

多谐振荡器通常由逻辑门构成，也可以由比较器或运算放大器构成多谐振荡器。下面讨论由逻辑门构成的多谐振荡器。

6-1-1　TTL 环形振荡器

典型的环形振荡器由奇数个门电路接成环，如图 6-1（a）所示，由 3 个门构成环形振荡器。若传输门的平均延迟时间为 t_{pd}，不难分析出它无稳态，U_{o1}、U_{o2}、U_o 波形如图 6-1（b）所示。

但此电路不便于调节频率，其振荡频率与门的个数有关，因此常用的电路形式为带 RC 电路的环形振荡器，如图 6-2（a）所示。其中门电路为 TTL 与非门，因此 $R+R_1$ 必须小于关门电阻 R_{off}，才能让电路起振；否则，$R+R_1$ 过大，门 3 只能输出低电平，无法变化。

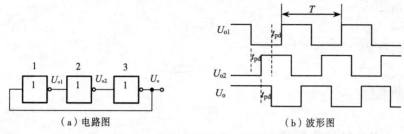

（a）电路图　　　　　　　　　（b）波形图

图 6-1　由三个门构成的环形振荡器

1. 工作原理（假定门电路传输特性为矩形）

当 $U_{i1}=U_o$ 由 0 跳变到 1，则 U_{o1} 由 1 跳变到 0，U_{o2} 由 0 跳变到 1。同时，由于电容两端电压 U_C 不能突变，因此 U_{o1} 跳变到 0 电平时，U_{i3} 也跳到 0 电平，从而使 U_o 保持 1 电平，这是电路的一个暂稳态 I

$$U_{o1}=0,\quad U_{o2}=1,\quad U_o=1$$

但此暂稳态不能长久维持，电容 C 通过 $U_{o2}{\to}R{\to}C{\to}U_{o1}$ 回路及门 3 输入端 ${\to}R_1{\to}C{\to}U_{o1}$ 回路充放电，U_{i3} 会不断上升，一旦上升到门坎电平 U_T，会产生正反馈雪崩过程

$$U_{i3}{\uparrow}{\to}U_o{\downarrow}{\to}U_{o1}{\uparrow}{\to}U_{o2}{\downarrow}$$

电路转入暂稳态 II

$$U_{o1}=1,\quad U_{o2}=0,\quad U_o=0$$

同样暂稳态 II 也不能长久维持，U_{i3} 虽然在雪崩反馈结束时为 I 态，但通过 $U_{o1}{\to}C{\to}R{\to}U_{o2}$ 回路，电容 C 反向充放电，U_{i3} 会不断下降，一旦下降到门坎电平 U_T，又会产生另一个正反馈雪崩过程

$$U_{i2}{\downarrow}{\to}U_o{\uparrow}{\to}U_{o1}{\downarrow}{\to}U_{o2}{\uparrow}$$

最后使电路返回暂稳态 I。工作波形图如图 6-2（b）所示。

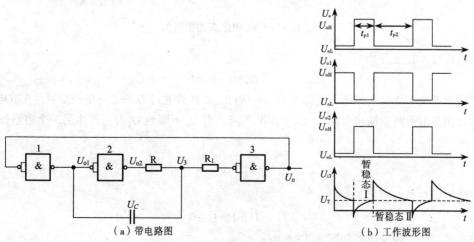

（a）带电路图　　　　　　　（b）工作波形图

图 6-2　带 RC 电路的环形振荡器

2. 主要参数估算

① 振荡幅度 U_M

$$U_M = U_{OH} - U_{OL}$$

② 振荡周期 T

$$T = t_{P1} + t_{P2} \approx 2.2RC$$

③ 振荡频率 f

$$f = 1/T$$

6-1-2　MOS 多谐振荡器

图 6-3（a）为一种常见的由 CMOS 或非门构成的多谐振荡器，图中跨接在门 1 输出端和输入端之间的电阻 R 应能使门 1 处于传输特性过渡区（一般 R 值选择在 $10 \sim 100\text{k}\Omega$）。由于门 1 处于传输特性过渡区，也就保证了门 2 处于传输特性过渡区，以便于电路起振。

1. 工作原理

若电路最初处于如下状态：$U_{o1} = 1$，$U_{o2} = 0$（暂稳态 I），这个状态不可能长久维持，因为电容 C 会以 $\tau_1 = (R + R_{o1})C$ 时间常数通过 $U_{o1} \rightarrow R \rightarrow C \rightarrow U_{o2}$ 回路充放电（R_{o1} 为门 1 输出高电平时的输出电阻），U_{i1} 会不断上升，当 U_{i1} 上升到 CMOS 门坎电平 U_T 时，可产生正反馈雪崩过程。

$$U_{i1} \uparrow \rightarrow U_{o1} \downarrow \rightarrow U_{o2} \uparrow$$

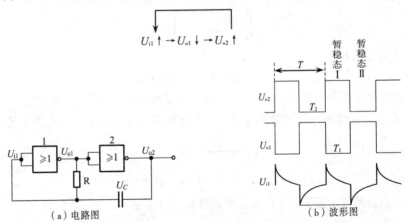

（a）电路图　　　　　　　　　　（b）波形图

图 6-3　一种 MOS 多谐振荡器

使电路转入暂稳态 II

$$U_{o1} = 0, \quad U_{o2} = 1$$

但此状态也不能长久维持，电容 C 以 $\tau_2 = (R + R_{o2})C$ 常数通过 $U_{o2} \rightarrow C \rightarrow R \rightarrow U_{o1}$ 回路充放电（R_{o2} 为门 2 输出高电平时的输出电阻），U_{i1} 会不断下降，当 U_{i1} 下降到 U_T 时会产生另一个雪崩过程

$$U_{i1} \downarrow \rightarrow U_{o1} \uparrow \rightarrow U_{o2} \downarrow$$

最终电路翻回暂稳态 I

$$U_{o1} = 1, \quad U_{o2} = 0$$

该电路理想化的波形图如图 6-3（b）所示。

2. 电路参数估算

① 振荡幅度 U_M

$$U_M = U_{OH} - U_{OL}$$

U_{OH}、U_{OL} 分别为 CMOS 门输出的高、低电平。

② 振荡周期 T

$$T = T_1 + T_2$$

T_1 及 T_2 分别为暂稳态 I 及暂稳态 II 持续时间,它们的大小主要决定于电阻 R、电容 C 及 CMOS 门电路参数,可应用 RC 瞬态过程分析计算,但最好通过实验调试。在此电路中 R 阻值很大,因为 MOS 门不能提供很大的拉电流。此电路也适用于 PMOS,NMOS 门电路构成的振荡器。

为了提高振荡器的频率稳定度,可使用如图 6-4(a)所示的石英晶体多谐振荡器。图中石英晶体具有图 6-4(b)所示的阻抗频率特性,由特性可知,只有 f_0 频率信号在电路中不衰减(因为晶体等效阻抗为零),可放大输出,其他频率的信号均会被电路衰减掉,因此振荡电路的工作频率只取决于晶体本身谐振频率 f_0,与参数 R、C 无关。

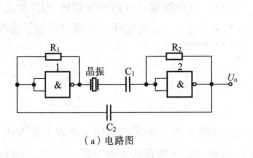
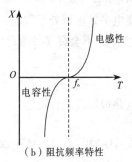

（a）电路图　　　　　　　　　　　　（b）阻抗频率特性

图 6-4　石英晶体多谐振荡器

6-2　单稳态触发器

双稳态触发器简称为触发器。它有两个稳定状态,电路可以持久地稳定在其中任一状态。外加触发信号,可使电路从一个稳态转化到另一稳态。单稳态触发器只有一个长久稳定的状态。在外加信号触发下,电路从这个稳定状态转化到一个暂稳态。在暂稳态保持一段时间后(这段时间比起状态之间的转换时间要长得多),它会自行从暂稳态转回稳态。这一反转换并不要求外触发信号。

单稳态触发器可以由逻辑门构成,也可以由比较器或运算放大器构成。下面仅讨论逻辑门构成的单稳态触发器。

单稳态触发器的基本电路通常由与非门(或非门)及 RC 电路组成。与非门(或非门)作为开关元件,而 RC 电路通常又称 RC 定时电路。

单稳态触发器按定时元件不同的连接,可分为微分型和积分型两类。下面以 TTL 与非门构成的微分型单稳态为例来讨论逻辑门构成的单稳态触发器。

1. 电路形式

如图 6-5(a)所示,门 1 输出经微分环节 C、R 送到门 2 输入端。当 U_i 为高电平时,电路处于稳态;U_{o1} 输出低;U_{o2} 输出高。

为使电路具有稳态，R 应是一个使与非门 2 在稳态时能可靠截止的接入电阻，对一般的 TTL 与非门来说，应使 $R < 0.7\text{k}\Omega$（即 TTL 与非门的关门电阻 R_{off}），如电阻 R 符合此条件，在稳态时 U_{o2} 小于关门电平 U_{off}。

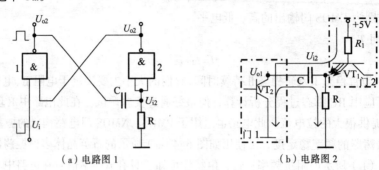

（a）电路图 1　　　　　（b）电路图 2

图 6-5　微分型单稳态

2. 工作原理（假定门的传输特性近似为矩形）

U_i 为高电平，电路处于稳态：$U_{o1}=0$，$U_{o2}=1$。U_i 负跳变，电路触发翻转；U_{o1} 由低变高，由于电容两端电压 U_c 不会突变，因此 U_{i2} 亦由低变高，使 U_{o2} 由高变低，从而引起如下反馈过程

$$U_i \downarrow \rightarrow U_{o1} \uparrow \rightarrow U_{i2} \uparrow \rightarrow U_{o2} \downarrow$$

因而电路很快进入暂稳态

$$U_{o1}=1;\quad U_{o2}=0$$

在暂稳态期间，由门 1 输出端经电容 C、电阻 R 到地的回路方向，电容 C 先充电，使门 2 输入电压 U_{i2} 以时间常数 $\tau_1=RC$（忽略与非门输出电阻）按指数曲线下降，当 U_{i2} 下降到门坎电平 $U_T=1.4\text{V}$ 时，产生正反馈雪崩过程

$$U_{i2} \downarrow \rightarrow U_{o2} \uparrow \longrightarrow U_{o1} \downarrow$$

此时 U_i 已为 1

使电路结束暂稳态，自动返回稳态

$$U_{o1}=0,\quad U_{o2}=1$$

暂稳态结束时，U_{i2} 比稳态值要低得多，因此通过 R、C 到门 1 输出端及门 2 的 VT_1 管基极电阻 R_1、C 到门 1 输出端两条回路充放电，如图 6-5（b）所示，使 U_{o2} 以时间常数 $\tau_2=(R_1//R)\cdot C$ 按指数曲线上升，恢复到稳态时的初始值，经历了一个恢复阶段。电路各点工作波形如图 6-6 所示。

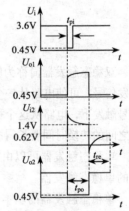

图 6-6　电路各点工作波形

3. 主要技术参数

① 输出脉冲宽度 T_{po}：严格来说，应按简单 RC 电路瞬变过程计算出来，但在实际使用中常用公式估算，然后构成电路进行实际调试。经验估算公式为

$$t_{po} \approx 0.8RC \quad (R < R_{\text{off}})$$

② 恢复时间 t_{re}

$$t_{re} = (3\sim5)\tau_2 = (3\sim5)(R_1//R)C$$

③ 微分型单稳最高工作频率 f_{max}

$$f_{max} = \frac{1}{t_{po} + t_{re}}$$

4. 讨论

① 若 U_i 脉冲宽度 $t_{Pi} > t_{Po}$，为使单稳电路能按要求自动返回，则 U_i 应通过微分环节 R_P、C_P 再输入与非门 1，如图 6-7（a）所示。

$$R_P C_P \ll t_{Pi}$$

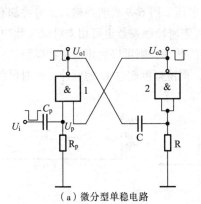
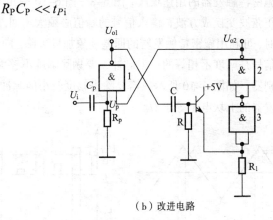

（a）微分型单稳电路　　　　（b）改进电路

图 6-7　微分型单稳的改进电路

R_P 应是能保证电路在稳态时，使与非门能可靠导通的接入电阻。对于一般的 TTL 与非门来说，应使 $R_P > 2k\Omega$（即 TTL 与非门的开门电阻 R_{on}）。

② 由于 $R < R_{off}$，因此限制了脉冲宽度的调节范围，为了提高电阻 R 阻值，可采用图 6-7（b）所示的电路，其中 $R_1 < R_{off}$，而 R 可取较大值。

③ 通常为了改善输出波形，可在门 2 后面加一极与非门整形，如图 6-7（b）图中的门 3。

④ 若用 MOS 门电路构成微分型单稳电路，由于它输入阻抗高，输入电阻的大小不会影响其稳态，因此电路形式虽然与 TTL 与非门构成的微分型单稳基本一致，输入电阻 R 及 R_P 参数却不受关门电阻 R_{off} 和开门电阻 R_{on} 的限制。

⑤ 单稳电路的应用。

● 整形：把波形不规则的脉冲输入单稳，输出就成为具有一定宽度、幅度、边沿陡峭的矩形波。

● 延时：如图 6-6 所示，U_{o1} 下降沿比 U_i 下降沿延时了 t_{po} 一段时间。

● 定时：单稳电路能产生一定宽度的矩形脉冲，利用它可定时开闭门电路，也可定时控制某电路的动作。

6-3　施密特触发器

施密特触发器具有这样的特性：它的输出状态（高电平变低电平）取决于输入信号电压的大小及变化方向。如输入信号电压由小增大，当达到某一临界值 U_{UT} 时，输出状态将发生突变，由"0"变"1"或由"1"变"0"。输入电压继续增大，输出状态不变。此后如输入信号电压由大变小，当减小到另一临界值 U_{LT} 时，输出状态又产生突变，自"1"变"0"或自"0"变"1"。这以后如输入电压继续减小，输出状态不变。

U_{UT} 称为施密特触发器的上坎电平，U_{LT} 称为下坎电平。一般 $U_{UT} > U_{LT}$，它们的差值称为回差或滞后，用 U_{HY} 表示。

$$U_{HY} = U_{UT} - U_{LT}$$

施密特触发器回差的大小可以根据实际要求来决定。

施密特触发器的用途很广，图 6-8～图 6-10 是几个应用例子。图 6-8 所示为用施密特触发器将一正弦波变换成方波，输入信号的峰值必须大于回差电压。图 6-9 表明当输入信号叠加有干扰电压时，可利用施密特触发器的回差现象加以去除。同理施密特触发器也可用来对输入脉冲整形。如果信号是幅度不相等的一串脉冲，要剔除幅度不够大的脉冲，则可以利用施密特电路作脉冲幅度鉴别器。如图 6-10 所示，需要除去幅度较小的脉冲，保留幅度超过 U 的脉冲，此时可使施密特触发器的上坎电平等于 U。

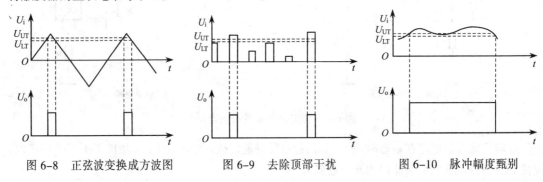

图 6-8　正弦波变换成方波图　　　图 6-9　去除顶部干扰　　　图 6-10　脉冲幅度甄别

下面讨论由比较器与运放器构成的施密特触发器

电路如图 6-11（a）所示，输入电压 U_i 经电阻 R_i 施加到反相端。R_i 的阻值等于 R_1 与 R_2 的并联值，它用来减小输入失调。

令 $V_o = U_z$（稳压二极管击穿电压）$+ U_b$（二极管正相导通电压）。

在 U_i 低于同相端电压时，输出电压 $U_o = +V_o$。根据电路分析方法的叠加原理，运放器同相端电压为

$$\frac{R_2}{R_1 + R_2} V_o + \frac{R_1}{R_1 + R_2} U_R$$

当 U_i 增大到等于上述值时，输出转换到 $U_o = -V_o$，故上式给出的电压即为施密特触发器的上坎电平 U_{UT}，即

$$U_{UT} = \frac{R_2}{R_1 + R_2} V_o + \frac{R_1}{R_1 + R_2} U_R \tag{6-1}$$

U_i 再继续加大，U_o 保持不变，如图 6-11（b）所示。在 $U_o = -V_o$ 期间，同相端电压变为

$$-\frac{R_2}{R_1 + R_2} V_o + \frac{R_1}{R_1 + R_2} U_R \tag{6-2}$$

如此时减小 U_i，则直到 U_i 减小到等于式（6-2）给出的值之前，U_o 保持 $-V_o$ 不变。当 U_i 与式（6-2）值相等时，比较器又产生突变，输出 U_o 自 $-V_o$ 上跳到 $+V_o$。故有

$$U_{LT} = -\frac{R_2}{R_1 + R_2} V_o + \frac{R_1}{R_1 + R_2} U_R \tag{6-3}$$

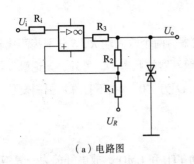

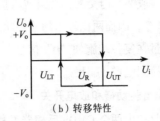

（a）电路图　　　　　　　　　　　　（b）转移特性

图 6-11　由比较器与运放器构成的施密特触发器及其转移特性

此后再减小 U_i，输出保持 $U_o=+V_o$ 不变。此触发器的回差是

$$U_{UT} - U_{LT} = -\frac{2R_2}{R_1 + R_2}V_o$$

由式（6-1）及式（6-3）可见，如 $U_R=0$，则 $U_{LT}=-U_{UT}$。在此情况下，若输入为正弦波，则施密特触发器的输出为正、负对称的方波。

6-4　555 定时器及其应用

本节介绍一种集成通用定时器，它外接适当的电阻电容等元件，可以很方便地构成脉冲产生或波形变换电路。此外，还可以实现其他多种定时功能。最早生产的集成定时器为双极型，后来又采用 CMOS 工艺制作 MOS 定时器。这两类定时器的结构和工作原理基本相似。

通常双极型定时器具有大的驱动能力，而 CMOS 定时器则有功耗低、较工作电压低、输入端电流小等一系列优点。

6-4-1　555 定时器

图 6-12 是一种典型的 CMOS 定时器 555 的逻辑图。这种定时器有 8 个引出端。当产品为双定时器时，两个电路公用电源端和地端，故有 14 个引出端。电路由 4 部分组成，现顺序叙述如下：

图 6-12　CMOS 定时器 555 的逻辑图

1. 参考电压

它由 3 个等值的电阻 R 组成，串接在电源与地之间，给两个比较器提供参考电平。在电源电压 V_{DD} 加上后，比较器 1 的参考电压 $U_1(-)$ 为 $2V_{DD}/3$，比较器 2 的参考电压 $U_2(+)$ 为 $V_{DD}/3$，这里电压 U 的下标 1、2 分别代表比较器 1 与比较器 2，括号内的负号是指反相端，正号指同相端。

2. 两个比较器

比较器 1 的同相输入端为阈值端，比较器 2 的反相输入端为触发端。

电源 V_{DD} 接上后，当阈值端电压 U_{TH} 低于 $2V_{DD}/3$ 时，比较器 1 的输出 $C_1=0$；高于 $2V_{DD}/3$ 时，$C_1=1$。当触发端电压 U_{TL} 低于 $V_{DD}/3$ 时，比较器 2 的输出 $C_1=1$；高于 $V_{DD}/3$ 时，$C_2=0$。

3. RS 触发器

由两"或非"门交叉耦合组成直接触发的 RS 触发器。两个输入端 R、S 分别接两比较器的输出端 C_2 和 C_1，因而两比较器的输出状态决定了此 RS 触发器的状态 Q。另外，无论触发器是什么状态，通过在复位端施加"0"信号，可强制复位，使 Q 为"0"。在不打算用强制复位时，通常将复位端接到电源 V_{DD} 上。

4. 输出驱动器和放电开关

输出驱动由两个 CMOS 反相器 I_1 和 I_2 组成，能驱动 TTL 和 CMOS。放电开关为一只 NMOS 管，它的导通或截止由反相器 I_1 的输出控制。

这种定时器的应用很广泛，下面仅分别说明它作为单稳态触发器、多谐振荡器和施密特触发器时的接法及工作原理。

6-4-2 单稳态触发器

由 555 定时器构成的单稳态触发器的接法如图 6-13（a）所示。电容器 C 的充放电波形及输出电压波形如图 6-13（b）所示。工作原理说明如下：

稳态时负触发脉冲未输入，U_i 为高电平 V_{DD}，大于参考电压 $V_{DD}/3$，故比较器 2 的输出 $C_2=0$。在电源 V_{DD} 刚接上时，V_{DD} 通过电阻 R 对电容 C 充电。当电容器电压 U_C 升高到 $2V_{DD}/3$ 时，比较器 1 的输出由"0"变"1"。由于 $S=0$、$R=1$，故 RS 触发器被置"0"，输出 U_o 为低电平"0"。同时由于 G 点电位为高电平，NMOS 开关管 VT_N 导通，电容 C 通过 VT_N 迅速放电，结果比较器 1 的输出变为"0"。故在稳态时，$U_i=V_{DD}$，$U_C=0$，RS 触发器的两输入端 $S=R=0$，输出 $Q=0$，单稳态触发器的输出 $U_o=0$。

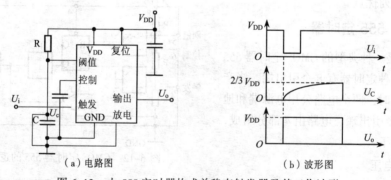

（a）电路图 （b）波形图

图 6-13 由 555 定时器构成单稳态触发器及其工作波形

$t=0$ 时，负触发脉冲 U_i 输入，电路开始进入暂稳态。U_i 的幅度必须大于 $2V_{DD}/3$，它使比较器 2 的输出突变为"1"。从而触发器翻转为"1"，输出电压 U_o 亦上跳变到 V_{DD}。由于 G 点电位下跳变到 0V，放电管 VT_N 截止。这时电容 C 通过电阻 R 充电，U_C 指数式上升，如图 6-13（b）所示。在 $t=T_P$ 时，U_C 升高到 $2V_{DD}/3$，比较器 1 的输出突变为"1"。另一方面，由于负触发脉冲早已消失，故现在比较器 2 的输出为"0"。这样，在 $t=T_P$ 时，触发器的两个输入端 $S=0$，$R=1$，所以它的状态翻转为"0"，输出电压 U_o 从 V_{DD} 下跳到 0V。同时，电容 C 通过导通的 NMOS 管迅速放电到零，这就完成了一次触发过程，电路恢复到稳态。

输出脉冲宽度 T_P 可由下式求出：

$$U_C = V_{DD} - V_{DD}\, e^{-T/RC}$$

令上式的 $U_C = 2V_{DD}/3$，$t = T_P$ 得

$$T_P = RC\ln 3 \approx 1.1RC$$

6-4-3　多谐振荡器

由 555 定时器构成的多谐振荡器的接法如图 6-14（a）所示。电容 C 的充放电波形及输出电压波形如图 6-14（b）所示。电源接通时，V_{DD} 通过电阻 R_1 和 R_2 对电容 C 充电。起初，$U_C < V_{DD}/3$，触发器的两输入端 $S=1$，$R=0$，故输出 U_o 为高电平 V_{DD}。电容 C 充电到 $V_{DD}/3 < U_C < 2V_{DD}/3$ 时，$S=0$，$R=0$，输出电压 U_C 维持高电平不变。当 U_C 充电到 $2V_{DD}/3$ 时，比较器 1 的输出突变为"1"。此时 $S=0$，$R=1$，于是触发器状态翻转为"0"，输出电压 U_C 下跳变到 0V。同时，NMOS 管 VT_N 导通，使电容 C 通过 R_2 及放电管放电。电容电压 U_C 从 $2V_{DD}/3$ 逐渐下降。在 U_C 下降到 $V_{DD}/3$ 之前，两个比较器的输出都为"0"，故触发器状态保持 $Q=0$ 不变。当 U_C 下降到等于 $V_{DD}/3$ 时，比较器 2 的输出突变为"1"，触发器又翻转为"1"。输出电压 U_o 上跳到高电平 V_{DD}。如此周而复始，产生多谐振荡。

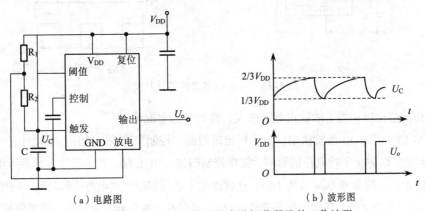

（a）电路图　　　　　　　　　（b）波形图

图 6-14　由 555 定时器构成的多谐振荡器及其工作波形

电容 C 的充电时间为

$$T_1 = (R_1 + R_2)C \ln 2 \approx 0.69(R_1 + R_2)C$$

放电时间是

$$T_2 = R_2 C \ln 2 \approx 0.69 R_2 C$$

多谐振荡器的振荡周期为

$$T = T_1 + T_2 \approx 0.69(R_1 + 2R_2)C$$

振荡频率是

$$f = \frac{1}{T_1 + T_2} \approx \frac{1.44}{(R_1 + 2R_2)C}$$

由于放电管 VT_N 有几十欧的导通电阻，故当振荡频率高时，R_2 的阻值小，VT_N 导通电阻的影响不能忽略。在这种情况下，用上式算得的放电时间 T_2 及振荡频率 f 与实际值会有明显偏差。

上述多谐振荡波形不对称，即 $T_1 \neq T_2$，或者说占空比 $T_1/(T_2+T_1)$ 不等于 50%。按图 6-15（a）所示的接法可得到对称的多谐振器及其波形。注意在这种电路中，振荡输出取自放电端。

工作原理如下：电源刚接通时，电容 C 电压为 0，触发器的两输入端为 $S=1$，$R=0$，故 $Q=1$，U_o 为高电平，NMOS 管 VT_N 截止，放电端电压输出 U_D 为高电平。电源通过反相器 I_2 内的 PMOS 管及电阻 R 对电容 C 充电。直到电容器电压 U_C 充到 $2V_{DD}/3$ 时，$S=0$、$R=1$，触发器翻转到 $Q=0$。G 点为高电平，NMOS 管 VT_N 导通，U_D 下跳变到低电平。这时电容 C 通过电阻 R 及反相器 I_2 内导通的 NMOS 管放电。当放电到 U_C 等于 $V_{DD}/3$ 时，$S=1$、$R=0$，触发器又翻转到 $Q=1$。G 点为低电平，NMOS 管 VT_N 截止，U_D 上跳到高电平，电路开始进入下一周期。由于电容 C 充放电时通过的电阻可认为相等，因而充放电时间相等。振荡频率约为

$$f \approx \frac{1}{1.4RC}$$

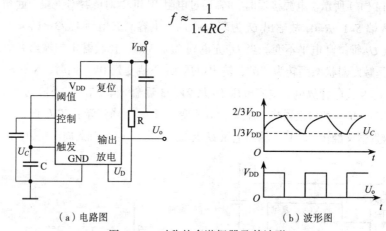

（a）电路图　　　　　　　　（b）波形图

图 6-15　对称的多谐振器及其波形

电阻 R 的值比反相器 I_2 的输出电阻愈大，波形对称愈准确。

在图 6-13～图 6-15 的接法中，不使用定时器的"控制"端头，故用一漏电小的电容器将此端头旁路到地，以防止干扰电压的影响。如在控制端加一电压 U_S，则比较器 1 的参考电压 $U_1(-)$ 变为 U_S，比较器 2 的参考 $U_2(+)$ 改为 $U_S/2$，这就改变了电容器的充放电范围和时间。利用这一特性，如在图 6-14 所示的多谐振荡器的控制端外加 $-U_S$，可以改变振荡器的占空比。其工作原理如下：

电源接通后，起初电路工作情况与图 6-14 所示的相同。但由于控制端电压 U_S 的存在，所以电容 C 充电到 $U_S/2$ 时，触发器翻转。于是电容 C 开始通过电阻 R_2 放电。当放电到 $U_S/2$ 时，触发器又翻转，从而电容 C 开始经由电阻 R_1 和 R_2 充电。这样，电容器的充电范围是从 $U_S/2$ 到 U_S，放电范围是从 U_S 到 $U_S/2$。不难导出，电容器 C 的充电时间是

$$T_1 = (R_1 + R_2)C \ln \frac{V_{DD} - U_S/2}{V_{DD} - U_S}$$

放电时间为

$$T_2 = R_2 C \ln 2 = 0.69 R_2 C$$

放电时间 T_2 仅决定于时间常数 R_2C，而充电时间 T_1 的大小则受电压 U_S 的控制。可见改变控制端电压 U_S，可以改变多谐振荡器的占空比和振荡频率。

6-4-4　施密特振荡器

由 555 定时器构成的施密特振荡器如图 6-16（a）所示，将 555 计数器的阈值端和触发端连在一起，输入信号直接输入到此端头。在输入信号 U_i 由小增大时，输出 U_o 为高电平 V_{DD}，如图 6-16

（b）所示。

当 U_i 增大到等于 $2V_{DD}/3$ 时，RS 触发器翻转到 $Q=0$，输出 U_o 从"1"突变到"0"。U_i 继续增大，保持"0"不变。在输入电压 U_i 由大减小时，输出状态亦不变，直至 $U_i=V_{DD}/3$。当 U_i 减小到等于 $V_{DD}/3$ 时，RS 触发器翻转到 $Q=1$，输出状态突变到高电平，$U_o=V_{DD}$。此后 U_i 继续减小，U_o 保持 V_{DD} 值不变。可见此施密特触发器的上坎电平和下坎电平分别为

$$U_{UT} = 2V_{DD}/3$$
$$U_{LT} = V_{DD}/3$$

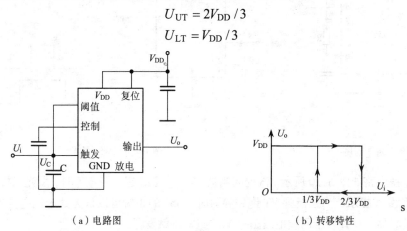

（a）电路图　　（b）转移特性

图 6-16　由 555 定时器构成的施密特振荡器及其转移特性

回差 U_{HY} 是

$$U_{HY} = U_{UT} - U_{LT} = V_{DD}/3$$

如在控制端外加电压 U_S，可改变施密特触发器的上槛电平、下槛电平和回差。在此情况下

$$U_{UT} = U_S， U_{LT} = U_S/2， U_{HY} = U_S - U_S/2 = U_S/2$$

小　　结

脉冲变换与整形电路应用十分广泛，用逻辑门或运算放大器可构成脉冲变换与整形电路（单稳电路、多谐振荡器和施密特触发器）。这些电路的优点是：所需外加的电阻电容元件较少、接线简单、负载能力强、速度高、容易得到陡峭的前后沿波形等。

随着集成电路的发展，用来构成脉冲变换与整形电路的集成器件也日益增多，555 定时器就是这样一种应用灵活多样的中规模的集成器件。

习　　题

1. 由 555 定时器接成单稳态触发器，如图 6-17 所示，$V_{CC}=5V$、$R=10k\Omega$、$C=300pF$，试计算其输出脉冲宽度 t_W。

2. 由 555 定时器接成多谐振荡器，如图 6-18 所示，$V_{CC}=5V$、$R_1=10k\Omega$、$R_2=2k\Omega$、$C=470pF$，试计算其输出矩形波的频率及占空比。

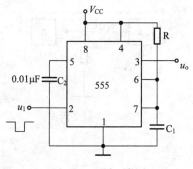

图 6-17　题 1 附图

3. 已知 555 定时器的 6 端和 2 端连接在一起，作为输入端 u_A，4 端作为输入端 u_B，3 端作为输出端 u_F，如图 6-19（a）所示，输入端的波形如图 6-19（b）。试画出输出端 u_F 的波形。

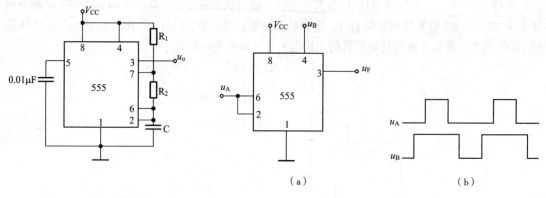

（a）   （b）

图 6-18 题 2 附图   图 6-19 题 3 附图

4. 一过压监视电路如图 6-20 所示。试说明当被监视电压 u_X 超过一定值时，发光二极管 VD 将发出闪烁信号。（提示：当三极管 VT 饱和导通时，555 的 1 端可以认为处于地电位。）

5. 用 555 定时器，设计一个回差电压 $\Delta u = 2V$ 的施密特触发器。

6. 图 6-21 所示的逻辑电路，试分析其逻辑功能，并定性地画出工作波形图。讨论 R_1、R_2 阻值大小对该电路的逻辑功能有何影响？

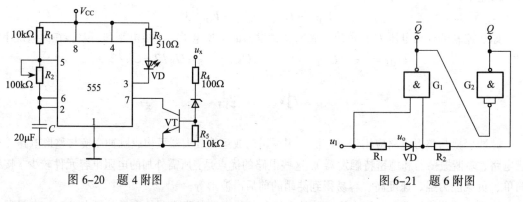

图 6-20 题 4 附图   图 6-21 题 6 附图

7. 试分析图 6-22 所示逻辑电路的逻辑功能。

8. 分析图 6-23 所示的 CMOS 积分型单稳态触发器，画出输出 u_O 对输入 u_I 的波形图。

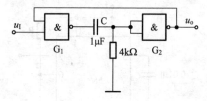

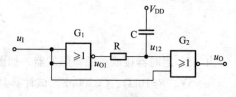

图 6-22 题 7 附图   图 6-23 题 8 附图

第 7 章 数/模与模/数转换电路

自然界中绝大多数的物理量都是连续变化的模拟量，如温度、速度、压力等。由这些模拟量经传感器转换后所产生的电信号也是模拟信号。当用数字装置或数字计算机对这些信号进行处理时，就必须首先将其转换成数字信号。将模拟量转换成数字量的过程称为模/数转换，简称A/D转换。完成A/D转换的电路称为模/数转换器（Analog to Digital Converter，ADC）。

ADC所得到的数字信号经计算机处理，其输出仍为数字信号。然而，过程控制装置往往需要模拟信号去控制，所以经计算机处理后得到的数字信号必须转换成模拟信号。把数字量转换成模拟量的过程称为数/模转换，简称D/A转换。完成D/A转换的电路称为数模转换器（Digital to Analog Converter，DAC）。

7-1 数/模转换电路

实现数/模转换的基本方法是用电阻网络将数字量按照每位数码的权转换成相应的模拟量,然后用求和电路将这些模拟量相加，从而实现数/模转换的目的。求和电路通常用求和运算放大器实现。

7-1-1 权电阻网络DAC

4位二进制权电阻网络DAC如图7-1所示。它由4部分组成：基准电压源V_{REF}，阻值分别为R、$2R$、$4R$、$8R$的电阻组成的电阻网络，4个模拟开关$S_0 \sim S_3$受输入的数字信号a_i（$i=0$，1，2，3）控制。当$a_i=0$时，S_i接地；$a_i=1$时，S_i接基准电压。求和运算放大器A将各支路电流相加并通过R_F将其转换成与数字信号成正比的模拟电压。

由图7-1很容易写出

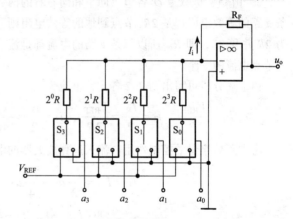

图7-1 4位二进制权电阻网络DAC原理图

$$I_i = a_3 \frac{V_{REF}}{2^0 R} + a_2 \frac{V_{REF}}{2^1 R} + a_1 \frac{V_{REF}}{2^2 R} + a_0 \frac{V_{REF}}{2^3 R}$$
$$= \frac{V_{REF}}{2^3 R}\left(a_3 \cdot 2^3 + a_2 \cdot 2^2 + a_1 \cdot 2^1 + a_0 \cdot 2^0\right)$$
$$= \frac{V_{REF}}{2^3 R}\sum_{i=0}^{3} a_i \cdot 2^i$$

权电阻网络DAC的优点是简单直接，但是，当位数较多时，电阻的值域范围太宽。这就带来了两个致命的弱点：一是阻值种类太多，制成集成电路比较困难；二是由于各位电阻值与二进制数值成反比，所以高位权电阻的误差对输出电流的影响比低位大得多，因此对高位权电阻的精度和稳定性要求就十分苛刻。例如，一个12位的权电阻网络DAC，$V_{REF}=10V$，最高位权电阻为1kΩ，

则最低位权电阻应 $2^{11} \times 1\text{k}\Omega = 2.048\text{M}\Omega$。当最低位二进制数为 1 时，通过该电阻的电流为 $i_0 = 10\text{V}/2.048\text{M}\Omega \approx 4.9\mu\text{A}$。而最高位权电阻的误差若为 0.05%，则引起的电流误差为 $\pm 0.05\% \times 10\text{V}/\text{lk}\Omega = \pm 5\mu\text{A}$，即最高位由于电阻误差引起的误差电流比最低位转换电流还要大。所以，位数越多，对高位权电阻精度的要求越苛刻，这就给生产带来了很大的困难。

7-1-2　倒 T 形电阻网络 DAC

$R\text{-}2R$ 倒 T 形电阻网络 DAC 如图 7-2 所示。它只有 R 和 $2R$ 两种电阻，克服了二进制权电阻网络 DAC 电阻范围宽的缺点，图中 $S_0 \sim S_3$ 为电子模拟开关，受数字量 $a_0 \sim a_3$ 控制。$a_i = 1$（$i = 0, 1, 2, 3$）时，S_i 接运放器的虚地端；$a_i = 0$ 时，S_i 接地。这个电路有两个特点：

① 无论数字量是 0 还是 1，开关 S 均相当于接地。所以 S_i 无论是接地还是接虚地点，流入每个 $2R$ 支路的电流都是不变的。

② 由 A、B、C、D 各节点向下和向右看的两条支路的等效电阻都是 $2R$，节点到地的等效电阻则为 $2R$ 并联 $2R$，即 R。所以每条支路的电流都是流入节点电流的一半。

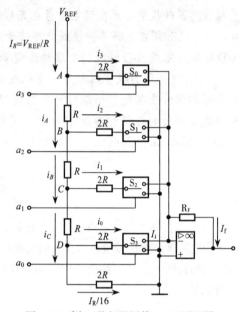

图 7-2　倒 T 形电阻网络 DAC 原理图

由上述分析可写出图 7-2 各支路电流为

$$I_R = \frac{V_{REF}}{R}, \quad i_3 = \frac{I_R}{2} = \frac{V_{REF}}{2R}, \quad i_2 = \frac{i_3}{2} = \frac{V_{REF}}{4R}, \quad i_1 = \frac{i_2}{2} = \frac{V_{REF}}{8R}, \quad i_0 = \frac{i_1}{2} = \frac{V_{REF}}{16R}$$

考虑到数字量的控制作用，流入运算放大器的电流可写作

$$I_f = I_{o1} = \frac{I_R}{2}a_3 + \frac{I_R}{4}a_2 + \frac{I_R}{8}a_1 + \frac{I_R}{16}a_0$$

$$= \frac{V_{REF}}{2^4 R}\left(a_3 \cdot 2^3 + a_2 \cdot 2^2 + a_1 \cdot 2^1 + a_0 \cdot 2^0\right)$$

$$= \frac{U_{REF}}{2^4 R}\sum_{i=0}^{3} a_i \cdot 2^i$$

把上式推广到 n 位 DAC 得

$$I_f = I_{o1} = \frac{V_{REF}}{2^n R}\left(a_{n-1} \cdot 2^{n-1} + a_{n-2} \cdot 2^{n-2} + \cdots + a_1 \cdot 2^1 + a_0 \cdot 2^0\right) \tag{7-1}$$

$$= \frac{V_{REF}}{2^n R}\sum_{i=0}^{n} a_i \cdot 2^i$$

$$u_o = -I_f \cdot R_F = -\frac{V_{REF}}{2^n R}\cdot R_F \sum_{i=0}^{n} a_i \cdot 2^i \tag{7-2}$$

倒 T 形电阻网络 DAC 的主要优点是所需电阻只有两种，有利于批量生产。另外，由于支路电流不变，所以不需要电流建立时间，对提高工作速度有利。因此，倒 T 形电阻网络 DAC 是目前使

用的 DAC 中速度较快的一种，也是使用最多的一种。

【例 7-1】已知倒 T 形电阻网络 DAC 的 $R_F=R$，$V_{REF}=10V$，试分别求出 4 位和 8 位 DAC 的最小（只有数字信号最低位为 1 时）输出电压 U_{omin}。

解： 根据式（7-2）求得 4 位 DAC 的最小输出电压为

$$U_{omin} = -\frac{10}{2^4} \times \frac{R}{R} = -0.63V$$

8 位 DAC 最小输出电压为

$$U_{omin} = -\frac{10}{2^8} \times \frac{R}{R} = -0.04V$$

【例 7-2】已知倒 T 形电阻网络 DAC 的 $R_F=R$，$V_{REF}=10V$，试分别求出 4 位和 8 位 DAC 的最大输出电压 U_{omax}。

解： 当数字量各位均为 1 时输出电压最大。根据式（7-2）可求得 4 位 DAC 的最大输出电压为

$$U_{omax} = -\frac{10}{2^4} \times \frac{R}{R} \times (2^4 - 1) = -9.375V$$

其中

$$\sum_{i=0}^{n} a_i \cdot 2^i = 2^3 + 2^2 + 2^1 + 2^0 = 2^4 - 1$$

8 位 DAC 的最大输出电压为

$$U_{omax} = -\frac{10}{2^8} \times \frac{R}{R} \times (2^8 - 1) = -9.96V$$

7-1-3　DAC 的主要技术指标

1. 分辨率

DAC 电路所能分辨的最小输出电压与满刻度输出电压之比称为 DAC 的分辨率。最小输出电压是指输入数字量只有最低有效位为 1 时的输出电压，最大输出电压是指输入数字量各位全为 1 时的输出电压。可得

$$分辨率 = \frac{1}{2^n - 1}$$

例如，10 位 DAC 的分辨率为

$$\frac{1}{2^{10} - 1} = \frac{1}{1023} \approx 0.001$$

DAC 的位数越多，它的分辨率的值越小，即在相同条件下输出的最小电压越小。

2. 转换误差

转换误差常用输出满刻度（Full Scale Range，FSR）的百分数来表示。例如，AD7520 的线性误差为 0.05%FSR，说明转换误差等于满刻度的 5/10 000。有时转换误差用最低有效位（Least Significant Bit，LSB）的倍数表示。例如，某 DAC 的转换误差等于 1/2 LSB，表示输出电压的绝对误差为最低有效位（LSB）为 1 时输出电压的 1/2。

DAC 产生误差的主要原因有：参考电压 U_{REF} 的波动，运算放大器的零点漂移，电阻网络中电阻值的偏差等。

分辨率和转换误差共同决定了 DAC 的精度。要使 DAC 的精度高，不仅要选位数高的 DAC，还要选用稳定度高的基准电压源和低漂移的运算放大器与其配合。

3. 建立时间

建立时间是指数字信号由全 0 变全 1，或全 1 变全 0 时，模拟信号电压或电流达到稳态值所需要的时间。建立时间短说明 DAC 的转换速度快。

7-1-4 集成 DAC 举例

目前 DAC 都做成集成电路供使用者选择。按 DAC 输出方式可分成电流输出 DAC 和电压输出 DAC 两种。DAC 芯片型号繁多，现仅对使用较多的 DAC0832 作一介绍。

1. 电路结构

DAC0832 是美国国家半导体公司生产的电流输出型 8 位 D/A 转换电路，它也可以连成电压输出型，它采用 CMOS 工艺，20 脚双列直插式封装。它可以直接与微处理器相连而不需要加 I/O 接口。其结构框图如图 7-3（a）所示。DAC 内包含两个数字寄存器：输入寄存器和 DAC 寄存器，故称为双缓冲方式。两个寄存器可以同时保存两组数据，这样可以将 8 位输入数据先保存到输入寄存器中，当需要转换时，再将此数据由输入寄存器送到 DAC 寄存器中锁存并进行 D/A 转换输出。采用双缓冲方式的优点：一是可以防止输入数据更新期间模拟量输出出现不稳定的情况；二是可以在一次模拟量输出的同时就将下一次要转换的二进制数事先存入缓冲器中，从而提高了转换速度；三是用这种工作方式可同时更新多个 D/A 转换的输出，这就为有多个 DAC 的系统、多处理器系统中的 DAC 协调一致地工作带来了方便。

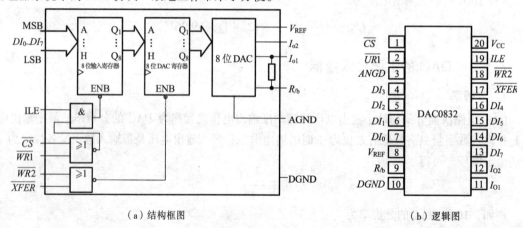

（a）结构框图　　　　　　　　　　　　　　（b）逻辑图

图 7-3　DAC0832 集成 DAC

DAC0832 采用倒 T 形电阻解码网络，如图 7-4 所示。可以用电流输出工作方式，也可以接成电压输出工作方式。

用电流输出工作方式时，接成倒 T 形电阻网络，如图 7-4（a）所示。I_{o1} 是正比于参考电压和输入数字量的电流，而 I_{o2} 正比于输入数字量的反码，即

$$I_{o1} = \frac{V_{REF}}{2^8 R} \sum_{i=0}^{7} a_i \cdot 2^i$$

$$I_{o2} = \frac{V_{REF}}{2^8 R} \left(2^8 - \sum_{i=0}^{7} a_i \cdot 2^i - 1\right)$$

用电压输出方式工作时，参考电压接到一个电流输出端（二进制原码接 I_{o1} 端，反码接 I_{o2} 端），输出电压从原来的 V_{REF} 端得到，如图 7-4（b）所示。为了减小输出电阻，增加驱动能力，通常用

运算放大器作缓冲。

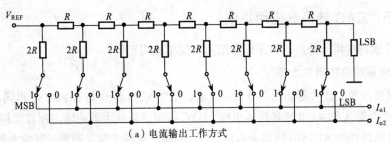

（a）电流输出工作方式

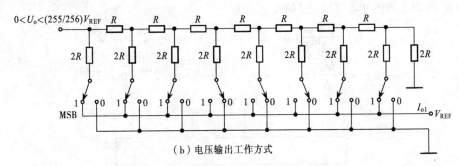

（b）电压输出工作方式

图 7-4 DAC0832 采用倒 T 形电阻解码网络

2. DAC0832 的引脚功能

DAC0832 芯片引脚如图 7-3（b）所示，引脚功能如下：

$\overline{CS}$：片选端，低电平有效。当 $\overline{CS}$ =1 时，输入寄存器输入的数据被封锁、数据不被送入输入寄存器，即该片没被选中。$\overline{CS}$ =0 时，该片被选中，当 ILE =1，$\overline{WR_1}$ =0 时输入数据存入输入寄存器。

ILE：允许输入锁存，高电平有效。ILE =1 且 $\overline{CS}$ 、$\overline{WR1}$ 均为低电平时，输入数据存入输入寄存器，ILE =0 时，输入数据被封锁。

$\overline{WR_1}$：写信号 1，低电平有效。在 $\overline{CS}$ 和 ILE 均有效条件下，$\overline{WR_1}$ =0 允许写入输入数字信号。

$\overline{WR_2}$：写信号 2，低电平有效。$\overline{WR_2}$ =0，同时又 $\overline{XFER}$ =0 时，DAC 寄存器输出给 ADC；当 $\overline{WR_2}$ =1 时，DAC 寄存器输入数据被封锁。

$\overline{XFER}$：传送控制信号，低电平有效，用来控制 $\overline{WR_2}$ 是否被选通。

$DI_0 \sim DI_7$：8 位数字量输入。DI_0 为最低位，DI_7 为最高位。

I_{01}：电流输出端 1。DAC 寄存器输出全为 1 时，输出电流最大，DAC 寄存器输出全为 0 时输出电流为 0。采用电压型电阻网络时接参考电压。

I_{02}：电流输出端 2。$I_{01} + I_{02} = V_{REF} / R$ =常数。采用电压型电阻网络时接地。

R_{fb}：芯片内部接反馈电阻的一端，电阻另一端与 I_{02} 相连。与运算放大器连接时，R_{fb} 接输出端，I_{01} 接反相输入端。

V_{REF}：参考电压输入端，一般接 -10 ~ +10V 范围内的参考电压。电压型电阻网络时，作为电压输出端。

V_{CC}：电源电压，一般接 +15V 电压。

AGND：模拟信号地。

DGND：数字信号地。

7-1-5　DAC 转换器应用举例

DAC 转换器应用十分广泛，下面介绍两个简单应用实例。

1．可编程增益控制放大器

可编程增益控制放大器如图 7-5 所示。它由 AD7520（原理与 ADC0832 相同，转换位数为 10 位），运算放大器 A 和 4-10 线译码器组成。DAC 接到运算放大器的输出端和反相输入端。运算放大器的输出电压作为 AD7520 的参考电压，DAC 的输出电流 I_o 被送回到运算放大器的反相输入端。

由式（7-1）和图 7-5 可写出 I_f 的表达式为

$$I_f = -\frac{U_o}{2^{10}R}(a_{10} \cdot 2^0 + a_9 \cdot 2^1 + \cdots + a_2 \cdot 2^8 + a_1 \cdot 2^9)$$

$$= -\frac{U_o}{R}(a_1 \cdot 2^{-1} + a_2 \cdot 2^{-2} + \cdots + a_9 \cdot 2^{-9} + a_{10} \cdot 2^{-10})$$

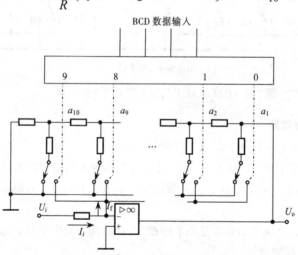

图 7-5　数字式可编程增益控制电路

因为

$$I_i = \frac{U_i}{R} = I_f$$

所以

$$-\frac{U_o}{R}(a_1 \cdot 2^{-1} + a_2 \cdot 2^{-2} + \cdots + a_9 \cdot 2^{-9} + a_{10} \cdot 2^{-10}) = \frac{U_i}{R}$$

放大器的电压放大倍数为

$$A_u = \frac{U_o}{U_i} = -\frac{1}{a_1 \cdot 2^{-1} + a_2 \cdot 2^{-2} + \cdots + a_9 \cdot 2^{-9} + a_{10} \cdot 2^{-10}}$$

因为 4-10 线译码器的 10 个输出端只能有 1 个为 1，所以上式可写作

$$A_u = -2^{n+1}$$

式中，$n=0，1，2，\cdots，9$ 为输入的二～十进制数字量。例如，输入的 BCD 码为 0000 时，0 号输出线为高电平，$a_1=1$，这时电压放大倍数 $A_u=-2^1=-2$；当 BCD 码为 1001 时，9 号输出线为高电平，即 $a_{10}=1$，这时电压放大倍数 $A_u=-2^{10}=-1024$。因此通过改变输入 BCD 码的值就可以改变电压放大倍数，从而达到了增益数字控制的目的。

2. 频率的数字控制

图 7-6（a）所示为三角波—方波发生器电路，其频率可由 DAC 输入的数字量进行控制。电路由 DAC，VT_1、VT_2 构成的镜像电流源，积分器 A_1 和比较器 A_2 等组成。其输出波形如图 7-6（b）所示。

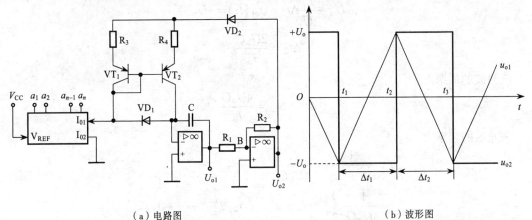

（a）电路图　　　　　　　　　　　　　　　（b）波形图

图 7-6　频率数字控制式三角波—方波发生器

比较器 A_2 的输出不是正限幅值（$+U_o$）就是负限幅值（$-U_o$）。假设正、负限幅值相等，即 $+U_o=|-U_o|$。u_{o2} 的极性由 A_2 同相输入端 B 的电位极性决定：$u_B>0$ 时，$u_{o2}=+U_o$，$u_B<0$ 时，$u_{o2}=-U_o$。u_B 由 u_{o1} 和 u_{o2} 共同决定：

$$u_B = \frac{R_2}{R_1+R_2}u_{o1} + \frac{R_1}{R_1+R_2}u_{o2}$$

若 $R_1=R_2$，则

$$u_B = \frac{1}{2}(u_{o1}+u_{o2}) \tag{7-3}$$

由式（7-3）知，当 $u_{o1}=-u_{o2}$ 时 u_B 过零，A_2 状态发生转换，即 $u_{o1}=\pm U_o$ 时 A_2 状态发生转换。下面分析 u_{o1} 和 u_{o2} 的波形频率。

$t=t_1$ 时，u_{o2} 由 $+U_o$ 变为 $-U_o$，$u_{o2}=-U_o$，这时 VD_2 由于反向偏置而截止，由于 VD_2 截止，所以 VT_1、VT_2 电流流通的路径也截止。这时 VD_1 导通，积分电容 C 通过 VD_1、DAC 充电，充电电流为 I_o。积分器输出为

$$u_{o1} = -U_o + \frac{I_o}{C}\Delta t \tag{7-4}$$

$t=t_2$ 时，$u_{o1}=+U_o$，A_2 状态发生变化。由（式 7-4）可知：

$$-U_o + \frac{I_o}{C}\Delta t_1 = +U_o$$

$$\Delta t_1 = \frac{2U_oC}{I_o}$$

$t=t_2$ 以后，由于 $u_{O2}=+U_o$，所以 VD_2、VT_1、VT_2 导通，VD_2 的电流一路经 VT_1 流入 DAC，另一路经 VT_2 流入积分电容 C，由于 VT_2 处于放大状态，所以 $u_{C2} \geq u_{C1}$，VD_1 截止。由于 VT_1 与 VT_2 为镜像电流源，所以流入积分器的电流近似为 I_o，积分器输出为

$$u_{o1} = +U_o - \frac{I_o}{C}\Delta t$$

经 Δt_2，即 t_3 时，$u_{o1} = -U_o$，A_2 状态又发生转换。即

$$U_o - \frac{I_o}{C}\Delta t_2 = u_{o1}(t_3) = -U_o$$

$$\Delta t_2 = \frac{2U_oC}{I_o}$$

三角波的周期为

$$\Delta t_1 + \Delta t_2 = \frac{4U_oC}{I_o}$$

三角波的频率为

$$f = \frac{1}{\Delta t_1 + \Delta t_2} = \frac{I_o}{4U_oC}$$

$$= \frac{1}{4U_oC} \cdot \frac{V_{REF}}{2^n \cdot R}(a_1 \cdot 2^{n-1} + a_2 \cdot 2^{n-2} + \cdots + a_n \cdot 2^0)$$

只要改变 DAC 输入的数字量，就可以改变三角波和方波的频率。

在图 7-6 电路中，若 DAC 为 8 位，$R=2.4\text{k}\Omega$，$C=0.01\mu\text{F}$，$U_o = 1/2V_{REF}$，当 DAC 的输入为 00000001 时

$$f = \frac{1}{4U_oC} \cdot \frac{V_{REF}}{2^8 R} \cdot 1$$

$$= \frac{V_{REF}}{2U_{REF} \cdot 0.01 \cdot 10^{-6} \cdot 256 \cdot 2.4 \cdot 10^3} \approx 81\text{Hz}$$

当 DAC 的输入为 11111111 时

$$f = \frac{1}{4U_oC} \cdot \frac{V_{REF}}{2^8 R} \cdot (2^7 + 2^6 + \cdots + 1) \approx 20\,752\text{Hz}$$

7-2 模/数转换电路

模/数（A/D）转换与数/模（D/A）转换恰好相反，是把模拟电压或电流转换成与之成正比的数字量。一般 A/D 转换需经采样、保持、量化、编码 4 个步骤。但是，这 4 个步骤并不是由 4 个电路来完成的。例如，采样和保持两步就由采样保持电路完成，而量化与编码又常常在转换过程中同时完成。

下面讨论几个基本概念：

1. 采样与保持

采样就是按一定时间间隔采集模拟信号。由于 A/D 转换需要时间，所以采样得到的"样值"在 A/D 转换过程中就不能改变。为此，对采样得到的信号"样值"就需要保持一段时间，直到下一次采样。

采样保持原理电路如图 7-7（a）所示。S 受采样信号 u_s 控制，u_s 为高电平时，S 闭合，u_s 为低电平时，S 断开。S 闭合阶段为采样阶段，$u_o = u_i$；S 断开时为保持阶段。在保持阶段，由于电容无放电回路，所以 u_o 保持在上一次采样结束时输入电压的瞬时值上。图 7-7（b）是采样保持电

路输入和输出及采样信号波形图。

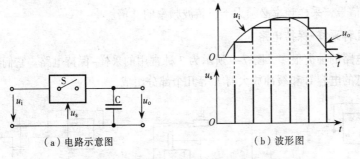

（a）电路示意图　　　　（b）波形图

图 7-7　采样保持电路示意图及波形图

2. 采样定理

采样定理的内容是：只有当采样频率大于模拟信号最高频率分量的 2 倍时，所采集的信号样值才能不失真地反应原来模拟信号的变化规律。

因为任何一个模拟信号都可以看作是由若干个不同频率的正弦信号叠加而成的，所以用图 7-8 说明采样定理的物理意义。图中画出了不同频率的正弦信号用相同的频率对其进行采样，垂直线段表示所采集的样值。两次采样的时间间隔为 T_s，采样频率为 $f_s = \dfrac{1}{T_s}$ 为正弦信号的频率。

如果已得到采样值，是否可能按采集的样值恢复原来的波形呢？图 7-8（a）、（b）中的采样频率大于正弦波频率的 2 倍，通过样值绘出的正弦曲线只有一条，这就是图中绘出的那一条，即可以恢复原波形。图 7-8（c）、（d）中，采样频率恰好等于正弦波频率的 2 倍，图 7-8（c）所采集的样本全为 0，没有任何正弦信号信息，所以无法恢复原波形；用图 7-8（d）中的样值可画出无数振幅不同但频率相同的正弦波。所以，采样频率等于正弦波频率 2 倍时，不能完全再现已确定的一个正弦被。图 7-8（e）、（f）中，采样频率小于正弦波频率的 2 倍，通过样值可以绘出与原正弦波频率不同的新的波形。从给定的一组采样值中得到两种不同频率的正弦波称为混叠（Aliasing），混叠将导致模糊。

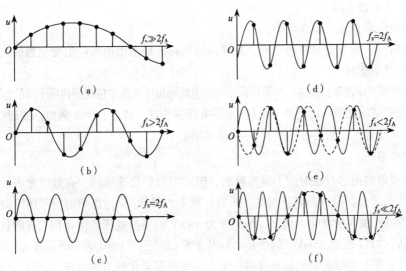

图 7-8　正弦波的采样方式（采样频率为 f_s，正弦波频率为 f_A）

由上述分析可得出结论，若要求不产生混叠，采样频率不能小于正弦波频率的 2 倍，而要不失真地恢复正弦信号，采样频率必须大于正弦波频率的 2 倍。

3. 常用的几种采样-保持电路

采样-保持电路的种类很多，图 7-9 所示为 3 种常用的采样-保持电路。它们都是由采样开关 T、存储输入信息的电容 C 和缓冲放大器 A 等几个部分组成。

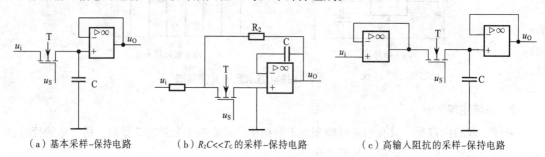

（a）基本采样-保持电路　　　（b）$R_2C \ll T_c$ 的采样-保持电路　　　（c）高输入阻抗的采样-保持电路

图 7-9　采样—保持电路原理图

图 7-9（a）中，采样开关由场效应管构成，受采样脉冲控制。在 u_s 为高电平期间，T 导通。若忽略导通压降，则电容 C 相当于直接与 u_i 相连，所以 u_o 随 u_i 变化。当 u_s 由高电平变为低电平时，场效应管截止，相当于开关断开。若 A 为理想运算放大器，则流入运算放大器 A 输入端的电流为零，所以场效应管截止期间电容无放电回路，电容保持上一次采样结束时的输入电压瞬时值直到下一个采样脉冲的到来，场效应管重新导通，这时 u_o 和 u_c 又重新跟随 u_i 变化。

图 7-9（b）是在图 7-9（a）基础上，为提高输入阻抗在采样开关和输入信号之间加了一级跟随器。由于跟随器输入阻抗很高，所以减小了采样电路对输入信号的影响，又由于其输出阻抗低，减小了电容 C 的充电时间。

图 7-9（c）的原理与图 7-9（a）大致相同，只是 R_2C 必须足够小，u_o 才能跟踪输入 u_i。当 T 导通且电容 C 充电结束时，由于放大倍数 $A_u = -R_2/R_1$，所以输出电压与输入电压相比，不仅倒相，而且要乘以一个系数 R_2/R_1。

采样-保持电路指标主要有两个。

① 采集时间：指发出采样命令后，采样保持电路的输出由原保持值变化到输入值所需的时间。采集时间越小越好。

② 保持电压下降速率：指在保持阶段采样保持电路输出电压在单位时间内所下降的幅值。

随着集成电路的发展，已把整个采样-保持电路制作在一块芯片上。例如，LF198 便是采用双极型-场效应晶体管工艺制造的单片采样-保持电路。

4. 量化与编码

采样-保持得到的信号在时间上是离散的，但其幅值仍是连续的。在数字量表示中，只能以最低有效位数来区分，因此是不连续的。所以，就要对采样-保持得到的信号用近似的方法进行取值。近似的过程就叫做量化。例如，满刻度为 15mV 的模拟电压若用 4 位二进制数来表示，则 0001 表示 1mV，1111 表示 15mV。问题是 1.5mV 的模拟电压用 0001 表示还是用 0010 表示呢？都可以。因为二者都是近似的。到底选择哪一个，这要根据量化的方法而定。

如果把数字量最低有效位的 1 所代表的模拟量大小叫做量化单位，用 A 表示，那么对于小于

A 的信号就有两种处理办法，即两种量化方法：一种是只舍不入法，它是将不够量化单位的值舍掉；另一种是有舍有入法，也称四舍五入法。这种方法是将小于 $\Delta/2$ 的置舍去，将小于 Δ 大于 $\Delta/2$ 的值视为数字量 Δ。很明显，只舍不入的量化误差为 Δ，而有舍有入的量化误差为 $\Delta/2$。

　　量化过程只是把模拟信号按量化单位作了取整处理，只有用代码表示量化后的值才能得到数字量，这一过程称为编码。常用的编码是二进制编码。

　　图 7-10 是 3 位标准二进制 ADC 的传输特性。横坐标为理想量化后的电压输入，纵坐标为输出数字量及对应的电压值。图 7-10（a）为有舍有入量化方法，图 7-10（b）为只舍不入量化方法。

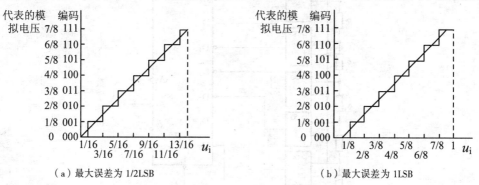

（a）最大误差为 1/2LSB　　　　　　（b）最大误差为 1LSB

图 7-10　3 位标准二进制 ADC 的传输特性

7-2-1　逐次比较型 ADC

1. 并行比较 ADC

　　图 7-11 为 3 位并行比较 ADC 的原理图。电路由电阻分压器、电压比较器和编码器组成，采用只舍不入的量化方法。

　　电阻网络按量化单位 $\Delta=\dfrac{1}{8}V_{\text{REF}}$ 把参考电压分成 1～7V 的 7 个比较电压分别接到 7 个比较器的同相输入端。经采样–保持后的输入电压接到比较器的反相输入端。当比较器 $U_->U_+$ 时，输出为 0，否则输出为 1。经 74148 优先编码器编码后便得到了二进制代码输出。

　　并行比较 ADC 的优点是转换速度快，其精度主要取决于电平的划分。量化单位越小，即 ADC 的位数越多，精度越高。但是，n 位并行比较 ADC 所用比较器的个数为 2^n-1 个，所以位数每增加一位，比较器的个数就要增加一倍。当 $n>4$ 时，转换电路将变得很复杂，所以很少采用。

2. 反馈比较式 ADC

　　反馈比较式 ADC 与天平称量物体的质量原理类似。例如，用量程为 15g 的天平称物体的质量可以用两种方法：第一种是用每个质量为 1g 的 15 只砝码对物体的质量进行称量。每次加一只砝码直至天平平衡为止。假如质量为 13g，则需要比较 13 次。第二种办法是用 8g、4g、2g、1g 等 4 只砝码对物体进行质量。第一次加 8g 砝码，因为 13＞8，第二次再加 4g 砝码，因为 13＞8+4，所以第三次再加 2g 砝码。因为 l3＜8+4+2，取下 2g 砝码，第四次加上 1g 砝码，直到天平达到平衡，称量完毕。显然第一种方法比较的次数比第二种方法要多，所以第一种方法较慢。计数型 ADC 与第一种称量方法类似，而逐次逼近 ADC 与第二种方法类似。

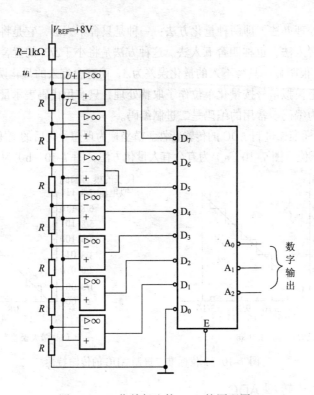

图 7-11　3 位并行比较 ADC 的原理图

（1）计数型 ADC

图 7-12 所示为计数型 ADC，由一个计数器，ADC 及比较器等组成。工作原理如下：

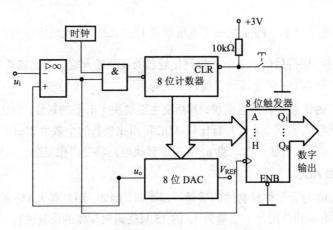

图 7-12　计数型 ADC

按下启动按钮，计数器清零。DAC 输出为 0V，低于比较器同相端输入模拟电压 u_i，比较器输出高电平，与门打开，时钟脉冲通过与门送入 8 位计数器。随着计数器所计数字的增加，DAC 的输出电压 u_o 也增加。当 DAC 输出电压 u_o 刚刚超过输入电压 u_i 时，比较器的输出由高电平变为低电平，与门关闭，计数器停止计数。这时计数器所计数字恰好与输入电压 u_i 相对应。在比较器输出由高电平变为低电平时，计数器的输出送入 8 位 D 触发器。8 位 D 触发器的输出就是与输入电压 u_i 相对应的二进制数。

这种 ADC 的最大缺点就是速度慢。待转换的模拟电压越大，所用时间越长。例如，8 位计数器若计到 255，需要 255 个时钟周期。

下面重点讨论逐次逼近 ADC。

（2）逐次逼近 ADC

逐次逼近（又称逐次比较）ADC 与计数型 ADC 工作原理类似，也是由内部产生一个数字量送给 DAC，DAC 输出的模拟量与输入的模拟量进行比较。当二者匹配时，其数字量恰好与待转换的模拟信号相对应。显然，逐次逼近 ADC 的设计思想是试凑法：由粗到精、步步逼近。如何取得较快的逼近速度呢？可以采用对分搜索法，即自高位到低位逐次比较计数的办法。

图 7-13 为 8 位逐次逼近 ADC 的框图。它由比较器、逐次逼近寄存器（SAR）、DAC 和输出寄存器组成。

工作原理如下：启动信号到来时，$\overline{STRT}=0$，SAR 清零，转换过程开始。第一个时钟脉冲到来时，SAR 最高位置 1，即 $D_7=1$，其余位为 0。SAR 所存数据（10000000）经 D/A 转换后得到的输出电压 u_o 与 u_i 比较。若 $u_o>u_i$，则 SAR 重新置 D_7 为 0。若 $u_o<u_i$，则 $D_7=1$ 不变，即 SAR 为 10000000 不变。

第二个 CP 到来时，SAR 次高位置 1，即 $D_6=1$，然后 DAC 的输出 u_o 再次与 u_i 比较。若 $u_o>u_i$，D_6 置 0，若 $u_o<u_i$，则 $D_6=1$ 不变。这个过程继续下去，直到最低位比较完成后，SAR 所保留的二进制数字即为待转换的模拟电压 u_i 的值，转换过程完成。下面具体举例说明这一转换过程。

设图 7-13 所示 ADC 满量程输入电压 $u_{imax}=10V$，现将 $u_i=6.84V$ 的输入电压转换成二进制数。

满量程为 10V 时，输入到 DAC 二进制数各位为 1 时所对应的模拟电压 u_o 值如表 7-1 所示。

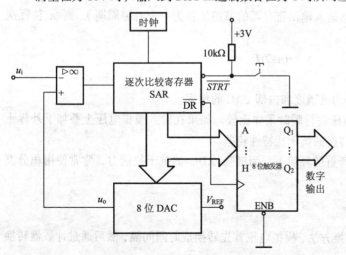

表 7-1　DAC 各位对应的输出电压

DAC 输入	DAC 输出 / V
D_7	5.0000
D_6	2.5000
D_5	1.2500
D_4	0.6250
D_3	0.3125
D_2	0.156 25
D_1	0.078 125
D_0	0.039 062 5

图 7-13　8 位逐次逼近 ADC 的框图

转换过程如下：

首先来一个 CP 脉冲使 $\overline{STRT}$ 有效，SAR 各位清零，转换开始。

第 1 个 CP 上升沿到来时，SAR 最高位置 1，SAR 输出为 $D_7D_6D_5D_4D_3D_2D_1D_0=10000000$，经 DAC 转换后 $u_o=5V$，因为 $u_i(6.84V)>u_o(5V)$，所以最高位保持 1 不变，SAR 中的数据为 10000000。

第 2 个 *CP* 到来时，SAR 次高位置 1，SAR 的输出为 11000000，经 D/A 转换后 $u_o=5+2.5=7.5V$。因为 $u_o(7.5V)>u_i(6.84V)$，所以次高位必须更新置 0。

第 3 个 *CP* 到来时，SAR 输出为 10100000，$u_o=5+1.25=6.25V<u_i(6.84V)$，所以经过第三次比较，SAR 中的数据为 10100000。随着时钟脉冲的不断输入，ADC 逐位进行比较，直至最低位。

当第 8 个时钟脉冲到来后，比较过程结束。这时 SAR 输出端 $\overline{DR}$ 由高电平变为低电平，于是 SAR 输出的数字信号送入 8 位输出寄存器作为 ADC 的转换结果输出。波形图如图 7-14 所示。

下一个启动脉冲到达后，ADC 又进行第二次转换。

逐次逼近 ADC 有以下特点：

① 具有较高的转换速度。它的速度主要由数字量的位数和控制电路决定。如本例中，8 个时钟脉冲完成一次转换，若时钟脉冲频率为 2MHz，则完成一次转换的时间为

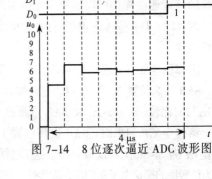

图 7-14　8 位逐次逼近 ADC 波形图

$$t=8\times\frac{1}{2\times10^6}=4\times10^{-6}s=4\mu s$$

转换频率为

$$f=\frac{1}{t}=250\,000 \text{次/s}$$

若考虑启动（清零）节拍和数据送入输出寄存器的节拍（各为一个时钟周期），则 *n* 位逐次逼近 ADC 完成一次转换所需时间为

$$t=(n+2)T_c$$

式中，T_c 为时钟周期。

② 转换精度主要取决于比较器的灵敏度和内部 DAC 的精度。

③ 这种转换器是对输入模拟电压进行瞬时采样比较。如果在输入模拟电压上叠加了外界干扰，将会造成转换误差。所以这种转换的抗干扰特性较差。

在干扰严重，尤其是工频干扰严重的环境下，为提高 ADC 的抗干扰能力，常常使用积分型 ADC。最常用的是双积分型 ADC。

7-2-2　双积分型 ADC

双积分型 ADC 是一种间接的转换方法，模拟电压首先转换成时间间隔，然后通过计数器转换成数字量。

图 7-15 为双积分型 ADC 原理图。它由模拟开关 S_1、S_2、积分器、比较器、控制门、*n* 位计数器和触发器 F_n 组成。S_1 受 F_n 控制，当 $Q_n=0$ 时，S_1 接被测电压 u_i；$Q_n=1$ 时，S_1 接基准电压 $-V_{REF}$。

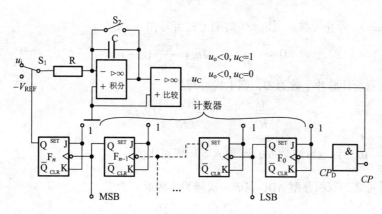

图 7-15　双积分型 ADC 原理图

转换原理如下：

转换前 S_2 闭合，$u_o=0$。计数器和触发器 F_n 清零。

转换开始，S_2 断开。因为 $F_n=0$，所以 S_1 接到待测输入电压 u_i。由于 u_i 为正值，因此积分器作负向积分，比较器输出为"1"，控制门 G 打开，计数器开始计数。约计数器计到 2^n 个脉冲时，计数器回到全 0 状态，其进位脉冲将 F_n 置 1，$Q_0=1$，S_1 接到 $-V_{REF}$ 端。积分器在 $-V_{REF}$作用下向正方向积分，u_o 值逐渐抬高。但是，只要 $u_0<0V$，比较器输出就为"1"，门 G 继续打开。于是 S_1 接 $-V_{REF}$ 后，计数器又从零开始计数。若 $|-V_{REF}|>u_i$，则在 $-V_{REF}$ 作用期间，其积分曲线要比 u_i 作用期间的积分曲线陡，使得计数器计到全 0 之前 u_0 已经过 0。比较器输出为"0"，封锁了门 G，计数器停止计数。这时计数器所计数字即为转换的结果。双积分型 ADC 的工作波形如图 7-16 所示。

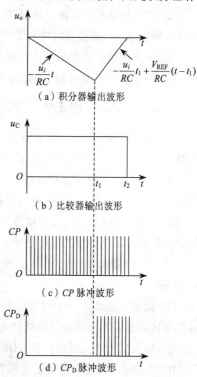

（a）积分器输出波形

（b）比较器输出波形

（c）CP 脉冲波形

（d）CP_D 脉冲波形

图 7-16　双积分型 ADC 的工作波形

由图可知，$0\sim t_1$ 这段时间 S_1 接 u_i。若 u_i 为常数，这段时间积分器的输出为

$$u_o = -\frac{u_i}{RC}t$$

而 t_1 时刻积分器输出为

$$u_o(t_1) = -\frac{u_i}{RC}t_1$$

因为 t_1 时刻恰好为计数器计满 2^n 个脉冲的时间。若脉冲周期为 T_C，则 $t_1=2^n T_C$，代入上式得

$$u_o(t_1) = -\frac{u_i}{RC}2^n T_C$$

t_1 以后，开关 S_1 接 $-U_{REF}$，积分器输出为

$$u_o(t) = u_o(t_1) + \frac{V_{REF}}{RC}(t-t_1)$$

$$= -\frac{u_i}{RC}\cdot 2^n \cdot T_C + \frac{V_{REF}}{RC}(t-t_1)$$

$t=t_2$ 时刻，$u_o=0$，停止计数。所以 $t=t_2$ 时刻上式可写作

$$0 = -\frac{u_i}{RC} \cdot 2^n \cdot T_C + \frac{V_{REF}}{RC}(t_2 - t_1)$$

若这时计数器所计脉冲个数为 D，则上式可写作

$$\frac{u_i}{RC} \cdot 2^n \cdot T_C = \frac{V_{REF}}{RC} \cdot D \cdot T_C$$

即 $D = \dfrac{2^n}{V_{REF}} \cdot u_i$，计数脉冲个数 D 与输入电压成正比。

由上述分析可知，双积分型 ADC 完成一次转换所需时间为

$$T = (2^n + D)T_C$$

双积分型 ADC 有以下特点：

① 由于双积分式 ADC 使用了积分器，转换期间是转换 v_i 的平均值，所以对交流干扰信号有很强的抑制能力，尤其是对工频干扰，如果转换周期选择得合适（例如 $2^n T_C$ 为工频电压周期的整数倍），从理论上讲可以完全消除工频干扰。

② 工作性能稳定。由上述分析可知，转换精度只与 V_{REF} 有关。只要 V_{REF} 稳定，就能保证转换精度。所以 R、C 的值及时钟周期 T_C 长时间所发生的变化对转换精度无影响。

③ 工作速度低，完成一次转换要（$2^n + D$）T_C 时间。

④ 由于转换的是 u_i 的平均值，所以这种 ADC 只适用于对直流或变化缓慢的电压进行转换。

7-2-3　ADC 的主要技术指标

① 转换时间。完成一次 A/D 转换所需要的时间。也可以定义为每秒转换的次数，即转换速度。例如，某 ADC 的转换时间 T 为 1ms，那么该 ADC 的转换速度为 $1/T=1000$ 次/s。

② 分解度。分解度亦称分辨率。分解度是指输出数字量最低有效位为 1 所需的模拟输入电压。例如，一个 8 位 ADC 满量程输入模拟电压为 5V，该 ADC 能分辨的输入电压为 $5/2^8 V=19.53mV$，而 10 位 ADC 可以分辨的最小电压为 $5/2^{10} V=4.88mV$。可见，在最大输入电压相同的情况下，ADC 的位数越多，所能分辨的电压越小，分解度越高。所以分解度常用输出数字量的位数表示。

③ 量化误差。指量化产生的误差。如前所述，有舍有入量化法的理想转换器的量化误差为 $\pm 1/2 LSB$。

④ 精度。指产生一个给定的数字量输出所需模拟电压的理想值与实际值之间的误差，其中包括量化误差，零点误差及非线性等产生的误差。

⑤ 输入模拟电压范围。指 ADC 允许输入电压范围。超过这个范围，ADC 不能正常工作。例如 AD570 的输入电压范围是：单极性 $0 \sim 10V$，双极性是 $-5 \sim +5V$。

7-2-4　集成 ADC 举例

集成 ADC 产品虽然型号繁多，性能各异，但多数转换电路是采用逐次逼近的原理，下面仅对通用型 ADC0801 予以简单介绍。

ADC0801 是 8 位逐次逼近 ADC，采用 CMOS 工艺，20 脚双列直插式封装。它很容易通过数据总线与微机相连而不需要附加接口逻辑电路。其逻辑电平与 MOS 和 TTL 都是兼容的。ADC0801 有两个模拟电压输入端，可以对 $-5 \sim +5V$ 进行转换，输入信号也可采用双端输入的方式。ADC0801 结

构框图如图 7-17（a）所示。由时钟发生器、比较器、数据输出锁存器等组成，引脚图如图 7-17（b）
所示。

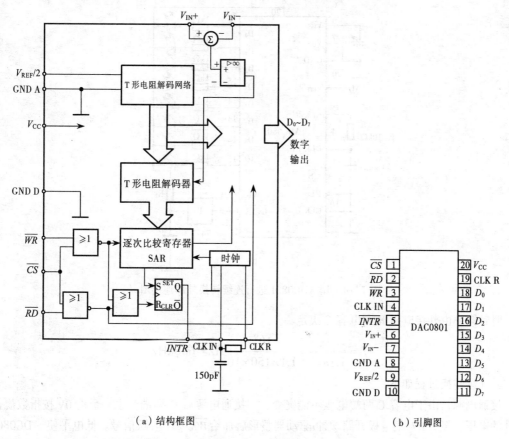

（a）结构框图　　　　　　　　　　　　　（b）引脚图

图 7-17　集成 ADC080l 结构框图和引脚图

其引脚功能如下：

$\overline{CS}$：片选端，低电平有效。

$\overline{RD}$：输出使能端，低电平有效。

$\overline{W}$：转换启动端，低电平有效。

CLK IN：外部时钟输入端，当使用内部时钟时，该端接定时电容。

$V_{IN}(+)$，$V_{IN}(-)$：差分模拟电压输入端，当单端输入时，一端接地，另一端接输入电压。

$\overline{INTR}$：转换结束时输出低电平。

GND A：模拟信号地。

$V_{REF}/2$：参考电压任选端。悬空时，由内部电路和 V_{REF} 产生 2.5V 的电压值，若该端接外加电压时可改变模拟电压输入范围。

GND D：数字信号地。

V_{CC}：电源端，也可作为基准电压。

CLK R：接内部时钟的定时电阻端。

$D_0 \sim D_7$：数字量输出。

图 7-18 是 ADC080l 连续进行 A/D 转换的接线图。

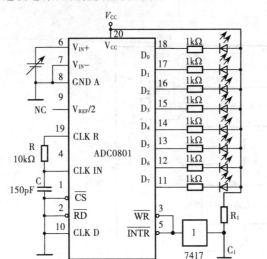

图 7-18　用 ADC0801 进行连续转换外部连接图

时钟频率由外接电阻 R 和电容 C 决定

$$f = \frac{1}{1.1RC} = \frac{10^9}{1.1 \times 150 \times 10} Hz = 606kHz$$

其连续转换过程如下：

接通电源，由于电容 C_1 两端电压不能突变，在接通电源后 C_1 两端产生一个由 0V 按指数规律上升的电压，经 7417 集电极开路缓冲/驱动器整形后加给 $\overline{WR}$ 一个阶跃信号。低电平使 ADC0801 启动，高电平对 $\overline{WR}$ 不起作用。

启动后，ADC 对 0～5V 的输入模拟电压进行转换，一次转换完成后 $\overline{INTR}$ 变为低电平，使 $\overline{WR}=0$ 使 ADC 重新启动，开始下一次转换。数据输出端接发光二极管 LED 监视数据输出，当 $D_1=0$ 时，LED 亮，$D_1=1$ 时，LED 不亮。所以只要观察 LED 亮灭情况就可以观察到 A/D 转换的情况。

为使 ADC0801 芯片连续不断地进行 A/D 转换，并将转换后得到的数据连续不断地通过 D_0～D_7 输出，$\overline{CS}$ 和 $\overline{RD}$ 必须接低电平（地）。

图 7-18 所示的电路输入模拟电压范围为 0～5V。输出数字为 0～255。当输入电压范围改变时，为得到 8 位分解度，可在 V_{REF} 端接上适当电压。当 $V_{CC}=5V$ 时，若 $V_{REF}/2$ 悬空，内部电路使 $V_{REF}/2$ 端电位为 2.5V($V_{CC}/2$)。如果 $V_{REF}/2$ 端加 2V 电压，则输入电压范围为 0～4V；若按 1.5V，输入电压范围就为 0～3V，依此类推。

为了减小干扰，ADC0801 把模拟信号地与数字信号地分开，以提高 A/D 转换的精度。

7-2-5　ADC 应用举例

如前所述，ADC 在数字式仪表、数字控制系统和计算机控制系统中是必不可少的一个部件。计算机数据采集系统在计算机控制系统中是非常重要的。现以计算机控制的数据采集系统为例说明如何在计算机控制下对模拟信号进行采集和处理。图 7-19 为一典型的 8 路计算机数据采集系统（DAS）。

整个系统由传感器、多路开关、采样–保持电路、可编程增益控制放大器、A/D 转换器和微处理器构成。

整个系统通过数据总线、地址总线和控制总线进行通信。所谓总线就是系统中各部件公用的一组导线，各部件通过它来传送或接收数据。图 7-19 数据采集系统中，与数据总线相连的有 3 个部件：ADC（ADC0801）、微处理器和随机存取存储器（RAM）。

控制总线用来传送各部件所需要的控制信号。例如片选信号（$\overline{CS}$），读出使能信号（$\overline{RD}$），系统时钟信号，触发信号等。

传感器的作用是把被测物理量转换成与其成正比的模拟电压，然后经 ADC 转换成数字量。微处理器按一定时间间隔周期性地向各检测点发出

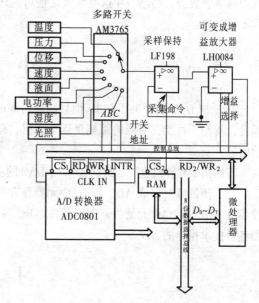

图 7-19 数据采集系统

采集命令，将各检测点所采集的数据送入微处理器进行处理。经处理后的信号送到控制装置完成各种动作，如报警、调温等。这就是所谓的数据采集系统。

图 7-19 数据采集系统工作原理如下：

微处理器通过控制总线向多路开关发送地址信号，选择所要转换的模拟信号。例如，当微处理器发送的地址信号为 $ABC=000$ 时，温度传感器的输出信号 V_1 被选中，通过多路开关送到采样—保持电路，把该时刻的电压采集并保持下来送到可编程增益控制放大器放大。

8 个不同的传感器输出的满量程电压是不同的，例如，温度传感器输的电压范围可能是 0～5V，而压力传感器的输出电压范围可能是 0～500mV，为使送入 ADC 的电压范围一致，所以选择可编程增益控制放大器 LH0084 对来自采样—保持电路的信号电压进行调整。LH0084 有 1、2、5、10 共 4 个增益选择。例如，当压力传感器的输出电压（0～500mV）需要转换时，微处理器对 LH0084 进行控制使之放大倍数为 10，放大器输出则为 0～5V。同理，根据其他传感器输出电压范围的不同，通过微处理器的控制使之输出电压范围都是 0～5V。这样，经可编程增益控制放大器调整，使送入 ADC 的电压范围始终保持在 0～5V 之间。

可编程增益控制放大器输出的电压送到 ADC0801。为转换成与模拟电压相对应的二进制数，必须使 ADC 处于工作状态。所以微处理器向 ADC 发出片选信号（$\overline{CS1}$）、转换启动信号（$\overline{WR1}$），于是 ADC 开始工作。经 ADC 后把模拟信号转换成数字信号。转换结束时，转换结束端（$\overline{INTR_1}$）变为低电平，这时微处理器向输出使能端（$\overline{RD_1}$）发出允许读出的命令信号。于是 D_0～D_7 的数据通过数据总线送入微处理器，然后送入 RAM。

这一过程完成后，微处理器通过控制总线向多路转换开关发送新的待测信号的地址，例如 $ABC=001$，于是压力传感器输出被送入采样–保持电路，又重复上述过程，直到 8 个数据转换存储完毕。下一轮采集又重复上述过程。

采集得到的数据经微处理器分析处理后再去控制执行装置，例如报警装置、温度调节装置、

压力调节装置等。当然，在这些装置之前可能还要加入其他部件，例如逻辑电路、ADC 等，这里就不再赘述。

小 结

ADC 与 DAC 的种类非常多，而且随着时间的推移，还会不断有更多的新型 ADC 与 DAC 出现。因此，我们不可能在有限的篇幅里逐个介绍，而只能着重介绍 ADC 与 DAC 的基本思想、共同性的问题。

转换精度和转换速度是衡量 ADC 与 DAC 的主要指标，也是挑选 ADC 与 DAC 的主要依据。

为了使读者对集成 ADC 与 DAC 元器件有些感性的认识，并学会合理的使用，本章介绍了几种集成 ADC 与 DAC 元器件。对于集成 ADC 与 DAC 元器件应着重理解它们的外特性、使用方法和各项技术指标的含义。

习 题

1. 什么是 ADC? 什么是 DAC? 各有何用途?
2. 二进制权电阻网络 DAC 由哪些主要部分组成?
3. 在图 7-20 所示电路中，假设 $R=250\text{k}\Omega$，$R_F=500\text{k}\Omega$，基准电压 $V_{REF}=-2\text{V}$，若数字量 $a_4a_3a_2a_1a_0$ 分别为 "10000"，"00111"，"01111" 时，求输出电压 u_o。
4. R-2R 倒 T 形电阻网络 DAC 的工作原理是什么?
5. 在图 7-21 所示电路中，假设基准电压 $V_{REF}=+2\text{V}$，当输入数字量 $a_3a_2a_1a_0$ 分别为 "0001"，"1001"，"1111" 时，求输出电压 u_o。

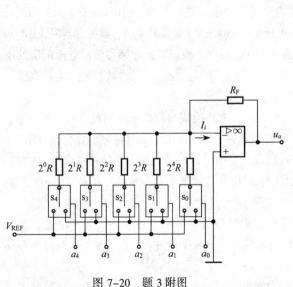

图 7-20 题 3 附图

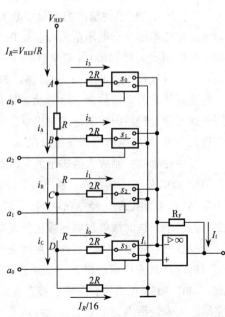

图 7-21 题 5 附图

6. 什么是双积分型 ADC？它由哪些主要部分组成？它的主要工作过程是什么？

7. 为什么双积式 ADC 的精度高？而时钟脉冲周期、积分电阻和电容对其影响很小？

8. 在图 7-22 所示电路中，假设计数器 $n=4$，基准电压 $V_{REF}=16V$，当输入模拟电压 u_i 分别为 0V、5V、-5V 时，输出的数字量各为多少？

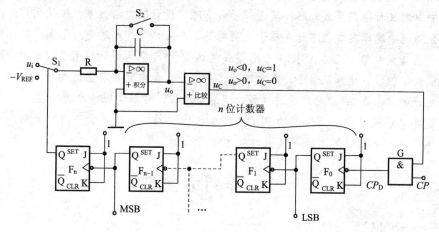

图 7-22 题 8 附图

9. 逐次逼近 ADC 的工作原理是什么？

第8章 编程逻辑

数字系统中的 IC（集成电路）可分为非用户定制电路、全用户定制电路和半用户定制电路。非用户定制电路又称通用集成电路，其逻辑功能有限，设计时灵活性差；但使用广泛，价格便宜，前面介绍的中规模集成电路就是属于此类电路。全用户定制电路是为了满足特殊应用要求而专门设计的集成电路，又称 ASIC（专用集成电路）。由于它为某种应用专门定制，因而在系统中性能最好；但往往生产批量小，成本很高。半用户定制电路兼有上述两种电路的特点，它是由厂家生产的"半成品"，用户通过编程、烧录等手段，可以实现特定的功能。

目前数字系统设计中广泛使用的 PLD（可编程逻辑器件）就属于半用户定制产品。本章将对几种主要的可编程逻辑器件及其设计技术进行介绍。

8-1 阵列示意图

8-1-1 ROM

1. 掩模 ROM

ROM 正常情况下只用于读出操作，即使切断电源，ROM 中存储的内容也不会消失，这种特性被称为非易失性。所以 ROM 是非易失性存储器。

掩模 ROM 是问世最早的半导体存储芯片，1970 年就开始生产了。图 8-1 为 2 字 × 4 位掩模 ROM 阵列。

掩模 ROM 阵列中电子管（MOS 管、二极管）的连接是根据用户的要求在集成电路生产时就指定好了，一旦生产完成，就不能更改。ROM 阵列中连接位线和字段的电子管 4 个位线的单元数据为 0，反之为 1。图 8-1 中 2 个字线所存储的内容分别为0101、1011。

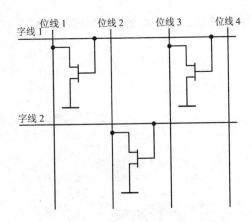

图 8-1　2 字 × 4 位掩模 ROM 阵列

2. 可编程 ROM

可编程逻辑器件基本结构仍然与掩模 ROM 相似，只是行与列之间的连接不是用掩模制作，而是先在 ROM 存储器矩阵的每个行与列之间连接点都安排一个熔丝，做成半成品。然后再根据设计要求将某些不需要连接处的熔丝烧断，达到编程的目的。这样做成的 ROM 称为可编程 ROM（PROM）。

后来又出现一种现场可编程器件，它用一些特殊设计的半导体器件代替了必须由工厂来烧写的熔丝，使得对的编程可以由用户在自己的实验室中（即所谓现场，Field）利用某种编程器来完成，设计和编程工作通常都是在 PC 或工作站上进行。各半导体公司都有各自的开发软件，使用者只要在 PC 上操作，即可做出所需要的专用集成电路。

目前用于可编程连接的工艺有反熔丝、EPROM、E²ROM、Flash 等。

3．系统编程技术

在系统编程（In System Programmable，ISP）技术是基于低电压工作的 E^2PROM 工艺的一种新技术。其特点是编程不需要编程器，直接将器件放在系统板或目标板上进行，只需用一根电缆将计算机与被编程器件相连接起来，即可在编程软件的控制下对器件编程。

除少数几个引脚外，ISP 器件引脚几乎都是双向端口，在每个端口内部都有一个三态门。编程时，从计算机发出的编程命令将使所有端口（与编程电缆相接的端口除外）的三态门皆处于断开状态，割断芯片与电路板上外电路的一切联系，而由电缆中编程导线送入的数据对各个编程点逐一编程，在编程的同时还对编程的结果检验，如芯片本身有瑕疵都可以及时发现。

在系统编程技术的出现改变了可编程逻辑器件先编程后装配的传统模式，使得科研、新产品试制过程中的调试、修改以及产品的升级换代都变得十分容易，是一种很有价值的新技术。

8-1-2　阵列示意图概述

ROM 的结构框图如图 8-2（a）所示。它由地址译码、存储矩阵和读写驱动电路组成。为了简化译码及存储单元电路，采用二极管作为开关元件，得到二极管 ROM 模型，如图 8-2（b）所示。

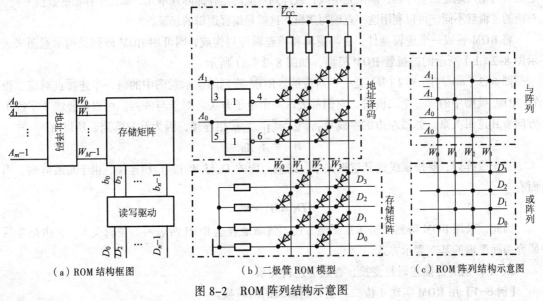

（a）ROM 结构框图　　　　　（b）二极管 ROM 模型　　　　（c）ROM 阵列结构示意图

图 8-2　ROM 阵列结构示意图

图 8-2（b）有 2 位地址输入和 4 位数据输出，并被简化为只包括译码地址和存储矩阵两部分电路（因为驱动电路部分与逻辑功能无关）。若把 ROM 看成为组合逻辑电路，则地址译码是一个与门构成的阵列，输入是地址 A_1、A_0，输出是字线 W_3、W_2、W_1、W_0。逻辑表达式为

$$\left.\begin{aligned} W_3 &= A_1 A_0 \\ W_2 &= A_1 \overline{A_0} \\ W_1 &= \overline{A_1} A_0 \\ W_0 &= \overline{A_1 A_0} \end{aligned}\right\} \tag{8-1}$$

存储阵列构成或逻辑阵列，它以字线 W_3、W_2、W_1、W_0 为输入，数据输出 D_3、D_2、D_1、D_0 为输出。逻辑表达式为

$$D_3 = W_1 + W_3$$
$$D_2 = W_0 + W_2 + W_3$$
$$D_1 = W_1 + W_2 + W_3$$
$$D_0 = W_0 + W_2$$

(8-2)

将式（8-1）代入式（8-2）得输入地址与输出数据的逻辑表达式为

$$D_3 = \overline{A_1} A_0 + A_1 A_0$$
$$D_2 = \overline{A_1}\ \overline{A_0} + A_1 \overline{A_0} + A_1 A_0$$
$$D_1 = \overline{A_1} A_0 + A_1 \overline{A_0} + A_1 A_0$$
$$D_0 = \overline{A_1}\ \overline{A_0} + A_1 \overline{A_0}$$

(8-3)

式（8-3）是最小项逻辑表达式，它可以表示任何组合逻辑。因此，可以用 ROM 实现组合逻辑。

从逻辑的角度上看，可以将 ROM 看成是由与列和或阵列形成的组合逻辑。其中，与阵列是固定的，为输入地址的全译码，输出是字线；或阵列对应的是存储阵列单元，单元中存储的数据不同，对应的逻辑就不同，可以利用这一点编写逻辑。这就是编程逻辑的起源。

将 ROM 看成一个逻辑器件，由与逻辑和或逻辑阵列构成，则可用 ROM 阵列结构示意图来表示图 8-2（b）所示的二极管 ROM 模型，如图 8-2（c）所示。

图 8-2（c）与图 8-2（b）是一一对应的。ROM 阵列结构示意图中的每一个连接点对应二极管 ROM 模型中的每一个二极管，它们都表示一个电子开关。对于与阵列，可以按竖线（字线）方向看其逻辑关系。如最左边的字线 W_0，它与 $\overline{A_1}$、$\overline{A_0}$ 相连接，因为是与阵列，所以有

$$W_0 = \overline{A_1}\ \overline{A_0}$$

对于或阵列，要按横线找其逻辑关系。如最上面的 D_3 与 W_1 和 W_3 相连接，由于是或阵列，因而有

$$D_3 = W_1 + W_3$$

因此，采用 ROM 阵列结构示意图能方便、清晰地表达 ROM 所表示的逻辑关系。它也是今后研究编程逻辑的基本表示方式。

ROM 特别适合描述码制变换、查表等逻辑关系。

【例 8-1】 用 ROM 实现 4 位二进制码到格雷码的转换。

解： 4 位二进制码转换为格雷码的真值表如表 8-1 所示。

表 8-1　4 位二进制码转换为格雷码的真值表

二 进 制 码				格 雷 码			
B_3	B_2	B_1	B_0	G_3	G_2	G_1	G_0
0	0	0	0	0	0	0	0
0	0	0	1	0	0	0	1
0	0	1	0	0	0	1	1
0	0	1	1	0	0	1	0
0	1	0	0	0	1	1	0
0	1	0	1	0	1	1	1

续表

二　进　制　码				格　雷　码			
B_3	B_2	B_1	B_0	G_3	G_2	G_1	G_0
0	1	1	0	0	1	0	1
0	1	1	1	0	1	0	0
1	0	0	0	1	1	0	0
1	0	0	1	1	1	0	1
1	0	1	0	1	1	1	1
1	0	1	1	1	1	1	0
1	1	0	0	1	0	1	0
1	1	0	1	1	0	1	1
1	1	1	0	1	0	0	1
1	1	1	1	1	0	0	0

由真值表得出最小项表达式

$$G_3 = \sum(8,9,10,11,12,13,14,15)$$
$$G_2 = \sum(4,5,6,7,8,9,10,11)$$
$$G_1 = \sum(2,3,4,5,10,11,12,13)$$
$$G_0 = \sum(1,2,5,6,9,10,13,14)$$

根据上述最小项表达式，可以得到 4 位二进制码转换为格雷码的 ROM 阵列结构示意图，如图 8-3 所示。

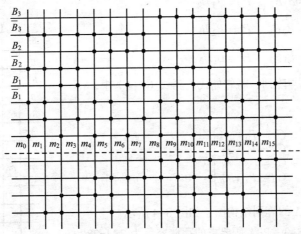

图 8-3　4 位二进制码转换为格雷码的 ROM 阵列结构示意图

8-2　CPLD

8-2-1　PLA

1974 年由 Signetics 公司推出的双极型可编程逻辑阵列（Programmable Logic Array，PLA）是

最早的实用 PLD（可编程逻辑器件）。这种器件的与阵列和或阵列均可编程。但由于封装大和成本高等原因，限制了它的使用范围。

对于具有 n 个输入地址的 ROM，其中的与阵列产生 2^n 个最小项。不管实际的逻辑函数需要多少个最小项，这 2^n 个最小项都会存在。也就是说，总有一部分最小项没有使用。这意味着芯片的一部分面积被白白浪费。为了提高芯片的利用率，与阵列无须产生 2^n 个最小项，而是根据逻辑函数实际需要产生乘积项。

PLA 就是把 ROM 中的地址译码器改为乘积项发生器的一种 PLD，即由全译码改为部分译码。在这种器件中，与阵列的内容不是固定的，而是完全按照用户的逻辑表达式来配置的。它所产生的乘积项的数目总是小于 2^n，而且每个乘积项也不一定是全部 n 个输入信号的组合。PLA 的或阵列和 ROM 的或阵列相似，或阵列的每个输出都可以选用所需要的乘积项。总之，它的与阵列和或阵列均可编程。

【例 8-2】用 PLA 实现例 8-1 设计要求。

解：本例题的设计要求与例 8-1 一样，由表 8-1 所示的 4 位二进制码转换为格雷码的真值表，可得简化后的与或表达式（卡诺图化简略）

$$\left.\begin{aligned} G_3 &= B_3 \\ G_2 &= B_3 \oplus B_2 = \overline{B_3}B_2 + B_3\overline{B_2} \\ G_1 &= B_2 \oplus B_1 = \overline{B_2}B_1 + B_2\overline{B_1} \\ G_0 &= B_1 \oplus B_0 = \overline{B_1}B_0 + B_1\overline{B_0} \end{aligned}\right\} \tag{8-4}$$

上式中共有 7 个与项，它们是

$$P_0 = B_3$$
$$P_1 = \overline{B_3}B_2, \quad P_2 = B_3\overline{B_2}$$
$$P_3 = \overline{B_2}B_1, \quad P_4 = B_2\overline{B_1}$$
$$P_5 = \overline{B_1}B_0, \quad P_6 = B_1\overline{B_0}$$

这 7 个与项构成与阵列，将它们代入到式（8-4）中，得到或矩阵表达式

$$\left.\begin{aligned} G_3 &= P_0 \\ G_2 &= P_1 + P_2 \\ G_1 &= P_3 + P_4 \\ G_0 &= P_5 + P_6 \end{aligned}\right\}$$

由上式可画出 PLA 的阵列结构图，如图 8-4 所示。

比较图 8-4 和图 8-3，PLA 所要求的存储容量为 7×4=28，而 ROM 则要求 16×4=64，PLA 的容量仅为 ROM 的 28/64=44%。并且随着逻辑表达式复杂程度增加，这种优势会更加明显。

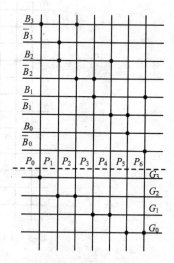

图 8-4　4 位二进制码转换为格雷码的 PLA 阵列结构示意图

8-2-2　PAL

可编程阵列逻辑（Programmable Array Logic，PAL）于 1977 由单片存储器公司（MMI）开发出来，它克服了 PLA 的一些不足，得到过比较广泛的使用。PAL 器件的与阵列可编程，而或阵列

固定。PAL 中的每个或门只与一组固定的与门输出乘积项相连接，这意味着 PAL 的输出表达式中允许包含的乘积项数目减少，故其灵活性不如 PLA；但成本较低，容易编程，使用方便。

PAL 的基本输出结构有 3 种类型。

① 组合型输出方式，如图 8-5 所示。

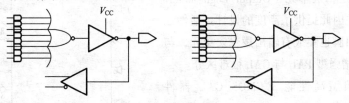

图 8-5　组合型输出方式

注意：图中 ─▷ 符号表示"与"，即输出为与输入相连所有项的"与"。

② 组合型输入/输出方式，如图 8-6 所示。

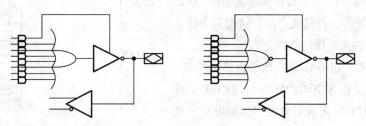

图 8-6　组合型输入/输出方式

图 8-5 和图 8-6 都为组合型输出结构，区别在于后一种使连接在输出引脚上的三态门使能端受与阵列的控制，从而使得引脚在三态门使能允许时作为输出，三态门高阻状态时具有输入功能，极大地提高了引脚的灵活性。

③ 寄存器输出方式，如图 8-7 所示。

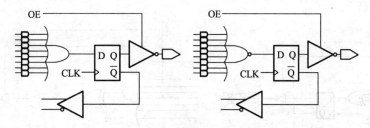

图 8-7　寄存器输出方式

在图 8-7 中，或门的输出接到了 D 触发器的输入，因而输出结果可以在 CLK 的作用下保存起来，记忆状态，构成时序逻辑电路。同时 D 触发器的反向输出端又反馈到与逻辑阵列，可构成移位寄存器、计数器和状态机等各种时序逻辑电路。

8-2-3　GAL

1986 年 Lattice 公司推出了通用阵列逻辑（Generic Array Logic，GAL），获得巨大成功，并因此成为业界巨头。

GAL 是在 PAL 结构基础上产生的新一代器件，是 PAL 器件的增强型。它采用 E²CMOS 工艺，实现了电可擦除、电可改写。其结构与 PAL 一样，由可编程的与阵列去驱动固定的或阵列，差别在于 GAL 的输出结构不同，它的每个输出引脚上都集成有一个输出逻辑宏单元（Output Logic Macro Cell，OLMC），并因此提供了高度的设计灵活性。有些 PAL 输出引脚也集成有输出逻辑宏单元，与 GAL 兼容，这些增强型 PAL 与 GAL 很难区分。

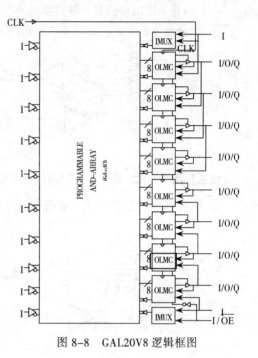

图 8-8 是典型高性能 E²CMOS GAL 器件 GAL20V8 的逻辑框图。

GAL20V8 OLMC 的两种典型配置结构如下：

1. 寄存器配置

GAL OLMC 与 PAL 的输出结构非常相似，所以可以把 PAL 理解为一种过渡产品，这也是为什么 PAL 只在市场上昙花一现的原因。

OLMC 的配置是由 GAL 器件的编程位实现的，具体来说就是编程位 SYN=0，AC0=1，AC1=0 实现寄存器配置，XOR=0 定义有效输出为低电平，而 XOR=1 定义有效输出为高平。OLMC 寄存器配置结构如图 8-9 所示。

图 8-8　GAL20V8 逻辑框图

2. 组合配置

OLMC 组合配置结构如图 8-10 所示。

组合配置编程位如下：SYN=0，AC0=1，AC1=1，XOR=0 定义有效输出为低电平，而 XOR=1 定义有效输出为高平。

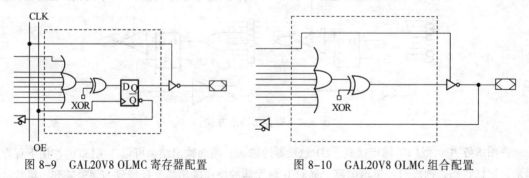

图 8-9　GAL20V8 OLMC 寄存器配置　　　　图 8-10　GAL20V8 OLMC 组合配置

8-2-4　CPLD 简介

Lattice 是 ISP 技术的发明者，ISP 技术极大地促进了复杂可编程逻辑器件（Complex Programmable Logic Device，CPLD）产品的发展，20 世纪 80 年代末和 90 年代初是其黄金时期。它的中小规模 CPLD 比较有特色，种类齐全。

Lattice 的 ispMACH 4000 器件具有 CPLD 结构的典型特征。

ispMACH 4000 由以下几部分组成：通用逻辑块（Generic Logic Blocks，GLB），它包含了 36 个输入的与阵列和 16 个宏单元；全局布线池（Global Routing Pool，GRP），它将 GLB 互连起来；I/O 块（IO Block，IOB），它包含一些 IO 单元；输出布线池（Output Routing Pool，ORP），它将 IOB 和 GLB 连接起来。ispMACH 4000 构架框图如图 8-11 所示。

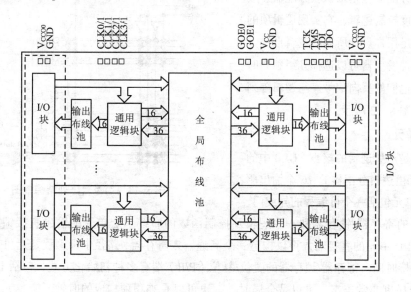

图 8-11　ispMACH 4000 构架框图

1. GLB

GLB 是产生逻辑功能的主要单元，它内部有可编程与阵列、逻辑分配器、16 个宏单元和时钟发生器，其内部结构框图如图 8-12 所示。

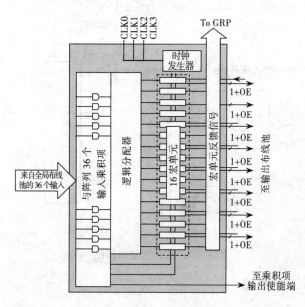

图 8-12　GLB 结构图

2. 与逻辑阵列

在与逻辑阵列中，36 个输入可产生 83 个乘积项。再由逻辑分配器分配至宏单元中。宏单元输出的信号一路输出到 ORP，最终到 I/O 引脚；另一路反馈到 GRP，再输入各 GLB 形成更复杂的逻辑。逻辑分配器包括乘积项分配器、簇分配器和宽度控制逻辑。它实现逻辑项的分配，以满足用户设计所需的逻辑形式。GLB 中的时钟发生器可以选择几组独立时钟信号及其他们的反向信号。与逻辑阵列结构框图如图 8-13 所示。

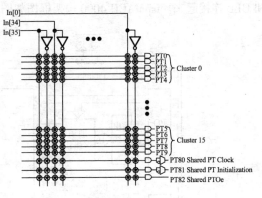

图 8-13 与逻辑阵列结构框图

3. 宏单元

宏单元是产生逻辑的核心。GLB 中的 16 个宏单元由逻辑分配器的 16 个输出驱动。每个宏单元包括一个可编程的异或门、一个可编程的寄存器/锁存器和一些逻辑及控制函数的布线。宏单元的输出直接馈入 ORP 和 GRP。来自 I/O 单元的直接输入可以构造一个高速输入寄存器，路径中可编程延迟可让设计者选择建立、保持时间。寄存器/锁存器的置位/复位（P/R）端有多种初始化方式，包括上电初始化。它的时钟选择也非常丰富，可以是全局时钟，也可以是乘积项构成的时钟。宏单元结构框图如图 8-14 所示。

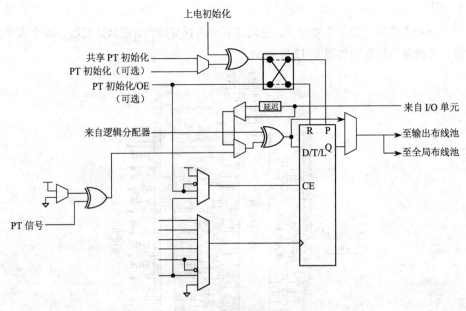

图 8-14 宏单元结构框图

8-2-5 CPLD 编程原理

一般把基于乘积项技术、Flash 工艺的 PLD 称为 CPLD；把基于查找表技术、SRAM 工艺、需要外挂配置 E²PROM 的 PLD 称为 FPGA。前面介绍的 PLA、PAL 和 GAL 属于简单的 CPLD。Lattice 公司以生产 CPLD 闻名，Xilinx 以生产 FPGA 著称，Altera 兼而有之。目前它们三家占据了可编程逻辑器件市场的绝大部分份额。

乘积项原理类似前面介绍的 PLA 和 PAL 的与或阵列。

设逻辑电路如图 8-15 所示，其逻辑表达式为 $f = (A+B) \cdot C \cdot \overline{D} = A \cdot C \cdot \overline{D} + B \cdot C \cdot \overline{D}$，它可用图 8-16 所示的与或阵列，即乘积项来表示。

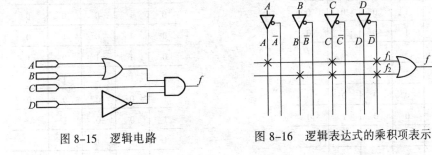

图 8-15 逻辑电路   图 8-16 逻辑表达式的乘积项表示

8-3 FPGA

8-3-1 FPGA 编程原理

现场可编程门阵列（Field Programmable Gate Array，FPGA）是管芯规则排列的晶体管或其他元件、通用的输入/输出单元以及有关焊接点的集合。FPGA 的特点是它具有大量的潜在内部连接点，保证了设计者能采用不同的元件互连方案来完成电路设计。

与基于乘积项技术、Flash 工艺的 CPLD 不同，FPGA 是基于查找表技术、SRAM 工艺的可编程逻辑器件。查找表（Look Up Table，LUT）本质上就是一个 RAM。目前 FPGA 中多使用 4 输入的 LUT，所以每一个 LUT 可以看成一个有 4 位地址线的 16×1 的 RAM。当用户通过原理图或硬件语言描述了一个逻辑电路以后，PLD/FPGA 开发软件会自动计算逻辑电路的所有可能的结果，并把结果事先写入 RAM。这样，每输入一个信号进行逻辑运算就等于输入一个地址进行查表，找出地址对应的内容，然后输出即可。

以图 8-15 的逻辑电路为例，它的真值表如表 8-2 所示。

图 8-15 所示的逻辑电路有 4 个逻辑输入，与之相对应的由 4 位地址输入 RAM 构成的 LUT 如图 8-17 所示。

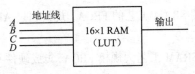

图 8-17 4 位地址 RAM LUT

LUT 内存储的数据与其逻辑真值表 8-2 中的内容一模一样，LUT 的内容如表 8-3 所示。

由于 LUT 中的内容与逻辑表达式一致，对于给定逻辑输入 A、B、C、D，通过 LUT 查表就可以得出相应的逻辑值。

表 8-2　图 8-15 的逻辑电路真值表

逻辑输入				输出
A	B	C	D	
0	0	0	0	0
0	0	0	1	0
0	0	1	0	0
0	0	1	1	0
0	1	0	0	0
0	1	0	1	0
0	1	1	0	0
0	1	1	1	0
1	0	0	0	0
1	0	0	1	0
1	0	1	0	1
1	0	1	1	0
1	1	0	0	0
1	1	0	1	0
1	1	1	0	0
1	1	1	1	0

表 8-3　LUT 的内容真值表

地址输入				输出
A	B	C	D	
0	0	0	0	0
0	0	0	1	0
0	0	1	0	0
0	0	1	1	0
0	1	0	0	0
0	1	0	1	0
0	1	1	0	1
0	1	1	1	0
1	0	0	0	0
1	0	0	1	0
1	0	1	0	0
1	0	1	1	0
1	1	0	0	0
1	1	0	1	0
1	1	1	0	0
1	1	1	1	0

8-3-2　Altera FPGA 典型结构

Altera 公司在 20 世纪 90 年代后发展很快，现在是世界上最大的可编程逻辑器件供应商之一。产品种类非常齐全，FPGA 主要有以下系列。

① FLEX10KE/ACEX1K：FLEX10KE 是 1998 年推出的 2.5V SRAM 工艺 FPGA，从 3 万～25 万门，主要有型号有 10K30E、10K50E、10K100E，带嵌入式存储块（EAB）。较早期的型号还有 FLEX10K（5V）、FLEX10KA（3.3V）。5V 的 10K 和 3.3V 的 10KA 已不推广，10KE 目前也已使用较少，逐渐被 ACEX1K 和 Cyclone 取代。ACEX1K 是 2000 年推出的 2.5V 低价格 SRAM 工艺 FPGA，结构与 10KE 类似，带嵌入式存储块（EAB），部分型号带 PLL，主要有 1K10、1K30、1K50、1K100 等几种。

② APEX20K/20KE：1999 年推出的大规模 2.5V/1.8V SRAM 工艺 FPGA，带 PLL、CAM、EAB、LVDS，容量从 3 万～150 万门。

③ APEXII：APEX 的高密度 SRAM 工艺的 FPGA，规模超过 APEX，支持 LVDS、PLL、CAM，用于高密度设计。

④ Stratix：Altera 最新一代 SRAM 工艺大规模 FPGA，集成硬件乘加器，芯片内部结构比 Altera 以前的产品有很大变化。

⑤ Cyclone（飓风）：Altera 最新一代 SRAM 工艺中等规模 FPGA，与 Stratix 结构类似，是一种低成本 FPGA 系列，配置芯片也改用新的产品。Cyclone™ FPGA 系列基于 1.5V，0.13μm 全铜 SRAM 工艺制造，逻辑单元密度从 20kbit 到 288kbit，具有锁相环和 DDR SDRAM 接口；它支持多种 I/O 标准，如数据传输率高达 640Mbit/s 的 LVDS 以及 64/33MHz、64/32bit 的 PCI 接口；另外，它上面的扩展时钟

管理可用于复杂逻辑设计。Cyclone 器件为价格比较敏感的产品提供了解决方案。

⑥ Excalibur：片内集成 CPU（ARM922T）的 FPGA 产品。

⑦ Mercury：SRAM 工艺 FPGA，8 层全铜布线，I/O 性能及系统速度有很大提高，I/O 支持 CDR（时钟—数据自动恢复）以及 DDR SDRAM 接口，内部支持四端口存储器，LVDS 接口最高支持到 1.25GB/s。用于高性能高速系统设计，适合做高速系统的接口。

⑧ Stratix GX：Mercury 的下一代产品，基于 Stratix 器件的架构，集成 3.125GB/s 高速传输接口，用于高性能高速系统设计。

下面以 FLEX 10K 系列的内部逻辑结构为例介绍其功能单元。

FLEX 10K 器件中所包含的嵌入式阵列用以实现存储单元和特殊逻辑功能；而逻辑阵列用来实现通用逻辑功能。

嵌入式阵列由嵌入式阵列块（Embedded Array Block，EAB）组成，当用于实现存储单元时，它可提供 2048bit 容量的 RAM、ROM、双口 RAM、FIFO；实现逻辑功能时，能构成 100～600 门的复杂逻辑功能，如复用器、微处理器、状态机、DSP。EAB 既可以独立使用，也可以多个联合使用。

逻辑阵列由逻辑阵列块（Logic Array Block，LAB）构成，每个 LAB 包含 8 个逻辑单元（Logic Element，LE）和本地互连线，每个 LE 由 4 个 LUT、1 个可编程触发器以及 1 条用于进位和级联信号的专用路径组成。每个 LAB 相当于 96 个逻辑门，可形成中规模的逻辑功能块。互连线连接器件内部的行列通道及引脚介绍如下：

I/O 引脚由位于行列末端的 I/O 单元（I/O Element，IOE）馈接。每个 IOE 包含一个双向的 I/O 缓冲器和一个触发器。当使用专用时钟引脚的信号时，触发器会具有非常好的性能，时钟到输出的时间仅为 5.3ns。IOE 还提供很多特性，如 JTAG 支持、摆率控制、三态缓冲、开漏输出。

图 8-18 为 FLEX 10K 构架的框图。

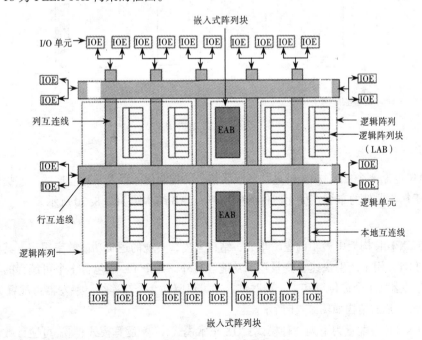

图 8-18　FLEX 10K 构架的框图

1. EAB

EAB 是一个代输入输出触发器的 RAM 块，它特别适合诸如乘法器、矢量处理、错误校正以及数字滤波器和微处理器的逻辑实现。逻辑功能是通过其创建的巨大 LUT 实现的，大容量的 EAB 使得实现复杂功能时没有布线延迟。它比那些带有小容量、分布 RAM 块的 FPGA 具有明显的优点。EAB 很容易实现同步 RAM，它利用全局时钟产生写信号，可以很好适配 RAM 单元。并且 EAB 中的 RAM 块可以配置为不同的容量。

每个 EAB 都由行列连接线馈接，它可以驱动两行和两列通道，没有用到的行列通道可以被其他 LE 驱动。EAB 结构图如图 8-19 所示。

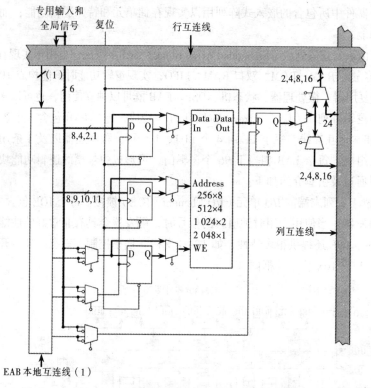

图 8-19　EAB 结构图

2. LAB

每个 LAB 包含 8 个 LE、相关的进位和级联信号、控制信号以及本地互连线。它提供粗粒度构架，有利于简化器件的布线，优化器件的使用率。LAB 结构图如图 8-20 所示。

3. LE

LE 是 FLEX 10K 构架中最小的逻辑单元，结构紧凑，实现的逻辑功能效率很高。其中包含一个 4 输入的 LUT，用于产生快速 4 变量逻辑功能。另外，每个 LE 还包含 1 个可编程的具有同步使能功能的触发器、1 个进位链和 1 个级联链。它可以驱动 2 个互连线。触发器可配置为 D、T、JK 和 SR 类型。LE 的结构如图 8-21 所示。

FLEX 10K LE 可配置为下列 4 种模式：① 正常模式；② 运算模式；③ 可逆计数器模式；④ 可清零的计数器模式。

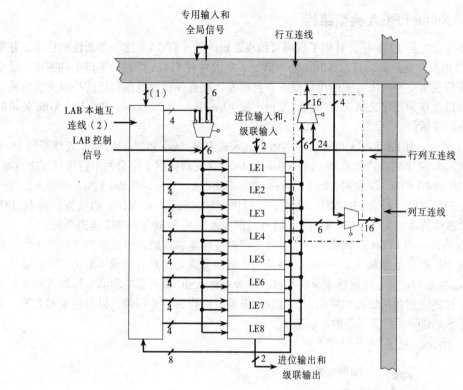

图 8-20 LAB 结构图

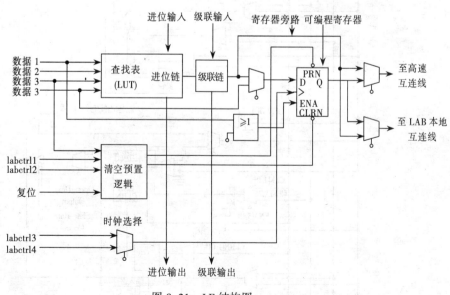

图 8-21 LE 结构图

4. IOE

1 个 IOE 包括 1 个双向 I/O 缓冲器和 1 个输入寄存器、1 个输出寄存器及 1 个输出使能寄存器，它具有输入、输出和双向 I/O 功能。图 8-22 为 IOE 双向 I/O 寄存器模式结构图。

8-3-3 Xilinx FPGA 典型结构

Xilinx 公司成立于 1984 年，首创了现场可编程逻辑阵列（FPGA）这一创新性的技术，并于 1985 年首次推出商业化产品。目前 Xilinx 公司满足了全世界对 FPGA 产品一半以上的需求，是全球领先的可编程逻辑完整解决方案的供应商，并且研发、制造并销售范围广泛的高级集成电路、软件设计工具以及作为预定义系统级功能的知识产权（Intellectual Property，IP）核。Xilin 公司的主流 FPGA 系列包括：

① Xilinx Virtex-II Pro FPGA 可提供多达四个嵌入式 IBM PowerPC（TM）405 处理器和 16 个工作在 3.125Gbit/s 速率的高速收发器。Xilinx Rocket I/O™ 收发器提供了完全的串行接口解决方案，支持带有 XAUI 的 10 Gbit/s 以太网、PCI Express 和 SerialATA。Virtex-II Pro FPGA 中嵌入的每一个 IBM PowerPC 可以运行在 300MHz 时钟下，提供 450 Dhrystone MIPS 的性能，并有 IBM CoreConnect™ 总线技术的支持。Virtex-II Pro 器件的密度范围从 3168～50 832 逻辑单元。

② Xilinx Spartan® FPGA 对低成本、大批量生产的应用非常理想，可提供整个产品生命周期的成本管理能力。密度范围从 5 万～500 万系统门，从而可满足用户对低成本解决方案的需求。最新的 Spartan-3 系列产品，将能够完全满足过去中等规模 ASIC 所占据的利润丰厚的新兴大批量应用的要求，这些应用包括低成本路由器、存储服务器、医疗和工业图像，以及住宅网关等，从而大大扩展了 Spartant 系列所服务的市场范围。

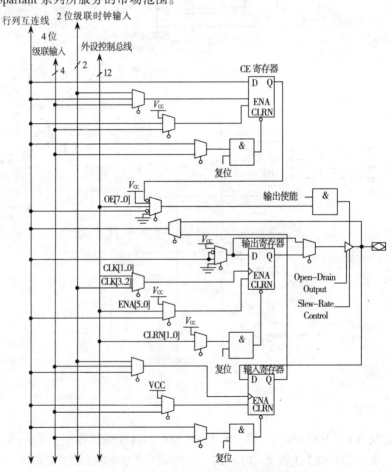

图 8-22　IOE 双向 I/O 寄存器模式结构图

下面以 Spartan IIE 为例，阐述其内部构架与功能。

Spartan IIE 主要由下列 5 个可配置单元构成。

① 输入/输出块（Input/Output Block，IOB）：提供引脚和内部功能间的接口。

② 可配置逻辑块（Configurable Logic Block，CLB）：构造逻辑的功能单元。

③ 专用 RAM 块：每块容量为 4096bit。

④ 延迟锁定环（Delay-Locked Loop，DLL）：分布时钟延迟补偿和控制。

⑤ 多层互连结构：连接器件内部各个资源。

Spartan IIE 构架框图如图 8-23 所示。

1. IOB

IOB 支持多种 IO 标准，其高速 I/O 特性能够支持当今先进的存储器和总线接口。其支持的标准有 LVTTL、LVCMOS2、LVCMOS18、PCI（3V 33MHz/66MHz）、GTL、GTL+、HSTL Class I、HSTL Class III、HSTL Class IV、SSTL3 Class I、SSTL3 Class II、SSTL2 Class I、SSTL2 Class II、CTT、AGP、LVDS、LVPECL。

IOB 上的 3 个寄存器既可以作为沿触发的 D 触发器，又可以构成电平敏感的锁存器；时钟信号 CLK 由它们共享，但时钟使能信号 CE 却是独立的。IOB 结构框图如图 8-24 所示。

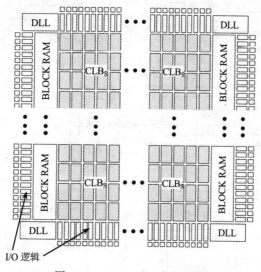

图 8-23　Spartan IIE 构架框图

2. CLB

构建 CLB 的基本逻辑单元是逻辑单元（Logic Cell，LC），1 个 LC 包含 1 个 4 输入函数产生器（LUT）、进位逻辑和存储单元。每个 CLB 包括 4 个 LC，分成 2 个小块，每个小块的结构如图 8-25 所示。

函数产生器是由 4 输入的 LUT 实现的；除了作为逻辑函数产生器外，每个 LUT 还可以作为 16 bit 的同步 RAM、双端口 RAM 和移位寄存器。

3. RAM 块

RAM 块以列的形式组织，其容量为 32～288KB，每块 RAM 都是大小为 4096B 的双口同步 RAM，其结构如图 8-26 所示。

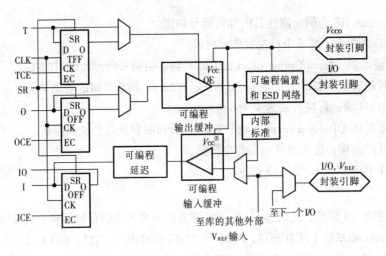

图 8-24 IOB 结构框图

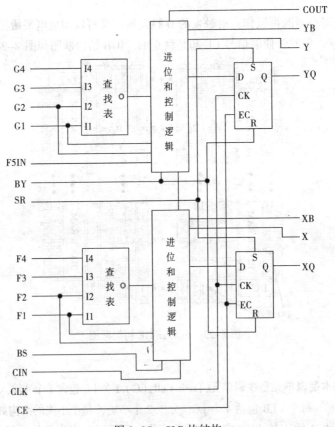

图 8-25 CLB 块结构

4．时钟分布

Spartan IIE 器件通过其全局布线资源提供高速、低摆率时钟分布。4 个专用时钟引脚分别与各自的全局缓冲器相连，以形成优化的全局时钟网络。

与每个全局时钟缓冲器相关的是 1 个数字化的 DLL，用于降低引脚时钟的摆率、减少时钟延迟。每个 DLL 可以驱动两个全局时钟网络，它监视输入时钟和分布时钟，并自动调整时钟延迟单元，其结构如图 8-27 所示。

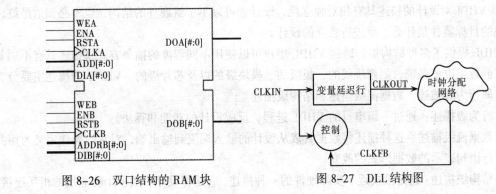

图 8-26 双口结构的 RAM 块　　　　图 8-27 DLL 结构图

8-4　VHDL

8-4-1　VHDL 概述

VHDL 的英文全名是 Very-High-Speed Integrated Circuit Hardware Description Language，诞生于 1982 年。1987 年底，VHDL 被 IEEE 和美国国防部确认为标准硬件描述语言。自 IEEE 公布了 VHDL 的标准版本 IEEE-1076（简称 87 版）之后，各 EDA 公司相继推出了自己的 VHDL 设计环境，或宣布自己的设计工具可以和 VHDL 连接。此后，VHDL 在电子设计领域得到了广泛的接受，并逐步取代了原有的非标准的硬件描述语言。1993 年，IEEE 对 VHDL 进行了修订，从更高的抽象层次和系统描述能力上扩展 VHDL 的内容，公布了新版本的 VHDL，即 IEEE 标准的 1076-1993 版本（简称 93 版）。现在，VHDL 和 Verilog 作为 IEEE 的工业标准硬件描述语言，得到众多 EDA 公司的支持，在电子工程领域，已成为事实上的通用硬件描述语言。有专家认为，在 21 世纪，VHDL 与 Verilog 语言将承担起大部分的数字系统设计任务。

VHDL 主要用于描述数字系统的结构、行为、功能和接口。除了含有许多具有硬件特征的语句外，VHDL 形式和描述风格十分类似于一般的计算机高级语言。VHDL 的程序结构特点是将一项工程设计，或称设计实体（可以是一个元件，一个电路模块或一个系统）分成外部（或称可视部分及端口）和内部（或称不可视部分，即涉及实体的内部功能和算法实现部分）。在对一个设计实体定义了外部界面后，一旦其内部开发完成后，其他的设计就可以直接调用这个实体。这种将设计实体分成内外部分的概念是 VHDL 系统设计的基本点。应用 VHDL 进行工程设计的优点是多方面的。

① 与其他的硬件描述语言相比，VHDL 具有更强的行为描述能力，从而决定了它成为系统设计领域最佳的硬件描述语言。强大的行为描述能力可以避开具体的器件结构，从逻辑行为描述上设计大规模电子系统。

② VHDL 丰富的仿真语句和库函数，使得在任何大系统的设计早期就能查验设计系统的功能可行性，随时可对设计进行仿真模拟。

③ VHDL 语句的行为描述能力和程序结构决定了它具有支持大规模设计和对已有设计的再利用功能，符合市场需求，即大规模系统高效、高速地完成必须有多人甚至多个开发组共同并行工作才能实现的工作。

④ 对于用 VHDL 完成的一个确定的设计，可以利用 EDA 工具进行逻辑综合和优化，并自动地把 VHDL 描述设计转变成门级网表。

⑤ VHDL 对设计的描述具有相对独立性，设计者可以不了解硬件的结构，也不必知道最终设计实现的目标器件是什么，而进行独立的设计。

VHDL 提供了多种结构集。通过 VHDL 用户可以使用不同程度的抽象方式来描述具有不同复杂程度的数字电子系统，如系统级的、板级的、模块级的以及芯片级的。VHDL 的描述主要分为三种，即行为级描述、数据流级描述和结构级描述。

- 行为级描述：通过一组串行的 VHDL 进程，反应设计的功能和算法。
- 数据流级描述：这种描述将数据看成从设计的输入端流到输出端，对它的操作定义为用并行语句表示的数据形式的改变。
- 结构织描述：这是最接近于实际硬件的一种描述。它是将设计看成多个功能块的相互连接，并且主要通过功能块的实例化来表示。

8-4-2 VHDL 基本结构

在 VHDL 中，对某个数字系统的硬件抽象称为实体（Entity）。实体既可以单独存在，也可以作为另一个更大实体的一部分。当一个实体成为另一个实体的一部分时，就把这个实体称为组件（Component）。

描述一个实体的对外特性及其内部功能，是设计的主要任务。一个 VHDL 程序设计的基本结构，主要包括 4 个方面：① 实体（Entity）声明；② 结构体（Architecture）；③ 配置（Configuration）声明；④ 程序包（Package）。

配置、程序包用于高级 VHDL 设计中，这里不作介绍。

1. 实体声明

实体声明定义了一个设计模块的输入和输出端口，即模块对外的特性。也就是说，实体声明给出了设计模块与外部的接口，如果是顶层模块的话，就给出了芯片外部引脚定义。

实体声明语法如下：

```
Entity 实体名称 is
    [generic （类属声明）;]
    [port （端口声明）;]
End [实体名称];
```

2. 端口声明

端口声明确定了输入和输出端口的数目和类型。语法如下：

```
port (
    端口名称:端口方式 端口类型
  [;端口名称: 端口方式 端口类型]);
```

其中，端口方式可以是下面 4 种方式。

① in 输入型，表示这一端口为只读型。

② out 输出型，表示只能在实体内部对其赋值。

③ inout 输入/输出型，既可读也可赋值。可读的值是该端口的输入值，而不是内部赋给端口的值。

④ buffer 缓冲型，与 out 相似但可读。读的值是内部赋的值。

3．类属声明

类属声明用来确定实体或组件中定义的局部常数。模块化设计时多用于不同层次模块之间参数的传递。类属声明语法如下：

```
generic (
    常数名称:类型[:=值]
  [;常数名称:类型[:=值]] );
```

【例 8-3】定义一个名为 GP 的实体，它有两个 N bit 输入。

解：VHDL 语句如下：

```
Entity GP is
    generic ( N: INTEGER := 8 );
    port ( X, Y : in BIT_VECTOR(0 to N-1) );
End GP;
```

4．结构体定义

实体只描述了模块对外的特性，而并没给出模块的具体实现。模块的具体实现或内部具体描述由结构体（Architecture）来完成。两者之间的关系很像软件设计语言中函数声明与函数体之间的关系。每个实体都有与其相对应的结构体语句。它既可以是一个算法（一个进程中的一组顺序语句），也可以是一个结构网表（一组组件实例），实际上，它们反应的是结构体的不同描述方式。结构体的语法如下：

```
Architecture 结构体名称 of 实体名称 is
    块声明语句
begin
    并行处理语句
end [结构体名称];
```

8-4-3　VHDL 数据类型与表达式

1．标识符

基本标识符是包括以下字符的字符序列：大写字母“A”～“Z”；小写字母“a”～“z”；数字“0”～“9”以及下画线“_”。VHDL 不区分大小写。标识符必须以字母开头，不能以下画线结尾，且不能出现连续的两个或多个下画线的情况。

2．常量声明

常量声明的关键字是 constant，可以是特定类型的固定值。常量的值可读但不可写。例如：

```
    constant WIDTH : INTEGER : = 8;
    constant X : BIT : = 'X';
```

3．变量声明

变量声明定义了给定类型的变量名称，其关键字是 variable。可以在表达式中使用变量，也可以利用变量赋值语句给变量赋值。例如：

```
variable A, B : BIT;
```

4．信号声明

信号声明的关键字是 signal，它可以将结构体中分离的并行语句连接起来，并且还能通过端口与该设计内的其他模块连接起来。信号声明定义了特定类型的新命名信号（导线），可以给信号赋以默认值（初始值）。例如：

```
signal  A, B : BIT;
```

```
signal  INIT : INTEGER :=-1;
```

5. BOOLEAN 数据类型

数据类型 BOOLEAN 是具有两个值的枚举类型：FALSE 和 TRUE。

6. BIT 数据类型

数据类型 BIT 用两个字符 "0" 或 "1" 中的一个来代表二进制值。

7. CHARACTER 数据类型

数据类型 CHARACTER 枚举了 ASCII 字符集。不可打印字符用 3 个字母名称表示，如 NUL 代表 null 字符。可打印字符用其本身表示，用单引号括起来。

数据类型 STRING 是数据类型 CHARACTER 的一个非限定数组。数据类型 STRING 要用双引号括起来，如下所示：

```
variable  STRING_VAR : STRING(1 to 4);
…
STRING_VAR := "VHDL";
```

8. INTEGER 数据类型

数据类型 INTEGER 表示所有正的和负的整数。整数只是引用了软件设计语言中的概念，在具体硬件实现时，整数是用 32 位的位向量来实现的，因此 VHDL 整数类型的最大范围是

$$-(2^{31}-1) \sim 2^{31}-1 \ (-2\ 147\ 483\ 647 \sim 2\ 147\ 483\ 647)。$$

INTEGER 还有两个子类型：NATURAL 和 POSITIVE。NATURAL 用来表示自然数；POSITIVE 用来表示非负数（0 和正数）。

9. BIT_VECTOR 数据类型

数据类型 BIT_VECTOR 代表 BIT 值的一个数组。

10. IEEE 标准数据类型 "STD_LOGIC" 和 "STD_LOGIC_VECTOR"

VHDL'93 标准 STD_LOGIC 数据类型有 9 种不同的值：

'U' ——初始值；

'X' ——不定，未知；

'0' ——0；

'1' ——1；

'Z' ——高阻；

'W' ——弱信号不定；

'L' ——弱信号 0；

'H' ——弱信号 1；

'–' ——不可能情况。

不定状态方便了系统仿真，高阻状态方便了双向总线的描述。STD_LOGIC 是 VHDL 中最常用的数据类型，比常见的物理类型信号 BIT 描述的功能要强。

11. 用户自定义类型

除了 VHDL 的预定义类型外，用户还可以定义自己所需的类型。用户自定义类型是 VHDL 语言的一大特色，是许多普通编程语言所不具备的。用户自定义类型大大增加了 VHDL 的适用范围。用户自定义类型的语法为

```
TYPE 数据类型名 [,数据类型名] 数据类型定义
```

VHDL 常用的用户自定义类型如下：① 枚举类型；② 整数类型；③ 数组类型；④ 记录类型；⑤ 记录集合；⑥ 预先定义的 VHDL 数据类型；⑦ 子类型。

下面代码显示了一个新类型 BYTE 的定义，BYTE 作为 8bit 的数组，同时还声明了一个利用该类型的变量 ADDEND，如下所示：

```
type BYTE is array(7 downto 0) of BIT;
variable ADDEND :BYTE;
```

12．枚举该类型

枚举类型属于用户自定义类型，它通过枚举该类型的所有可能的值来定义枚举类型。枚举类型定义语法如下：

```
type 类型名称 is （枚举文字[,枚举文字]）;
```

其中，类型名称是一个标识符，每个枚举文字都是一个标识符。例如：

```
type COLOR is ( BLUE,GREEN,YELLOW,RED );
type MY_LOGIC is ( '0','1','U','Z' );
variable HUE : COLOR;
signal  SIG : MY_LOGIC;
…
HUE := BLUE;
SIG <= 'Z';
```

13．数组类型

数组类型也属于用户自定义类型，为同类型元素的集合。VHDL 支持多维数组。数组元素可以属于任何类型。数组有一个索引，根据索引值选择每一个元素。索引范围决定了数组中有多少个元素以及这些元素的排列顺序（从低到高或从高到低）。索引可以属于任何整数类型。可以通过以下方法来声明多维数组：建立一个一维数组，其元素类型是另一个一维数组。例如：

```
type BYTE is array(7 downto 0) of BIT;
type VECTOR is array(3 downto 0) of BYTE;
```

VHDL 提供的数组有两种：限定数组和非限定数组。限定数组的索引范围有一定的限制，其定义语法如下：

```
type arrary_类型名称 is array( integer_range ) of 类型名称;
```

例如：

```
type BYTE is array( 7 downto 0) of BIT;
```

声明一个限定数组，索引范围（7，6，5，4，3，2，1，0）。

如果把一个数组索引范围定义成一个类型，例如：INTEGER。那么，这个数组就成为非限定数组。非限定数组类型定义语法如下：

```
type array_类型名称 is array( range_类型名称 range<> = of element_类型名称;
```

例如：

```
type BIT_VECTOR is array( INTEGER range < >= of  BIT;
    …
        variable MY_VECTOR :  BIT_VECTOR ( 5 downto -5 );
```

14．子类型

子类型也属于用户自定义类型，它是其他类型的子集。子类型继承了为基类定义的所有操作符和子程序。子类型声明语法如下：

subtype 子类型名 is 数据类型名[范围];

例如，BIT_VECTOR 类型定义如下：

type BIT_VECTOR is array(NATURAL range<>) of BIT;

如果在设计中只用了 16 bit 的向量，则可以定义一个 MY_VECTOR 子类型如下：

subtype MY_VECTOR is BIT_VECTOR (0 to 15);

15. 操作符

VHDL 中的运算操作符可以分为以下几类：① 逻辑操作符；② 关系操作符；③ 加减操作符；④ 一元操作符；⑤ 乘除操作符；⑥ 混合的算术操作符。

VHDL 预定义的操作符及相互间的优先顺序如表 8-4 所示。

表 8-4 VHDL 预定义的操作符及相互间的优先顺序

运算操作符类型	操 作 符	含 义	优 先 级
	abs	取绝对值	高
	**	取幂	
	*	乘	
	/	除	
	mod	取模	
	rem	取余	
一元正负运算	+	正	
	−	负	
加、减、合并运算	+	加	
	−	减	
	&	合并	
关系运算	=	相等	
	/=	不等	
	<	小于	
	<=	小于等于	
	>	大于	
	>=	大于等于	
逻辑运算	And	逻辑与	
	or	逻辑或	
	not	逻辑非	
	nand	逻辑与非	
	nor	逻辑或非	
	xor	逻辑异或	低

16. 逻辑运算

在 VHDL 语言中，逻辑运算符有 6 种，分别表示如下：① NOT——取反；② AND——与；③ OR——或；④ NAND——与非；⑤ NOR——或非；⑥ XOR——异或。

逻辑运算符适用的变量为 STD_LOGIC、STD_LOGIC_VECTOR、BIT、BIT_VECTOR 类型，逻辑运算符的左边、右边以及代入的信号类型必须相同。

【例 8-4】
```
signal A, B, C : BIT_VECTOR( 3 downto 0);
signal D, E, F, G : BIT_VECTOR( 1 downto 0);
signal H, I, J, K : BIT;
signal L, M, N, O, P : BOOLEAN;
A <= B and C;
D <= E or F or G;
H <= (I and J) nand K;
L <= (M xor N) and (O xor P);
```

17. 关系运算

关系操作符共有 6 种，分别是 "=" "/=" "<" "<=" ">" ">="。可以用来比较具有相同父类的两个操作数。然后返回一个 BOOLEAN 值。

【例 8-5】
```
signal A, B : BIT_VECTOR( 3 downto 0 );
signal C, D : BIT_VECTOR( 1 downto 0 );
signal E, F, G, H, I, J : BOOLEAN;
G <= ( A=B );
H <= ( C<D );
I <= ( C>=D );
J <= ( E>F );
```

18. 加减操作符

算术操作符 "+" 和 "−" 是为所有整数操作数预先定义的。

【例 8-6】
```
signal A, D : BIT_VECTOR( 3 downto 0 );
signal B, C, G : BIT_VECTOR( 1 downto 0 );
signal E : BIT_VECTOR( 2 downto 0 );
signal F, H, I : B1T;
signal J, K, L : INTEGER range 0 to 3;
A <= not B & not C;
D <<= not E & not F;
G = not H & not I;
J <= K + L;
```

19. 乘除操作符

"/" "mod" "rem" 中的右操作数需为 2 的整数次幂，在实际电路中该操作是用比特移位来实现的。

【例 8-7】
```
signal A, B, C, D, E, F, G, H : INTEGER range 0 to 15;
A <= B * 4;
C <= D / 4;
F <= F mod 4;
G <= H rem 4;
```

20. 集合

集合通过给数组类型实例的每个元素赋值来构造数组文字。集合也可以被当做一个数组文字，因为集合指明了数组类型以及每个数组元素的值。其语法如下：

类型名称' ([*所选对象*=>]表达式[, [*所选对象*=>]表达式])

可以用位置关联或者名称关联两种方式来指明一个元素的索引位置。在使用位置关联时，每个元素都是按顺序接收其表达式的值。在使用名称关联时，选项=>指示了数组的一个或多个元素。选项可以包含一个表达式来指明单个元素索引，也可以包含一个范围来指明一系列元素的索引。可以通过在程序末尾加上"others=>"表达式来给所有未赋值的元素赋上一个值。

【例 8-8】
```
subtype MY_VECTOR is BIT_VECTOR( 1 to 4 );
    MY_VECTOR' ('1','1','0','0');
    MY_VECTOR' (2=>'1',3=>'0',1=>'1',4=>'0');
    MY_VECTOR' ('1','1',others=>'0');
    MY_VECTOR' (3=>'0',4=>'0',others=>'1');
    MY_VECTOR' (3 to 4=>'0',2 downto 1=>'0');
```
例 8-8 中各语句执行的结果是一样的。

21. 合并运算符

VHDL 程序设计中，合并运算符"&"用于元素的连接。"&"的每个操作数都可以是一个数组或数组的一个元素。可以用"&"将单个元素加在一个数组的开端或末尾，将两个数组联合起来，或者用一些元素建立一个新数组。合并运算符的使用规则如下：

① 合并运算符可用于位的连接，形成位矢量。

② 合并运算符可用两位矢量的连接构成更大的位矢量。

③ 位的连接，可以用合并符连接法，也可用集合体连接法。

例如：
```
DATA_C <= D0 & D1 & D2 & D3;
    DATA_C <= ( D0, D1, D2, D3 );
```

22. 类型转化

类型转化用于改变一个表达式的类型。语法如下：

类型名称（表达式）

类型转化要注意以下几点：

① 类型转化能够在整数类型之间转化，或在相似的数组类型之间转化。

② 如果两种数组类型具有相同的长度，并且具有相同或可转化的元素类型，那么这两种数组类型相似并可相互转化。

③ 枚举类型不能转化。

【例 8-9】
```
type INT_1 is range 0 to 10;
    type INT_2 is range 0 to 20;
    type BIT_ARRAY_10 is array(11 to 20) of BIT;
    subtype MY_BIT_VECTOR is BIT_VECTOR(1 to 10);
    signal S_INT : INT_1;
    signal S_BIT_VEC : MY_BIT_VECTOR;
    INT_2(S_INT)            --整数型转化
    BIT_ARRAY_10(S_BIT_VEC)    --相似数组类型转化
```
--为 VHDL 注释符。

8-4-4　VHDL 基本语句

1. 对象与赋值语句

利用赋值语句给变量或信号赋值的语法如下：

对象 := 表达式；　　--变量赋值

对象 <= 表达示；　--信号赋值

当给变量赋值时，赋值操作立即执行。该变量一直保留所赋的值，直到下次赋值操作发生为止。信号赋值语句只改变当前进程中信号的驱动值。

变量赋值和信号赋值在概念和语法上有着很大的差异。

① 变量赋值使用“:=”操作符，当变量接收到所赋的值时，从该时刻起赋值操作改变了变量值。其值保持到该变量被赋给另一个不同的值为止。在进程或子程序中的变量是局部的。

② 信号赋值使用“<=”操作符，当信号接收到所赋的值时，赋值操作并没有生效，因为信号值由驱动该信号的进程（或其他并行语句）所决定。在进程或子程序中的信号是全局的。

如果一个进程中有几个值赋给同一个给定的信号，那么只有最后一次赋值有效。即使进程中的信号被多次赋值和读取，所读的值（在进程外读取或在进程内读取）仍是最后所赋的值。

如果几个进程（或其他并行语句）给同一个信号赋值，驱动源是连接在一起的。最终的电路依赖于表达式和对象工艺。电路可能无效，也可能是线与、线或或者是三态总线。

【例 8-10】
```
variable  A : BIT;                       --对象表达式
signal  B : BIT_VECTOR( 1 to 4 );        --对象表达式
A := '1';                                --变量A被赋值'1'
B <= "1010";                             --信号数组B被赋给比特值"1010"
```

2. if 语句

if语句执行一序列的语句。其次序依赖于一个或多个条件的值。语法如下：

```
if 条件 then
    [ 一组顺序语句
elsif 条件 then ]
    一组顺序语句
  [ else
    一组顺序语句 ]
end if;
```

每个条件必须是一个布尔表达式。if语句的每个分支可有一个或多个顺序语句，即可以嵌套。

【例 8-11】
```
signal  A, B, C, P1, P2, Z : BIT;
        if (P1='1') then
            Z<=A;
        elsif (P2='0') then
            Z<=B;
        else
            Z<=C;
        end if;
```

3. case 语句

case 语句依据单个表达式的值执行几条序列语句中的一条。语法如下：

```
case 表达式 is
    when 分支条件=>
        一组顺序语句
when 分支条件=>
    一组顺序语句
end case;
```

所有的分支选择表达式的结果综合起来，必须包括分支选择表达式类型范围内的每个可能取值，如果没有满足的条件，必须将最后的分支条件语句设为 others，它与所有表达式类型范围内的剩余（未选择）值相匹配。

【例8-12】
```
signal VALUE : in  INTEGER range 0 to 15;
      signal Z1, Z2, Z3, Z4 : out BIT;
      case VALUE is
        when 0=>                 --匹配 0
          Z1 <= '1';
        when 1 | 3=>             --匹配 1,3
          Z2 <= '1';
        when 4 to 7 | 2=>       --匹配 4,5,6,7,2
          Z3 <= '1';
        when others =>          --匹配 8~15
          Z4 <= '1';
      end case;
```

4. loop 语句

VHDL 重复执行 loop 循环内的语句，直至遇到一条 exit 或 next 语句。语法如下：

```
[标记:] loop
    一组顺序语句
end loop [标记];
```

5. while...loop 语句

while...loop 语句用一个布尔表达式作为循环方式。只要循环条件保持为 TRUE，就会重复执行 loop 循环体。当循环条件求值为 FALSE 时，则跳过 loop 循环体，接着执行 loop 循环体外的下一条语句。语句语法如下：

```
[标记:] while 条件 loop
    一组顺序语句
end loop [标记];
```

6. for...loop 语句

for...loop 语句有一个整数范围作为循环方式。整数的取值范围决定了循环次数。其语法如下：

```
[标记:] for 标识符 in 范围 loop
    一组顺序语句
end loop [标记];
```

与 loop 语句相关的语句有 next 和 exit，它们都表示退出循环。

上述 3 个 loop 语句与高级语言的格式、意义相近，很容易理解。

7. wait 语句

进程在运行中总是处于两种状态之一，执行或挂起。进程状态的变化受 wait 语句的控制，当进程执行到 wait 语句时，就将被挂起。其语法如下：

```
wait until signal =value;
```

8. 时钟表示

上升沿：

```
wait until clk'event and clk='1'
```

或者   `if clk'event and clk='1' then`

下降沿：

```
wait until clk'event and clk='0'
```

或者 if clk'event and clk='0' then

高电平：

```
wait until clk='1'
```

或者 if clk='1' then

低电平：

```
wait until clk='0'
```

或者 if clk='0' then

9. 进程语句

进程语句即 process 语句是并行描述语句，但它本身却包含一系列顺序描述语句。尽管设计中的所有进程同时执行，可每个进程中的顺序描述语句却是按顺序执行的。其语法如下：

```
[标记:] process [敏感表]
        进程声明项
begin
        顺序语句
end process [标记];
```

敏感表中包含了所有敏感信号的列表，敏感信号则是指当这个信号发生变化时，能触发进程中语句的执行的信号。

【例 8-13】 用进程语句实现模 10 加法计数器。

解： VHDL 语句为

```
entity COUNTER is
port( CLEAR : in  BIT;
      CLOCK : in  BIT;
      COUNT : buffer INTEGER range 0 to 9 );
end COUNTER;
architecture a of COUNTER is
begin
    process (CLOCK)
    begin
      if (CLOCK'event and CLOCK='1') then
          if (CLEAR='1' or COUNT>=9) then
              COUNT <= 0;
          else
              COUNT <= COUNT + 1;
      end if;
    end process;
end a;
```

10. 块语句

块语句包含一系列并行描述语句。并行描述语句的先后顺序与执行结果并没有关系，因为所有语句总是一直在执行的。此点与传统软件语言不同，需引起读者的重视。其语法如下：

```
[标记] : block [表达式]
      块声明项
begin
```

并行语句
end block [标记];

当一个设计比较复杂的程序时，可以考虑将其分为几个模块，使用块语句使程序更加清晰。

【例8-14】用块语句设计半加器、半减器。

解： VHDL 语句为

```
LIBRARY IEEE ;
USE IEEE.STD_LOGIC_1164.ALL ;
USE IEEE.STD_LOGIC_ARITH.ALL ;
USE IEEE.STD_LOGIC_UNSIGNED.ALL ;
ENTITY ADDER IS
  PORT ( A, B,        : IN   STD_LOGIC;
         Carry, Sum   : OUT  STD_LOGIC;
         Borrow, Diff : OUT  STD_LOGIC ) ;
END ADDER ;
ARCHITECTURE a OF ADDER IS
BEGIN
    Half_Adder : Block      --半加器
    BEGIN
        Sum <= A xor B;
        Carry <= A and B;
    END Block Half_Adder;
    Half_Sub : Block        --半减器
    BEGIN
        Diff <= A xor B;
        Borrow <= not A and B;
    END Block Half_Sub;
END a ;
```

11. 条件信号赋值语句

条件信号赋值语句的语法如下：

```
对象 <= 表达式 when 条件 else
       表达式;
```

VHDL 将第一个条件值为 TRUE 的表达式值赋给对象；若无条件为 TRUE，VHDL 则将最后的表达式赋给对象；若两个或多个表达式的条件为 TRUE，VHDL 将第一个条件为 TRUE 的表达式赋给对象。例如：

```
Z <= A when ASSIGN_A ='1' else
B when ASSIGN_B ='1' else
C;
```

上述表达式中，A 赋值优先于 B，B 赋值优先于 C。

12. 选择信号赋值

选择信号赋值语句语法如下：

```
with 选项表达式 select
对象 <= 表达式 when 选项分支,
       表达式 when 选项分支;
```

对象接收的所有可能值都应在选项分支中予以出现。如果选项表达式值是一个静态范围，该范围内的每个值必须与表达式中的一个选项相对应。others 选项与选项表达式类型范围内的所有未选择的值相匹配。

【例 8-15】从 A、B、C 或 D 中选择一个信号，然后赋给对象 Z。赋值操作依赖于 CONTROL 的当前值。

解： VHDL 语句为

```
signal  A, B, C, D, Z : BIT;
signal  CONTROL : bit_vector( 1 downto 0 );
......
with CONTROL select
Z <= A when "00",
     B when "01",
     C when "10",
     D when "11";
```

13. 组件

如前所述，组件实际上也是一个实体。同时，它指出本结构体所调用的较低层的实体模块。使用组件首先要声明，然后在结构体中例化、映射。组件声明语法如下：

```
component 标志
    [generic (类属声明);]
    [port (端口声明);]
end component;
```

【例 8-16】
```
component ADD
        generic (N : POSITIVE);
        port ( X, Y :  in BIT_VECTOR(N-1 downto 0);
               Z    : out BIT_VECTOR(N-1 downto 0);
               CARRY : out BIT );
        end component;
```

组件的例化过程，实际上就是把具体组件安装到高层设计实体内部的过程。包括具体端口的映射与类属参数值的传递。在这一过程中，需要注意端口类型和宽度大小的一致性，类属参数类型的一致性。组件例化语句的语法如下：

```
实例名称 : 组件名称
[generic map( 类属名称=>表达式
            [,类属名称=>表达式]  )]
port map( [端口名称=>]表达式
        ,[端口名称=>]表达式  );
```

例如，对上述实例声明的 ADD 组件进行例化、映射的语句如下：

```
U1 : ADD generic map (N => 4)
port map (X, Y, Z, CARRY);
```

14. 子程序

子程序作为设计的一个独立的部分，与设计中的其他独立部分，如进程、组件例化语句等有所不同。首先，子程序不能从结构体的其余部分直接读写信号。所有通信都是通过子程序的接口来完成的。子程序有自己的一套接口信号，这些是通过子程序的参数声明来完成的。其次，子程序与组件例化语句不同，子程序被实体或另一个子程序调用，综合后嵌入其中，而不像组件例化语句那样，产生一个新的设计层次。

VHDL 中有两种类型的子程序，分别是过程和函数。过程调用是一条语句，而函数调用是有一个返回值的表达式。子程序可以有多个参数，也可以没有参数。

① 过程子程序：过程通过其接口返回 0 个或多个值。

② 函数子程序：函数直接返回单个值。

子程序包含两部分，即声明和主体部分。过程声明语法如下：

```
procedure 过程名[(参数名 : 方式 参数类型
                  ;参数名 : 方式 参数类型)];
```

其中，方式指出了过程参数的传递方向，可以是以下 4 种情况中的任一种。

① in：只能读入方式。

② out：只能向外赋值。

③ inout：可读也可赋值。其中，被读的值是端口引入的值，被赋的值向外输出，而非被引入的值。

④ buffer 与 out 方式相似但可读。被读的值即是赋给的值。buffer 只能有一个驱动源。

另外，参数类型是个事先定义好的数据类型。

【例 8-17】声明一个过程，实现字节的高 4 位和低 4 位存取。

解： VHDL 实现为

```
procedure BYTE_TO_NIBBLES( B :          In BYTE;
                        UPPER, LOWER : out NIBBLE ) is
begin
   UPPER := NIBBLE( B(7 downto 4 ));
   LOWE  := NIBBLI( B(3 downto 0 ));
end BYTE_TO_NIBBLES;
```

函数声明语法如下：

```
function 函数名[(参数名 : 方式 参数类型
                 ;参数名 : 方式 参数类型)];
return 类型;
```

方式如前所述，函数参数只能用 in 方式，即只读方式；参数类型是预先定义好的数据类型。

【例 8-18】定义一个函数确定输入整数是否为偶数。

解： VHDL 定义为

```
function IS_EVEN( NUN : in INTEGER )
return BOOLEAN is
begin
   return ((NUN rem 2)=0);
end IS_EVEN;
```

8-4-5 Quartus II 开发环境

VHDL 源语句必须通过集成开发环境 IDE 提供的编译、仿真、布线、下载等工具才能将设计变成现实，即烧录到逻辑芯片中脱机运行。完整的逻辑设计流程如图 8-28 所示。

第一阶段为设计输入，也是设计的最重要阶段，Altera Quartus II 集成环境为设计者提供了丰富的输入方式：

① 原理图式图形设计输入。

② 文本编辑：AHDL、VHDL、Verilog。

③ 内存编辑：Hex、Mif。

④ 第三方工具：EDIF、HDL、VQM。

⑤ 混合设计格式。

⑥ 利用 LPM 和宏功能模块来加速设计输入。

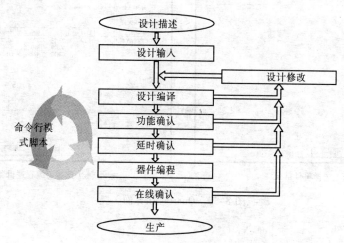

图 8-28　完整的逻辑设计流程

Quartus II 提供了许多输入接口，它支持的输入文件如图 8-29 所示。

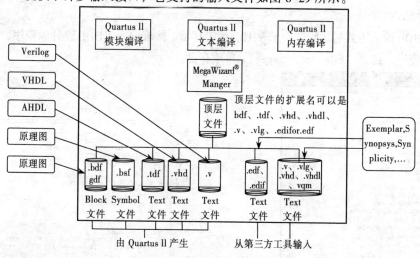

图 8-29　Quartus II 输入文件

考虑到本书着重讲解 VHDL 设计方式，因此下面仅介绍 Quartus II VHDL 的文本设计模式。

1. 新建项目

Quartus II 集成环境与其他软件开发平台一样，对设计对象的管理也是以项目为单位。

首先运行 Quartus II 程序：依次选择 "开始" → "程序" → "Altera" → "Quartus II 9.0" 菜单项。在 Quartus II 环境中，选择 "File" → "New Project Wizard" 菜单项。Quartus II 就会弹出新建项目对话框向导，按照向导提示填入或选择相关参数即可。只需选择项目所在目录和可编程逻辑器件，如图 8-30 所示，其余选用默认项。

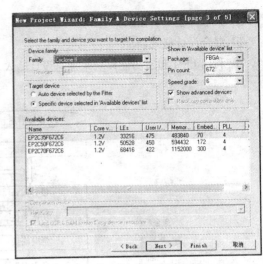

（a）选择项目目录　　　　　　　　　　　（b）选择可编程逻辑器件

图 8-30　Quartus II 界面

2. 新建设计文件

选择"File"→"New"菜单项，Quartus II 弹出新建文件对话框。Quartus II 支持许多输入方式，这里选择 VHDL 输入方式，如图 8-31 所示。

3. 设计输入

选择 VHDL 输入方式后，便进入了 VHDL 编辑环境。接着输入 VHDL 设计源程序，如图 8-32 所示。设计完毕，选择"File"→"Save"菜单项存盘。

图 8-31　新建文件对话框（VHDL 输入方式）

图 8-32　VHDL 设计源程序

4. 编译

编译根据 VHDL 设计源程序产生编程文件以及一些中间文件，它是集成环境中最重要、最复杂的一个环节，完全由软件完成。

Quartus II 中的"Assignments"有许多选择项，这里需要选择的是引脚分布，也就是为 VHDL

设计源程序 PORT 项中的端口指定其在可编程逻辑器件中的物理位置。选择"Assignments"→"Pin Planner"菜单项，弹出引脚分配编辑对话框，如图 8-33 所示。

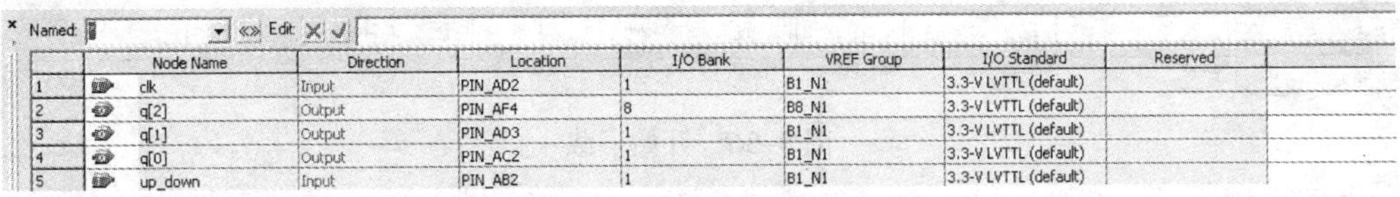

		Node Name	Direction	Location	I/O Bank	VREF Group	I/O Standard	Reserved
1		clk	Input	PIN_AD2	1	B1_N1	3.3-V LVTTL (default)	
2		q[2]	Output	PIN_AF4	8	B8_N1	3.3-V LVTTL (default)	
3		q[1]	Output	PIN_AD3	1	B1_N1	3.3-V LVTTL (default)	
4		q[0]	Output	PIN_AC2	1	B1_N1	3.3-V LVTTL (default)	
5		up_down	Input	PIN_AB2	1	B1_N1	3.3-V LVTTL (default)	

图 8-33　引脚分配编辑对话框

设定完引脚后，选择"Processing"→"Start Compilation"菜单项，启动编译过程。如果设计正确，Quartus II 会生成编译结果报告。

5. 仿真

仿真工具可以在 PC 上模拟设计结果，预先知道可编程芯片在设计系统中的运行状态。在 PC 上模拟设计结果可以提高设计效率，检查逻辑设计错误。Quartus II 提供两种仿真：功能仿真和时序仿真。功能仿真仅检查逻辑设计的正确性，不考虑器件本身的时间延迟；而时序仿真针对不同的器件，考虑其时间延迟。本书仿真结果均是功能仿真。

仿真之前，首先要建立仿真输入文件，即仿真矢量波形文件。选择"File"→"New"菜单项，从 Quartus II 弹出新建文件对话框中选择向量波形文件，如图 8-34 所示。

进入仿真环境后，单击 （Node Finder）快捷按钮，弹出结点查找对话框，选择"Filter"标签项为"Pins: all"，再单击"List"按钮，便得到所有设计引脚。将引脚拖动到矢量波形文件中，然后用仿真环境工具栏中的工具设定各个

图 8-34　新建文件对话框
（矢量波形输入方式）

输入，如图 8-35 所示。最后，选择"Processing"→"Start Simulation"菜单项，启动仿真。如果仿真正确，Quartus II 会生成仿真结果。

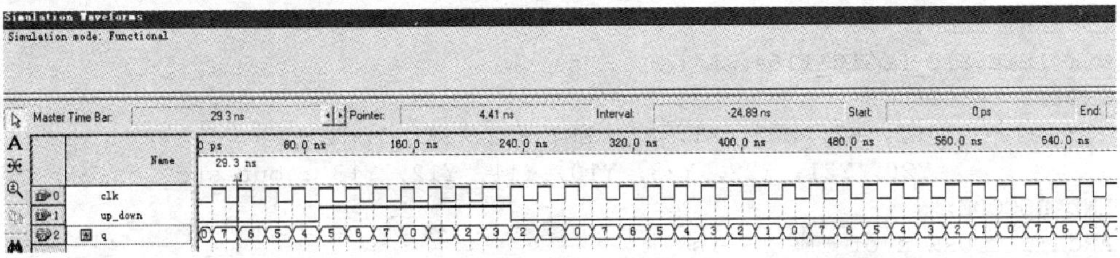

图 8-35　仿真环境

6. 下载

下载就是通过下载电缆将设计结果烧录到可编程逻辑器件中，下载电缆一端连在计算机的并口，另一端与可编程逻辑器件的 JTAG 端口相连。

选择"Tools"→"Programmer"菜单项，弹出下载对话框，选择"Program/Configure"选项，再选择"Processing"→"Start Programming"菜单项开始下载，如图 8-36 所示。

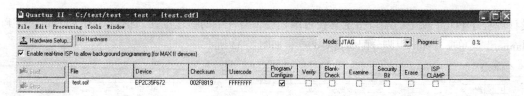

图 8-36　开始下载

8-4-6　组合逻辑设计实例

1. 总线设计

【例 8-19】用 VHDL 描述 8 总线收发器。

解：VHDL 语句为

```
LIBRARY IEEE;
USE IEEE.STD_LOGIC_1164.ALL;
ENTITY BusTxRx is
   PORT( A, B : inout std_logic_vector(7 downto 0);
         DIR, EN : in std_logic );
END BusTxRx;
ARCHITECTURE a of BusTxRx is
BEGIN
  A <= B when (EN = '0') and (DIR = '0') else (others => 'Z');
  B <= A when (EN = '0') and (DIR = '1') else (others => 'Z');
END a;
```

实际上本实例描述的逻辑功能与 74HC245 8 总线收发器一样。在 DIR 控制信号的作用下，信号 A、B 既可以作为输入，也可以作为输出。

VHDL 的 std_logic 信号类型除了可以描述二进制信号'0'和'1'外，还可以描述高阻属性，使信号 A、B 具有三态特性。

2. 译码器设计

【例 8-20】用 VHDL 设计双 2-4 线译码器。

解：VHDL 语句为

```
LIBRARY IEEE;
USE IEEE.STD_LOGIC_1164.ALL;
ENTITY DECODE is
   PORT (   A2, B2, EN2, A1, B1, EN1 : in std_logic;
            Y20, Y21, Y22, Y23, Y10, Y11, Y12, Y13 : out std_logic);
END DECODE;
ARCHITECTURE a of DECODE is
BEGIN
  Y10 <= '0' when (B1 = '0') and ((A1 = '0') and (EN1 = '0')) else '1';
  Y11 <= '0' when (B1 = '0') and ((A1 = '1') and (EN1 = '0')) else '1';
  Y12 <= '0' when (B1 = '1') and ((A1 = '0') and (EN1 = '0')) else '1';
  Y13 <= '0' when (B1 = '1') and ((A1 = '1') and (EN1 = '0')) else '1';
  Y20 <= '0' when (B2 = '0') and ((A2 = '0') and (EN2 = '0')) else '1';
  Y21 <= '0' when (B2 = '0') and ((A2 = '1') and (EN2 = '0')) else '1';
  Y22 <= '0' when (B2 = '1') and ((A2 = '0') and (EN2 = '0')) else '1';
  Y23 <= '0' when (B2 = '1') and ((A2 = '1') and (EN2 = '0')) else '1';
END a;
```

本例描述的是双 2-4 线译码器 74HC139。设计中使用的关键语句是条件语句: 结果<= '0' when (条件) else ...。

3. 数据选择器设计

【例 8-21】已知输入是 4 组 4 bit 的数字信号，输出为 1 组 4 bit 的数字信号。用 VHDL 设计此数据选择器。

解：VHDL 语句为

```
LIBRARY  IEEE ;
USE  IEEE.STD_LOGIC_1164.ALL ;
USE  IEEE.STD_LOGIC_ARITH.ALL ;
USE  IEEE.STD_LOGIC_UNSIGNED.ALL ;
ENTITY MUXX IS
  PORT (A, B, C, D : IN  STD_LOGIC_VECTOR( 3 DOWNTO 0) ;
        S          : IN  STD_LOGIC_VECTOR( 1 DOWNTO 0) ;
        Z          : OUT STD_LOGIC_VECTOR( 3 DOWNTO 0 ) ) ;
END MUXX ;
ARCHITECTURE a OF MUXX IS
BEGIN
    Z<= A WHEN S="00"  ELSE
        B WHEN S="01" ELSE
        C WHEN S="10" ELSE
        D WHEN S="11" ELSE
        "0000" ;
END a ;
```

上述设计中，也是使用 "结果<= '0' when (条件) else ..." 语句来实现多路数据选择。另外，可以看到使用 std_logic_vector 类型描述总线型信号非常方便。

4. 算术单元设计

【例 8-22】已知算术单元功能如表 8-5 所示，试用 VHDL 设计此算术单元。

表 8-5 算术单元功能表

功能选择 $S_2 S_1 S_0$			输 出	功能描述
0	0	0	F = A+B+C	带进位加法
0	0	1	F = A−B−C	带借位减法
0	1	0	F = A+C	传递 A 及进位
0	1	1	F = A−C	传递 A 及借位

解：VHDL 语句为

```
library IEEE;
use IEEE.std_logic_1164.all;
use IEEE.std_logic_arith.all;
use IEEE.std_logic_unsigned.all;
-- 4bits 算术单元
entity AU is
    port
    ( A:in  UNSIGNED (3 downto 0);
      B:in  UNSIGNED (3 downto 0);
      Cin:in STD_LOGIC ;
      S:in  STD_LOGIC_VECTOR (2 downto 0) ;
      BCDout:out STD_LOGIC_VECTOR (3 downto 0) ;
      Cout:out STD_LOGIC );
end AU ;
architecture a of AU is
    SIGNAL C,Y : STD_LOGIC_VECTOR (3 downto 0) ;
```

```
BEGIN
PROCESS( S )
BEGIN
  case S is
    when "000" =>     --加法
      Y(0) <= A(0) XOR B(0) XOR Cin ;
      C(0) <= (A(0) AND B(0)) OR (B(0) AND Cin) OR (A(0) AND Cin);
      GEN1 : FOR I IN 1 TO 3 LOOP
            Y(I) <= A(I) XOR B(I) XOR C(I-1) ;
            C(I) <= (C(I-1) AND A(I))  OR (C(I-1) AND B(I)) OR (A(I) AND B(I));
      END LOOP ;
      BCDout <= Y(3) & Y(2) & Y(1) & Y(0) ;
      Cout <= C(3) ;
    when "001" =>     --减法
      Y(0) <= A(0) XOR B(0) XOR Cin ;
      C(0) <= (Cin AND NOT A(0))  OR (Cin AND B(0)) OR (NOT A(0) AND B(0));
      GEN2: FOR I IN 1 TO 3 LOOP
            Y(I) <= A(I) XOR B(I) XOR C(I-1);
            C(I) <= (C(I-1) AND NOT A(I))  OR (C(I-1) AND B(I)) OR (NOT A(I)
            AND B(I));
      END LOOP ;
      BCDout <=  Y(3) & Y(2) & Y(1) & Y(0) ;
      Cout <= C(3) ;
    when "010" =>     --传递 A+Cin
      IF Cin='0' THEN
        BCDout  <= A(3) & A(2) & A(1) & A(0) ;
      ELSE
        BCDout  <= A + 1 ;
      END IF ;
        Cout <= '0' ;
    when "011" =>     --传递 A-Cin ;
      IF Cin='1' THEN
        BCDout  <= A(3) & A(2) & A(1) & A(0) ;
      ELSE
        BCDout  <= A - 1 ;
      END IF ;
        Cout <= '0' ;
    when others =>
      BCDout <= "0000" ;
      Cout <= '0';
  end case ;
END PROCESS;
end a;
```

通过功能选择信号 S，算术单元可以实现如功能表 8-5 所描述的功能。图 8-37 是算术单元加法、减法功能的仿真结果。

5. 逻辑单元设计

【例 8-23】已知逻辑单元功能如表 8-6 所示，试用 VHDL 设计此逻辑单元。

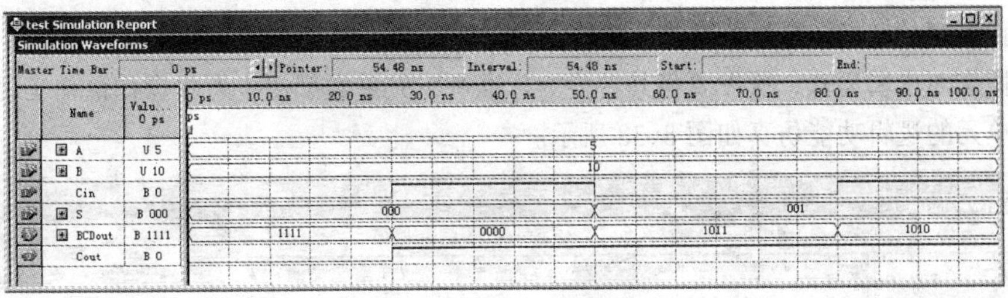

图 8-37 算术单元仿真波形

解：VHDL 语句为

表 8-6 逻辑单元功能表

功能选择			输 出	功能描述
S_2	S_1	S_0		
1	0	0	$F = A \wedge B$	逻辑与
1	0	1	$F = A \vee B$	逻辑或
1	1	0	$F = A \oplus B$	逻辑异或
1	1	1	$F = \overline{A}$	逻辑非

```
library IEEE;
use IEEE.std_logic_1164.all;
use IEEE.std_logic_arith.all;
use IEEE.std_logic_unsigned.all;
-- 4bit 逻辑单元
entity LU is
    port
    (   A    :    in   UNSIGNED (3 downto 0);
        B    :    in   UNSIGNED (3 downto 0);
        S    :    in   STD_LOGIC_VECTOR (2 downto 0);
        BCDout :   out  STD_LOGIC_VECTOR (3 downto 0));
end LU;
architecture a of LU is
    signal AA,BB: STD_LOGIC_VECTOR(3 downto 0);
    signal Y:     STD_LOGIC_VECTOR(3 downto 0);
BEGIN
    AA <= CONV_STD_LOGIC_VECTOR( A,4 );
    BB <= CONV_STD_LOGIC_VECTOR( B,4 );
PROCESS (S)
BEGIN
    CASE S IS
    when "100" =>        --逻辑与
        BCDout <= AA AND BB;
    when "101" =>        --逻辑或
        BCDout <= AA OR BB;
    when "110" =>        --逻辑异或
        BCDout <= AA XOR BB;
    when "111" =>        --逻辑非
        BCDout <= NOT AA;
    when others =>
        BCDout <= "0000";
    END CASE ;
END PROCESS;
end a;
```

逻辑单元设计实例的程序架构与算术单元设计实例相同，都是通过 CASE…WHEN 选择语句实现逻辑单元的逻辑与、逻辑或、逻辑异或、逻辑非功能。

函数 CONV_STD_LOGIC_VECTOR 是将其他数据类型转换为标准逻辑矢量类型，还有相应的函数作数据类型的转换。因为逻辑单元的输入数据类型为 UNSIGNED（与算术单元保持一致），而实体中的操作为逻辑运算，所以要将其转换为标准逻辑矢量类型便于逻辑操作语句实现。

逻辑单元的逻辑功能仿真如图 8-38 所示。

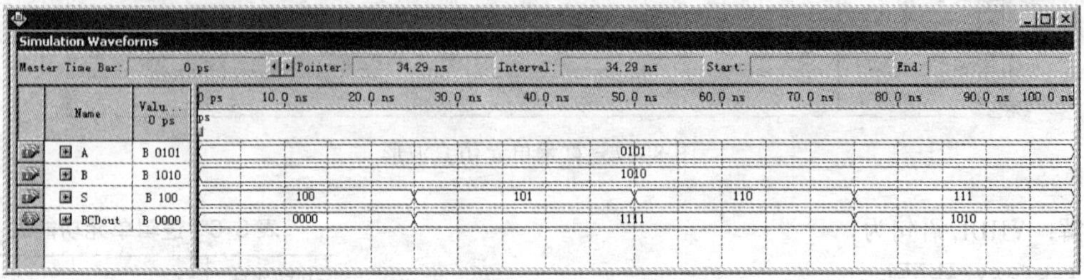

图 8-38　逻辑单元的逻辑功能仿真

8-4-7　时序逻辑设计实例

1. 寄存器（触发器、锁存器）设计

【例 8-24】设计多功能寄存器。

解：VHDL 语句为

```
LIBRARY IEEE;
USE IEEE.STD_LOGIC_1164.ALL;
USE IEEE.STD_LOGIC_ARITH.ALL;
USE IEEE.STD_LOGIC_UNSIGNED.ALL;
 ENTITY regx IS
   PORT
   (
      d, clk, clr, pre, load, data: IN STD_LOGIC;
      q1, q2, q3, q4, q5, q6, q7: OUT STD_LOGIC
   );
END regx;
ARCHITECTURE a OF regx IS
BEGIN
   --时钟高电平触发的锁存器
   PROCESS
   BEGIN
      WAIT UNTIL clk = '1';
      q1 <= d;
   END PROCESS;
   --时钟低电平触发的锁存器
   PROCESS
   BEGIN
      WAIT UNTIL clk = '0';
      q2 <= d;
   END PROCESS;
   --具有异步清零（高电平有效）功能的触发器（上升沿）
   PROCESS (clk, clr)
   BEGIN
      IF clr = '1' THEN
         q3 <= '0';
```

```
            ELSIF clk'EVENT AND clk = '1' THEN
                q3 <= d;
            END IF;
        END PROCESS;
    --具有异步清零（低电平有效）功能的触发器（下降沿）
        PROCESS (clk, clr)
        BEGIN
            IF clr = '0' THEN
                q4 <= '0';
            ELSIF clk'EVENT AND clk = '0' THEN
                q4 <= d;
            END IF;
        END PROCESS;
    --具有异步置位（高电平有效）功能的触发器（上升沿）
        PROCESS (clk, pre)
        BEGIN
            IF pre = '1' THEN
                q5 <= '1';
            ELSIF clk'EVENT AND clk = '1' THEN
                q5 <= d;
            END IF;
        END PROCESS;
    --具有异步置数（高电平有效）功能的触发器（上升沿）
        PROCESS (clk, load, data)
        BEGIN
            IF load = '1' THEN
                q6 <= data;
            ELSIF clk'EVENT AND clk = '1' THEN
                q6 <= d;
            END IF;
        END PROCESS;
    --具有异步清零（高电平有效）、异步置位（高电平有效）功能的触发器（上升沿）
        PROCESS (clk, clr, pre)
        BEGIN
            IF clr = '1' THEN
                q7 <= '0';
            ELSIF pre = '1' THEN
                q7 <= '1';
            ELSIF clk'EVENT AND clk = '1' THEN
                q7 <= d;
            END IF;
        END PROCESS;
    END a;
```

上述程序设计的关键语句是 WAIT UNTIL clk = '1'和 WAIT UNTIL clk = '0'，它们分别表明高、低电平有效；clk'EVENT AND clk = '1'和 clk'EVENT AND clk = '0'语句分别描述时钟上升沿和下降沿触发事件。

"同步"和"异步"是在设计中要掌握的重要概念。当某个信号的变化与时钟沿一致时称为同步信号，否则是异步的。如果某个信号没有出现在 VHDL PROCESS 语句敏感表中，它只能在时钟上升沿或下降沿产生时才能发生变化，则此信号为同步信号；如果该信号出现在 VHDL PROCESS 语句敏感表中，并且其变化独立于时钟信号，则该信号是异步信号。例 8-24 中的控制信号基本上都是异步信号。

2. 计数器设计

【例 8-25】设计多功能计数器。

解：VHDL 语句为

```
LIBRARY IEEE;
USE IEEE.STD_LOGIC_1164.ALL;
USE IEEE.STD_LOGIC_ARITH.ALL;
USE IEEE.STD_LOGIC_UNSIGNED.ALL;
ENTITY counterx IS
  PORT
  (
    d: IN   INTEGER RANGE 0 TO 255;
    clk: IN  STD_LOGIC;
    clear: IN  STD_LOGIC;
    ld: IN  STD_LOGIC;
    enable: IN  STD_LOGIC;
    qa: OUT INTEGER RANGE 0 TO 255;
    qb: OUT INTEGER RANGE 0 TO 255;
    qc: OUT INTEGER RANGE 0 TO 255;
    qd: OUT INTEGER RANGE 0 TO 255
  );
END counterx;
ARCHITECTURE a OF counterx IS
BEGIN
  --具有同步使能控制（高电平有效）的计数器
  PROCESS (clk)
    VARIABLE   cnt: INTEGER RANGE 0 TO 255;
  BEGIN
    IF (clk'EVENT AND clk = '1') THEN
      IF enable = '1' THEN
        cnt := cnt + 1;
      END IF;
    END IF;
    qa <= cnt;
  END PROCESS;
  --具有同步置数功能（低电平有效）的计数器
  PROCESS (clk)
    VARIABLE   cnt: INTEGER RANGE 0 TO 255;
  BEGIN
    IF (clk'EVENT AND clk = '1') THEN
      IF ld = '0' THEN
        cnt := d;
      ELSE
        cnt := cnt + 1;
      END IF;
    END IF;
```

```
      qb <= cnt;
    END PROCESS;
--具有同步清零功能（低电平有效）的计数器
    PROCESS (clk)
      VARIABLE  cnt: INTEGER RANGE 0 TO 255;
    BEGIN
      IF (clk'EVENT AND clk = '1') THEN
        IF clear = '0' THEN
          cnt := 0;
        ELSE
          cnt := cnt + 1;
        END IF;
      END IF;
      qc <= cnt;
    END PROCESS;
--具有同步清零（低电平有效）、同步置数（低电平有效）、同步使能（高电平有效）功能的计数器
    PROCESS (clk)
      VARIABLE  cnt: INTEGER RANGE 0 TO 255;
    BEGIN
      IF (clk'EVENT AND clk = '1') THEN
        IF clear = '0' THEN
          cnt := 0;
        ELSE
          IF ld = '0' THEN
            cnt := d;
          ELSE
            IF enable = '1' THEN
              cnt := cnt + 1;
            END IF;
          END IF;
        END IF;
      END IF;
      qd <= cnt;
    END PROCESS;
END a;
```

在上述设计中，如果需要具有多个功能，如清零、置数、使能等，可以采用条件嵌套语句：
IF (…) THEN ELSE IF (…) THEN …实现多功能逻辑单元。

3. 可逆计数器设计

【例 8-26】设计 8bit 可逆计数器。

解： VHDL 语句为

```
LIBRARY IEEE;
USE IEEE.STD_LOGIC_1164.ALL;
USE IEEE.STD_LOGIC_ARITH.ALL;
USE IEEE.STD_LOGIC_UNSIGNED.ALL;
ENTITY UDCnt IS
  PORT
  (
    clk,up_down: IN  STD_LOGIC;
    q: OUT INTEGER RANGE 0 TO 255
```

```
      );
END UDCnt;
ARCHITECTURE a OF UDCnt IS
BEGIN
    PROCESS (clk)
      VARIABLE   cnt: INTEGER RANGE 0 TO 255;
    BEGIN
      IF (clk'EVENT AND clk = '1') THEN
        IF up_down='1' THEN cnt := cnt + 1;
        ELSE                cnt := cnt - 1;
        END IF;
      END IF;
      q <= cnt;
    END PROCESS;
END a;
```

可逆计数器的关键语句是 IF up_down='1' THEN cnt := cnt + 1; ELSE cnt := cnt – 1;，它们实现+1和-1功能。

图 8-39 所示的仿真波形描述可逆计数器的运行状态。

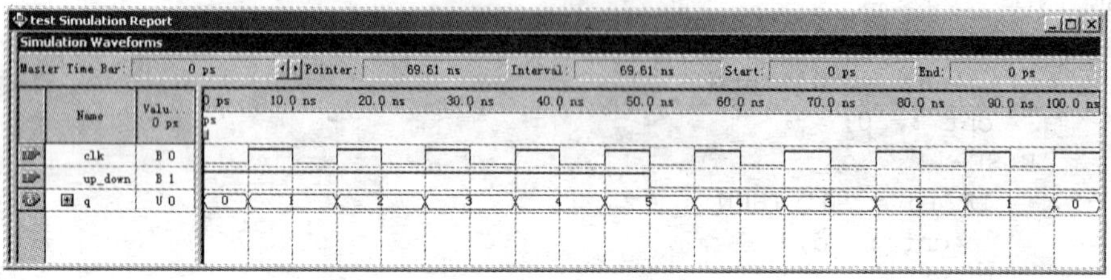

图 8-39　可逆计数器的仿真波形

4. 模 200 计数器设计

【例 8-27】设计模 200 计数器。

解： VHDL 语句为

```
LIBRARY IEEE;
USE IEEE.STD_LOGIC_1164.ALL;
USE IEEE.STD_LOGIC_ARITH.ALL;
USE IEEE.STD_LOGIC_UNSIGNED.ALL;
ENTITY m200 IS
   PORT
   (
      clk, up_down: IN  STD_LOGIC;
      q: OUT INTEGER RANGE 0 TO 255;
   );
END m200;
ARCHITECTURE a OF m200 IS
BEGIN
    PROCESS (clk)
      VARIABLE   cnt: INTEGER RANGE 0 TO 255;
      CONSTANT modulus: INTEGER := 200;
    BEGIN
      IF (clk'EVENT AND clk = '1') THEN
        IF cnt = modulus - 1 THEN
           cnt := 0;
```

```
        ELSE
            cnt := cnt + 1;
        END IF;
    END IF;
    q <= cnt;
  END PROCESS;
END a;
```

在上述设计中，IF cnt = modulus - 1 THEN cnt := 0 语句是实现模 200 计数器的条件，即当计数值为 modulus 时，计数器回到零。程序中采用常数定义语句：CONSTANT modulus : INTEGER := 200，使得程序维护非常容易。要设计模为任意值的计数器，只要修改常数定义语句中的参数即可。

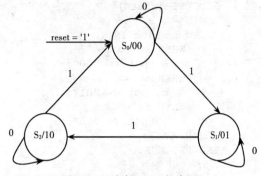

图 8-40　实例 8-29 状态图

5. 状态机设计实例

【例 8-28】状态图如图 8-40 所示，设计实现此状态图的状态机。

解：VHDL 语句如下：

```
LIBRARY IEEE;
USE IEEE.STD_LOGIC_1164.ALL;
USE IEEE.STD_LOGIC_ARITH.ALL;
USE IEEE.STD_LOGIC_UNSIGNED.ALL;
ENTITY state_machine IS
    PORT(
        clk: IN  STD_LOGIC;
        input: IN  STD_LOGIC;
        reset: IN  STD_LOGIC;
        output: OUT STD_LOGIC_VECTOR(1 downto 0));
END state_machine;
ARCHITECTURE a OF state_machine IS
    TYPE STATE_TYPE IS (s0, s1, s2);
    SIGNAL state: STATE_TYPE;
BEGIN
    PROCESS (clk, reset)
    BEGIN
        IF reset = '1' THEN
            state <= s0;
        ELSIF (clk'EVENT AND clk = '1') THEN
            CASE state IS
                WHEN s0=>
                    IF input = '1' THEN
                        state <= s1;
                    ELSE
                        state <= s0;
                    END IF;
                WHEN s1=>
                    IF input = '1' THEN
                        state <= s2;
                    ELSE
                        state <= s1;
                    END IF;
```

```
            WHEN s2=>
               IF input = '1' THEN
                  state <= s0;
               ELSE
                  state <= s2;
               END IF;
          END CASE;
      END IF;
   END PROCESS;
   PROCESS (state)
   BEGIN
      CASE state IS
         WHEN s0 =>
            output <= "00";
         WHEN s1 =>
            output <= "01";
         WHEN s2 =>
            output <= "10";
      END CASE;
   END PROCESS;
END a;
```

状态机的典型结构是：

```
CASE state IS
   WHEN s0=>
   WHEN s1=>
   …
   END CASE;
```

即按照状态图指定的路径，通过 CASE 语句实现其路径的转移。通常会使用 IF reset = '1' THEN state <= s0 语句给出系统的复位状态。

另外一个典型语句是 TYPE STATE_TYPE IS (s0, s1, s2)，用它来设置状态名称。

上述设计包括两个 PROCESS 状态模块，其实可以将输出部分：output <= "××"合并到第一个 PROCESS 模块中，使程序显得简单些。

小 结

编程逻辑包括可编程逻辑器件和硬件描述语言，本章全面阐述了编程逻辑相关的基本原理、应用和设计。

ROM 由地址译码器和存储体所组成。从存储器的角度看，地址译码器实现了对存取数据的地址的译码，以选中存储体中的某一单元，存储体则是通过存储元件来存储数据的。然而，从逻辑功能的角度看，地址译码器产生了 n 个输入变量（即输入存储器的地址码）的 2^n 个最小项，因此该译码器是一个固定连接的与阵列；存储体的每个存储元件相当于一个个编程单元，在 ROM 中采用熔丝式或可擦除的编程单元，这些编程单元所存储的数据都可由用户设定，并根据输入变量（地址码）的取值读出这些编程单元中的数据，或读出另一些编程单元中的数据，构成一个可编程的或阵列。

可编程逻辑器件包括两大类：CPLD 和 FPGA。CPLD 基于乘积项技术和 Flash 工艺，其核心单元是宏单元。宏单元内部资源丰富，可构建非常复杂的逻辑功能，另外其延迟时间很短。Lattice 的 ispMACH 4000 器件具有 CPLD 结构的典型特征。FPGA 基于查找表技术和 SRAM 工艺，核心单元是 LUT。其特色是器件的互连，资源异常丰富，通常用于微处理器和大型数字系统设计。Altera

的 FLEX 10K 和 Xilinx 的 Spartan IIE 系列包含了 FPGA 基本功能单元。

VHDL 描述了数字电路设计的行为、功能、输入以及输出。在语法上，它与现代编程语言相似，但是它包含了许多与硬件有特殊关系的结构。VHDL 将实体（元件、电路或系统）分成外部的可见部分（实体名和连接）和内部的隐藏部分（实体算法和实现）。当定义了一个实体的外部接口之后，其他实体可以利用该实体。

习　题

1. 上网查询 Altera、Xilinx、Lattice 网站，简述它们的可编程逻辑器件及软件集成环境的特色与相似的地方。
2. 乘数和被乘数都是 2 位正整数，请使用 ROM 设计乘法器，画出阵列示意图。
3. 改用 PLA 设计题 2 画出阵列示意图。
4. 简述 CPLD、FPGA 各自特点。
5. 简述 CPLD 功能单元。
6. 简述 FPGA 功能单元。
7. 试用 VHDL 语句描述双向总线。
8. 试用 VHDL 语句描述三态总线。
9. 试用 VHDL 设计数据比较器。
10. 试用 VHDL 设计数据分配器。
11. 试用 VHDL 设计串并转换器。
12. 试用 VHDL 设计并串转换器。
13. Moore 状态机如图 8-41 所示，用 VHDL 描述其逻辑功能。
14. Mealy 状态机如图 8-42 所示，编写 VHDL 程序实现其逻辑功能。

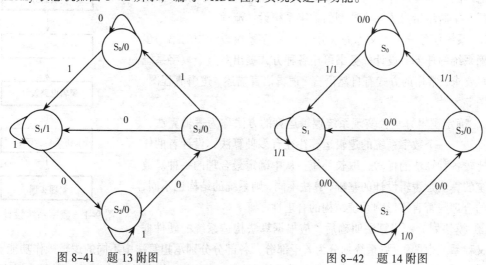

图 8-41　题 13 附图　　　　　　　图 8-42　题 14 附图

15. 试用 VHDL 描述一数字钟，时间计数包括时、分、秒。
16. 试用 VHDL 描述数字路口交通灯信号的控制逻辑。
17. 试用 VHDL 描述 ALU（算术逻辑单元）。

第 9 章 数字系统综合设计

数字系统设计包括需求分析、方案综合、验证及实现等多个阶段，通常要经历多次反复。传统的手工方法费时费力、效率低下。随着计算机技术的发展，电路设计借助计算机软件来完成设计任务，称作 EDA（Electronic Design Automation，电子设计自动化）技术，显著缩短了实现复杂系统的时间。另一方面，使用 HDL 来描述数字系统，增强了抽象和精确建模的能力，与 EDA 工具有机结合构成了现代数字系统设计的特征。

现实世界千变万化，如何设计满足要求的数字系统也是本课程的终极目标之一。一方面需要掌握扎实的逻辑基础和分析设计方法，再一个就是通过综合系统设计积累经验、提高能力，另外，了解设计流程也是不可或缺的知识点。

9-1 设 计 流 程

数字系统的设计就是用规范的和形式化的方式做出正确的系统逻辑功能的描述，详细反应系统的逻辑进程和具体的逻辑运算操作，并选用具体的电路来实现所描述的系统逻辑。

用于数字系统设计的输入描述有 3 类：一是采用 HDL、SystemC 等硬件语言描述数字系统的功能需求，并能自动综合为底层逻辑，这种实现方式的自动化程度最高；二是运逻辑流程图的方式描述系统的逻辑关系，软件自动将逻辑流程图设计成数字电路，这种软件的自动化程度次之；三是要求用户先以人工方式设计出数字电路，再用电路图方式输入计算机，由 EDA 软件作优化、仿真等后续处理。

图 9-1 所示给出了一个典型的数字系统设计流程。

① 系统任务分析（又称需求分析）：数字系统设计中的第一步是明确系统的任务。设计任务书可用各种方式提出对整个数字系统的逻辑要求，常用的方式有自然语言、逻辑语言描述、逻辑流程图、时序图等。

② 确定逻辑算法：实现系统逻辑运算的方法称为逻辑算法，简称算法。一个数字系统的逻辑运算往往有多种算法，设计者的任务要比较各种算法的优劣，取长补短，从中确定最合理的一种。数字系统的算法是逻辑设计的基础，算法不同，则系统的结构也不同，算法的合理与否直接影响系统结构的合理性。

图 9-1 数字系统设计流程

③ 模块划分：当算法明确后，应根据算法构造系统的硬件框架（又称系统框图），将系统划分为若干部分，各部分分别承担算法中不同的逻辑操作功能。

④ 系统逻辑描述：当系统中各个子系统和模块的逻辑功能和结构确定后，则需采用比较规范的形式来描述系统的逻辑功能。对系统的逻辑描述可先采用较粗略的逻辑流程图，再将逻辑流程图逐步细化为详细逻辑流程图或逻辑表达式、HDL 描述，最后表示成与硬件有对应关系的形式，为下一步的电路级设计提供依据。

⑤ 逻辑电路设计：电路级设计是指选择合理的器件及连接关系以实现系统逻辑要求。电路级设计的结果通常采用两种方式来表达：电路图方式和硬件描述语言方式。EDA 软件支持这两种方式的输入。

⑥ 仿真、验证：当电路设计完成后必须验证设计是否正确。在早期，只能通过搭建硬件电路才能得到设计的结果。目前，数字电路设计的 EDA 软件都有具有验证（又称仿真、电路模拟）的功能，先通过电路验证（仿真），当验证结果正确后再进行实际电路的测试。由于 EDA 软件的验证结果十分接近实际结果，因此可极大地提高电路设计的效率。

⑦ 物理实现：最终用实际的器件实现数字系统的设计，用仪表测量设计的电路是否符合设计要求。现在的数字系统可以采用 CPLD 和 FPGA 可编程逻辑器件，将综合后的 HDL 逻辑描述下载其中，在实际系统中运行、检测。

需要指出的是，在实际数字系统（特别是简单数字电路）设计过程中，可以参照图 9-1 的设计流程作相应的删减和调整。

9-2 七段 LED 显示

9-2-1 LED 显示原理

七段 LED 显示器由 7 段或 8 段（加上小数点）LED 组成。通常，点亮 LED 最合适的电流为 10mA 左右，典型电路如图 9-2 所示。

图 9-2 中电阻称为限流电阻，其值可以通过下述指导公式计算：$(V-0.7)/R=10$。

七段 LED 显示器有共阳极和共阴极两种，它们都可以等效成 8 个 LED 连接电路，图 9-3 为共阴极七段 LED 显示器的等效电路和每段 LED 的定义位置图。

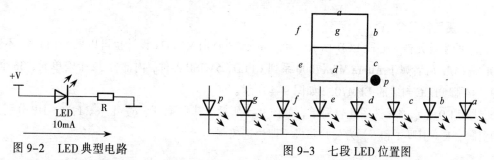

图 9-2 LED 典型电路　　　　　　图 9-3 七段 LED 位置图

因此，要点亮某段 LED 只需在相应段上加上高电平，即逻辑"1"。例如，要显示数字 3，则输入 7 段显示码"01001111"（对应于"pgfedcba"）。表 9-1 是共阴极七段 LED 显示器显示十六进制的转换码表。

表 9-1　共阴极七段 LED 显示器显示十六进制的转换码表

十六进制数码					七段显示码						
数码	D_8	D_4	D_2	D_1	g	f	e	d	c	b	a
0	0	0	0	0	0	1	1	1	1	1	1
1	0	0	0	1	0	0	0	0	1	1	0

续表

十六进制数码				七段显示码						
数码	D_8	D_4	D_2	D_1	g	f	e	d	c	b	a

数码	D_8	D_4	D_2	D_1	g	f	e	d	c	b	a
2	0	0	1	0	1	0	1	1	0	1	1
3	0	0	1	1	1	0	0	1	1	1	1
4	0	1	0	0	1	1	0	0	1	1	0
5	0	1	0	1	1	1	0	1	1	0	1
6	0	1	1	0	1	1	1	1	1	0	1
7	0	1	1	1	0	0	0	0	1	1	1
8	1	0	0	0	1	1	1	1	1	1	1
9	1	0	0	1	1	1	0	1	1	1	1
A	1	0	1	0	1	1	1	0	1	1	1
B	1	0	1	1	1	1	1	1	1	0	0
C	1	1	0	0	0	1	1	1	0	0	1
D	1	1	0	1	1	0	1	1	1	1	0
E	1	1	1	0	1	1	1	1	0	0	1
F	1	1	1	1	1	1	1	0	0	0	1

表中的码称为**段码**，是用于控制每个七段 LED 显示器如何显示数码；如果有多个数码要同时显示（如数字钟的时、分、秒），还需另外的信号来选择哪个七段 LED 显示器显示，称为**位选**。

9-2-2　电路设计

1. 主要元件简介

电路的主要元件为七段 LED 显示器和 Altera CPLD EPM7032（设计也可以采用 FPGA，不影响 VHDL 编程），后者属于 Altera MAX7000 系列 CPLD，5V ISP 器件，内部含 32 个宏单元，36 个 I/O 引脚。44 脚 PLCC 封装的 EPM7032 如图 9-4 所示。

七段 LED 显示器元件图比较简单，如图 9-5 所示。其中 a、b、c、d、e、f、g，DP 分别为各段的引脚，K（引脚 1 和 6）为公共阴极（即位选控制）。

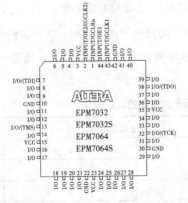

图 9-4　EPM7032 封装图

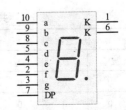

图 9-5　七段 LED 显示器

2. 系统原理图

本数字系统包括 6 个数码管，最终的原理图如图 9-6 所示。

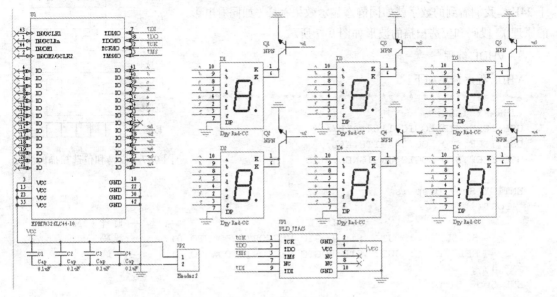

图 9-6　系统原理图

为了使系统更加完善，加入了 JTAG 下载接口与电源插座。其中的电容对干扰进行滤波，保证系统的可靠性。

9-2-3　VHDL 设计

电路设计完成后，就可以开始七段 LED 显示器的逻辑设计（也可以并行设计）。

本数字系统逻辑设计主要包括段码显示和位选扫描两个逻辑模块。

1. 段码显示

由输入的十六进制数及表 9-1 中的段显示码很容易实现段码显示。如显示"3"的 VHDL 语句为

```
SEG <= "1001111" WHEN NUM=3;
```

变量 SEG 是七位段码输出，NUM 是条件输入。根据不同的输入进行条件判断就可以得到任意给定的十六进制数码输入的显示。

建议：将段码表作成数组的形式会使程序结构更清晰。

2. 位选扫描

LED 数码管有静态显示和动态显示两种方式。静态显示方式很容易理解，即同时送出每个七段 LED 显示器的段码，并使所有的位选信号有效，则结果就被显示出来。这种显示方式有两个弊端：第一是占用引脚资源太多，对具有 6 个七段 LED 显示器的数字系统来说共需要控制引脚 6+6×7=48 个；再就是功耗很大，假设每段 LED 需 10mA 电流，最大电流需要（显示 6 个 8 的情况）10mA×7×6=420mA。而使用动态显示方式，所有的段码信号连接在一起，一共需要 7+6=13 个控制信号。其原理是每次将一个段码送出，然后通过位选信号控制使某一个七段 LED 显示器发

光，隔一段时间再将另一个段码送出，位选信号使另一个七段 LED 显示器发光……依次循环点亮所有的七段 LED 显示器。由于人眼的视觉惰性，只要扫描频率大于 24Hz，我们看到的数字就如同静态显示效果一样（如同看电影的原理）。段码和位选扫描的波形如图 9-7 所示。

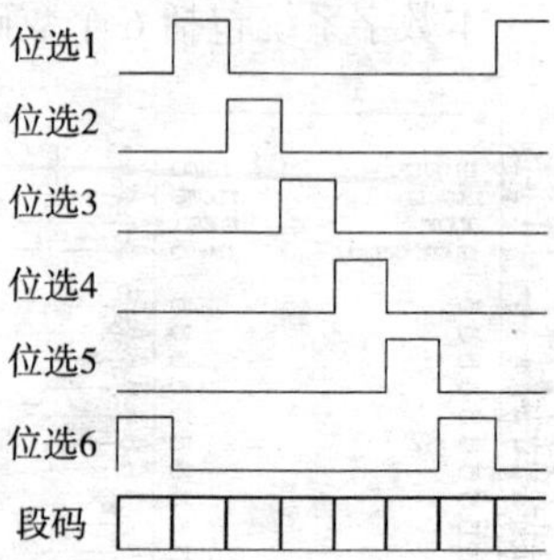

3. VHDL 编程

VHDL 程序清单如下：

```
-- **********************************************
LIBRARY IEEE;
USE IEEE.STD_LOGIC_1164.ALL;
USE IEEE.STD_LOGIC_ARITH.ALL;
USE IEEE.STD_LOGIC_UNSIGNED.ALL;


ENTITY Seg7_Disp is
  PORT(
       CP      : IN    STD_LOGIC;                       -- 时钟（1MHz）
       SEGOUT  : OUT   STD_LOGIC_VECTOR(6 DOWNTO 0);    -- 段码
       SELOUT  : OUT   STD_LOGIC_VECTOR(5 DOWNTO 0)     -- 位选
     );
END Seg7_Disp;

ARCHITECTURE a OF Seg7_Disp IS
  SIGNAL    NUM    : STD_LOGIC_VECTOR( 3 DOWNTO 0);
  SIGNAL    SEG    : STD_LOGIC_VECTOR( 6 DOWNTO 0);
  SIGNAL    SEL    : STD_LOGIC_VECTOR( 5 DOWNTO 0);
BEGIN
Connection : Block
Begin
  SELOUT  <=  SEL;
  SEGOUT  <=  SEG;
End Block Connection;
Free_Counter : Block                 -- 计数器
  Signal   Q  : STD_LOGIC_VECTOR(23 DOWNTO 0);
  Signal   S  : STD_LOGIC_VECTOR(2 DOWNTO 0);
Begin
  PROCESS (CP)                       -- 计数器计数
  Begin
      IF CP'Event AND CP='1' then
          Q <= Q+1;
      END IF;
  END PROCESS;
  NUM  <=  Q(23 DOWNTO 20);          --约1Hz
  S  <=  Q(14 DOWNTO 12);            --约244Hz
  SEL <="000001" WHEN S=0 ELSE       --位选扫描
        "000010" WHEN S=1 ELSE
        "000100" WHEN S=2 ELSE
        "001000" WHEN S=3 ELSE
        "010000" WHEN S=4 ELSE
        "100000" WHEN S=5 ELSE
        "000000";
```

图 9-7　段码和位选扫描的波形

```
End Block Free_Counter;
SEVEN_SEGMENT : Block
Begin
        --gfedcba
   SEG <="0111111" WHEN NUM = 0 ELSE        --段码
         "0000110" WHEN NUM = 1 ELSE
         "1011011" WHEN NUM = 2 ELSE
         "1001111" WHEN NUM = 3 ELSE
         "1100110" WHEN NUM = 4 ELSE
         "1101101" WHEN NUM = 5 ELSE
         "1111101" WHEN NUM = 6 ELSE
         "0000111" WHEN NUM = 7 ELSE
         "1111111" WHEN NUM = 8 ELSE
         "1101111" WHEN NUM = 9 ELSE
         "1110111" WHEN NUM = 10 ELSE
         "1111100" WHEN NUM = 11 ELSE
         "0111001" WHEN NUM = 12 ELSE
         "1011110" WHEN NUM = 13 ELSE
         "1111001" WHEN NUM = 14 ELSE
         "1110001" WHEN NUM = 15 ELSE
         "0000000";
End Block SEVEN_SEGMENT;
END a;
```

由于无外部数据输入，系统中将输入脉冲分频，得到 1 个 1Hz 信号，用其高位作为段码输出，即每隔 1s 递增 1；另一个信号分频后约为 244Hz，则位选信号频率为 244Hz/8=30.5Hz 大于 20Hz。

4．仿真

仿真结果如图 9-8 所示。

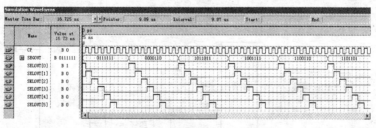

图 9-8 "七段 LED 显示器"仿真结果

为了便于仿真，假设"NUM<=Q(6 DOWNTO 3);"，"S<=Q(2 DOWNTO 0);"，这样能够在有限的时间内看到信号的逻辑关系，没有用真实时间。

9-3 交通灯控制

9-3-1 系统需求

要求设计一个用于十字路口交通灯控制器，具体功能如下：

① 十字路口分为主干道和次干道，分别用红黄绿灯指示停止、缓行和通行，数码管显示倒计时。

② 主干道通行时间为 45s，缓行 5s。

③ 次干道通行时间为 25s，缓行 5s。

9-3-2　状态分析

本设计采用状态机控制，根据系统要求将交通灯的工作分成如下 5 个状态：

① st0：次干道亮红灯，主干道亮绿灯，数码管不显示。

② st1：主干道亮绿灯 45s，数码管显示 45s 倒计时；支干道亮红灯，数码管显示从 49s 倒计时到 05s。

③ st2：主干道亮黄灯 5s，数码管显示 5s 倒计时；支干道亮红灯，数码管显示从 04s 倒计时到 00s。

④ st3：次干道亮绿灯 25s，数码管显示 25s 倒计时；主干道亮红灯，数码管显示从 29s 倒计时到 05s。

⑤ st4：次干道亮黄灯 5s，数码管显示 5s 倒计时；主干道亮红灯，数码管显示从 04s 倒计时到 00s。

9-3-3　系统设计

设计将系统分为三个模块：

① 分频模块：把实验板上的 50MHz 的频率分成 1Hz 信号（用于倒计时计数的时钟信号）、1kHz 信号（用于数码管扫描显示的片选时钟信号）和 2Hz（用于黄灯的闪烁）。

② 交通灯控制以及倒计时（状态机控制）模块。

③ 数码管译码扫描显示模块。

整体的系统框图如图 9-9 所示。

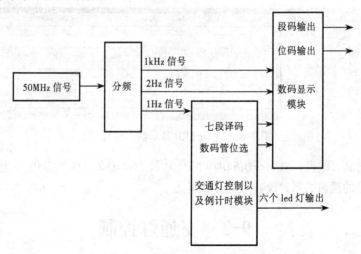

图 9-9　交通灯控制系统框图

9-3-4　模块 VHDL 描述

1. 分频模块

首先把输入的 50MHz 时钟频率 50 000 分频得到 1kHz 的频率，用于数码管的位选信号。其原理就是设计一个 0~50 000 循环计数的计数器，当计数溢出，即计数到 50 000 时使输出量取反，就得到了 1kHz 的方波，作为数码管位选信号。同理，1kHz 再经分频即可得到 2Hz（黄灯闪烁信号）和 1Hz（倒计时计数信号）。分频模块原理图如图 9-10 所示。

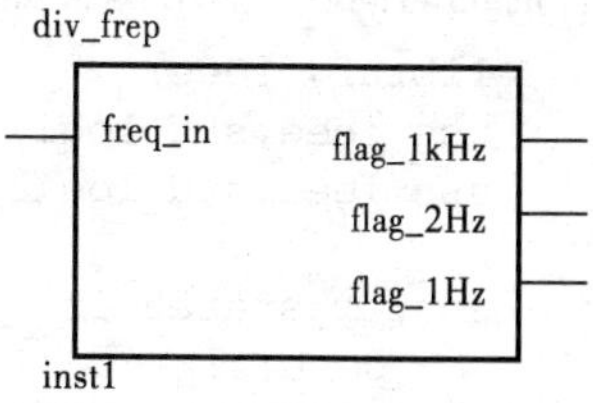

分频模块 VHDL 代码如下：

图 9-10　分频模块原理图

```vhdl
library ieee;
--对实验板上的 50MHz 信号进行分频得到 1kHz 位选信号
use ieee.std_logic_1164.all;
--2Hz 黄灯闪烁信号和 1Hz 计时信号

entity div_freq is
    port(freq_in:in std_logic;
    flag_1khz,flag_2hz,flag_1hz: buffer std_logic);
end entity;

architecture_one of div_freq is
signal end_1khz: integer range 0 to 50000;
signal end_2hz:integer range 0 to 499;
signal end_1hz: integer range 0 to 1000;

begin
process(freq_in)          --此进程得到的是 1kHz 的位选信号
begin
    if(freq_in 'event and freq_in='1') then end_1khz<=end 1khz+1;
    if(end_1khz=50000) then end_1khz<=0;
        elsif(end_1khz<25000) then flag_1khz<='0';
        else flag_1khz<='1';
    end if; end if;
end process;
process(flag_1khz)        --此进程是得到 2Hz 信号
begin
    if(flag_1khz 'event and flag_1khz='1') then end_2hz<=end_2hz+1;
    if(end_2hz=500)then end_2hz<=0; flag_2hz<='0';
        else flag_2hz<='1';
    end if; end if;
end process;
process(flag_1khz)        --此进程是得到 1Hz 信号
begin
    if(flag_1khz 'event and flag_1khz='1') then end_1hz<=end_1hz+1;
    if(end_1hz=1000)then end_1hz<=0; flag_1hz<='0';
        else flag_1hz<='1';
    end if; end if;
end process;
end architecture_one;
```

2. 控制及倒计时计数模块

控制 5 个状态转换，是整个系统的核心模块。5 个状态分别 st0、st1、st2、st3、st4，其中 st0 是当次干道没有车通行的状态，st1 是主干道绿灯亮 45s 的状态，st2 是主干道黄灯闪烁 5s 的状态，st3 是次干道亮绿灯 25s 的状态，st4 是次干道黄灯闪烁 5s 的状态。当主干道亮绿灯和黄灯闪烁时，次干道都是亮红灯；当次干道亮绿灯和黄灯闪烁时，主干道都是亮红灯。并且主、次干道都会显示亮灯的倒计时时间。模块原理图如图 9-11 所示。

控制及计时模块输出主、次干道的红黄绿控制信号以及倒
计时的时间。VHDL 编程如下：

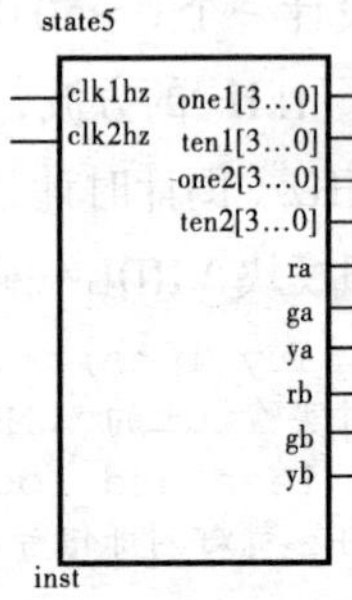

图 9-11　控制及计时模块原理图

```
library ieee;
use ieee.std_logic_1164.all;
use ieee.std_logic_unsigned.all;

entity state5 is
    port(clk1hz,clk2hz:in std_logic;
    --1Hz 倒计时时钟信号

one1,ten1,one2,ten2:out integer range 0 to 10;   --倒计时数
         ra,ga,ya,rb,gb,yb:out std_logic); --主支干道红黄绿灯 end;

architecture_two of state5 is
type states is (st0,st1,st2,st3,st4);           --定义五个状态
signal r1,g1,y1,r2,g2,y2:std_logic;
signal a,y11,y22:std_logic;
begin
process(clk1hz)                                 --5 states
variable st:states;
variable eoc:std_logic;                         --倒计时结束标志位
variable h1,l1,h2,l2:integer range 0 to 10;
begin
    if clk1hz'event and clk1hz='1' then
    case st is
    when st0=>
        st:=st1;
        h1:=4; l1:=4; h2:=4; l2:=9;
    when st1=>                                  --主干道绿灯亮 45s
        if eoc='0' then eoc:='1';
        h1:=4;l1:=4; h2:=4;l2:=9;
        g1<='1'; r1<='0'; y1<='0'; g2<='0'; r2<='1'; y2<='0';
        else
           if h1=0 and l1=1 then st:=st2; eoc:='0';
           h1:=0; l1:=0; h2:=0; l2:=5;
           elsif l1=0 then l1:=9; h1:=h1-1; l2:=l2-1;
           elsif l2=0 then l2:=9; h2:=h2-1; l1:=l1-1;
           else l1:=l1-1; l2:=l2-1;
        end if; end if;
    when st2=>                                  --主干道黄灯亮 5s
        if eoc='0' then eoc:='1';
        h1:=0; l1:=4; h2:=0;l2:=4;
        g1<='0'; r1<='0'; y1<='1'; g2<='0'; r2<='1'; y2<='0';
        else if l1=1 then
            st:=st3; eoc:='0';
            h1:=0; l1:=0; h2:=0; l2:=0;
            else l1:=l1-1; l2:=l2-1;
        end if;   end if;
    when st3=>                                  --支干道绿灯亮 25s
        if eoc='0' then eoc:='1';
        h1:=2; l1:=9; h2:=2; l2:=4;
        g1<='0'; r1<='1'; y1<='0'; g2<='1'; r2<='0'; y2<='0';
```

```
            else if h2=0 and l2=1 then
                st:=st4; eoc:='0';
              h2:=0;  l2:=0;  h1:=0;  l1:=5;
               elsif l2=0 then  l2:=9; h2:=h2-1; l1:=l1-1;
                elsif l1=0 then  l1:=9; h1:=h1-1; l2:=l2-1;
                 else l2:=l2-1;  l1:=l1-1;
           end if;   end if;
      when st4=>                              --支干道黄灯亮5s
           if eoc='0' then  eoc:='1';
           h1:=0; l1:=4; h2:=0; l2:=4;
            g1<='0'; r1<='1'; y1<='0'; g2<='0'; r2<='0'; y2<='1';
            else  if l2=1 then
                 st:=st1; eoc:='0';
               h1:=0; l1:=0; h2:=0; l2:=0;
                else l1:=l1-1; l2:=l2-1;
             end if; end if;
       end case; end if;
       ra<=r1; ga<=g1; ya<=y11; rb<=r2; gb<=g2; yb<=y22;
       one1<=l1; ten1<=h1; one2<=l2; ten2<=h2;
end process;
process(clk2hz)
begin
  if clk2hz'event and clk2hz='1' then  a<= not a;
     if(y1='1')then y11<=a; else y11<='0'; end if;
      if(y2='1')then y22<=a; else y22<='0'; end if;
  end if;
end process;
end architecture_two;
```

编程进程语句的敏感信号是时钟分频模块产生的1Hz时钟信号,用case语句完成5个状态的控制。在每个状态里要控制主干道和次干道的红黄绿灯的点亮,并为扫描显示译码模块提供倒计时时间,同时要使每个状态结束时能顺利进入下一个状态。

3. 数码管倒计时显示模块

使实验板上的4个数码管分别表示主干道和支干道的秒倒计时,动态扫描的频率用的是1kHz的频率。显示模块原理图如图9-12所示。

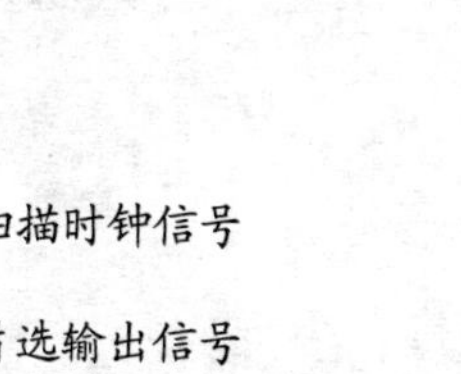

图9-12　显示模块原理图

显示模块的功能是给出倒计时所需的段位码,VHDL代码如下:

```
library ieee;
use ieee.std_logic_1164.all;
use ieee.std_logic_unsigned.all;

entity display is
    port(clk_1khz:in std_logic;                    --扫描时钟信号
         one1,ten1,one2,ten2:in integer range 0 to 10;
        scan:out std_logic_vector(3 downto 0);     --片选输出信号
        seg_7:out std_logic_vector(7 downto 0));   --七段译码输出
end entity display;

architecture_three of display is
signal data:integer range 0 to 10;
signal seg77:std_logic_vector(7 downto 0);
signal cnt:std_logic_vector(1 downto 0);
begin
```

```
process(data)                        --七段译码
begin
    case data is
    when 0=> seg77<="00000011";
    when 1=> seg77<="10011111";
    when 2=> seg77<="00100101";
    when 3=> seg77<="00001101";
    when 4=> seg77<="10011001";
    when 5=> seg77<="01001001";
    when 6=> seg77<="01000001";
    when 7=> seg77<="00011111";
    when 8=> seg77<="00000001";
    when 9=> seg77<="00001001";
    when 10=>seg77<="11111111";
    when others =>null;
end case; end process;
seg_7<=seg77;
process(clk_1khz,one1,ten1,one2,ten2)          --数码管动态扫描计数
begin
    if clk_1khz'event and clk_1khz='1' then     --00到11循环计数器
    if cnt="11" then cnt<="00";
    else cnt<=cnt+1;
    end if; end if;
end process;
process(cnt,one1,ten1,one2,ten2)               --数码管动态扫描显示
begin
    case cnt is
    when "00"=> data<=one1; scan<="0111";
    when "01"=> data<=ten1; scan<="1011";
    when "10"=> data<=one2; scan<="1101";
    when "11"=> data<=ten2; scan<="1110";
    when others=>null;
    end case;
end process;
end architecture_three;
```

4. 顶层逻辑

顶层逻辑如图 9-13 所示。

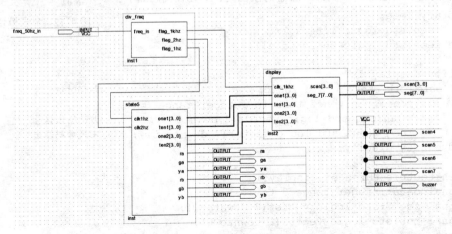

图 9-13　系统顶层原理图

9-3-5 仿真与运行结果

1．功能仿真

按上述步骤得到系统完整设计。在 Quartus 环境中编译后进行功能仿真，如图 9-14 所示。

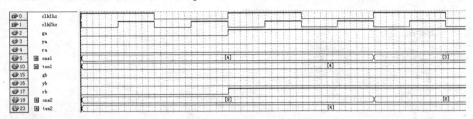

图 9-14 交通灯系统仿真

2．运行结果

仿真结果证明了逻辑设计正确。再下载到实验板上运行，实际运行结果如图 9-15 所示。数码管显示信号灯倒计时时间，其下方 3 盏灯分别表示红黄绿交通灯，LED15–17 依次连接 ga、ya、ra，LED12–14 依次连接 gb、yb、rb。

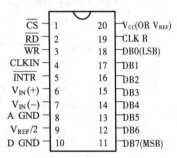

图 9-15 交通灯系统运行结果

9-4 ADC 0804 数据采集

9-4-1 ADC 0804 时序

ADC0804 是一种通用的 A/D 转换器，其引脚排列如图 9-16 所示。它的主要电气特性及性能指标如下：

① 差分模拟量输入电压范围 0～5V。

② 输入、输出电平兼容 MOS 和 TTL 规范。

③ 参考电压为 2.5V。

④ 片上时钟发生器。

⑤ 单 5V 供电。

⑥ 分辨率：8bit。

⑦ 误差：±¼LSB，±½LSB，±1 LSB。

⑧ 转换时间：100μs。

图 9-16 ADC0804 引脚图

进行 A/D 转换要按照 ADC0804 时序产生相应的逻辑信号，图 9-17 为 ADC0804 的控制信号时序图。

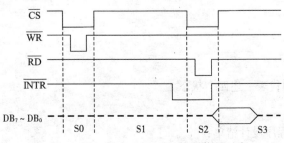

图 9-17 ADC0804 控制信号时序

9-4-2　原理图

ADC 0804 数据采集电路主要由两个主要元件组成：EPM7032 CPLD 控制器和 ADC0804 转换器。最终的原理图如图 9-18 所示。

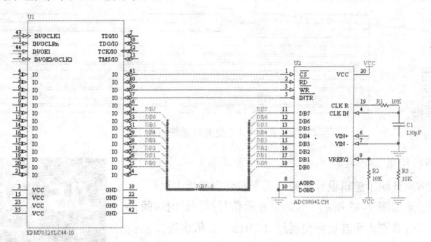

图 9-18　ADC0804 采集系统原理图

9-4-3　VHDL 设计

1. 转换状态机

VHDL 设计的关键即是实现图 9-17 中的控制信号 $\overline{CS}$、$\overline{WR}$ 和 $\overline{RD}$ 的时序。

A/D 转换分为 4 个步骤（分别代表状态机的四个状态）。

① S0：CPLD 控制 ADC0804 开始 A/D 转换，此时控制信号为 $\overline{CS}$=0，$\overline{WR}$=0，$\overline{RD}$=1；

② S1：$\overline{CS}$=1，$\overline{WR}$=1，$\overline{RD}$=1。等待 A/D 转换；A/D 转换完毕后 $\overline{INTR}$=0；

③ S2：CPLD 发出读取 A/D 转换结果命令，控制信号为 $\overline{CS}$=0，$\overline{WR}$=1，$\overline{RD}$=0；

④ S3：$\overline{CS}$=1，$\overline{WR}$=1，$\overline{RD}$=1。A/D 转换结果有效并放置在数据总线上。

这是一个典型的状态机逻辑实例，状态机构架如下：

```
IF CP'Event AND CP='1' then
CASE State IS
  WHEN S0=>
    …
  WHEN S1=>
    …
  WHEN S2=>
    …
  WHEN S3=>
    …
  WHEN OTHERS=>
    …
```

S0、S1、S2 及 S3 分别代表上述四个状态。

2. VHDL 设计

以下是完整的 VHDL 程序设计清单：

-- **

```vhdl
LIBRARY IEEE;
USE IEEE.STD_LOGIC_1164.ALL;
USE IEEE.STD_LOGIC_ARITH.ALL;
USE IEEE.STD_LOGIC_UNSIGNED.ALL;

ENTITY AD0804 is
  PORT(
      Din           : IN  STD_LOGIC_VECTOR(7 Downto 0); -- A/D 数据
      CP            : IN  STD_LOGIC;                     -- 时钟
      nCS,nWR,nRD   : OUT STD_LOGIC;                     -- 控制信号
      nINTR         : IN  STD_LOGIC                      -- 中断
    );
END AD0804;

ARCHITECTURE a OF AD0804 IS
  TYPE STATE_TYPE IS(S0,S1,S2,S3);         --状态机的四个状态
  SIGNAL  State : STATE_TYPE;
  SIGNAL  nIN   : STD_LOGIC;
  SIGNAL  D     : STD_LOGIC_VECTOR(7 Downto 0);
BEGIN
SystemConnection: Block
Begin
  nIn <= nINTR;
End Block SystemConnection;
StateChange: Block
Begin
  PROCESS (CP)
  BEGIN
    IF CP'Event And CP = '1' Then
      CASE State IS
          WHEN S0 =>                --S0 状态: 启动 AD 转换
              nCS <= '0';
              nWR <= '0';
              nRD <= '1';
              State <= S1;
          WHEN S1 =>                --S1 状态: AD 转换
              nCS <= '1';
              nWR <= '1';
              nRD <= '1';
              If nIN = '0' Then     --等待 AD 转换完毕
                  State <= S2;
              End if;
          WHEN S2 =>                --S2 状态: 读 AD
              nCS <= '0';
              nWR <= '1';
              nRD <= '0';
              State <= S3;
          WHEN S3 =>                --S3 状态: AD 转换结束, 输出数据
              nCS <= '1';
              nWR <= '1';
```

```
                nRD <= '1';
                State <= S0;
            WHEN OTHERS =>
                State <= S0;
            END CASE;
        ENd If;
    END PROCESS;
End Block StateChange;
END a;
```

3. 仿真结果

仿真结果如图 9-19 所示。

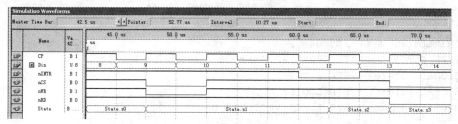

图 9-19 "ADC 0804 数据采集"仿真结果

上述仿真为功能仿真结果，A/D 转换的 4 个状态见仿真结果的 State 变量输出。

9-5 单周期 CPU 描述

9-5-1 MIPS 处理器概述

MIPS（Microprocessor without Interlocked Pipeline Stages，无内部互锁流水线微处理器）架构是一种采取精简指令集（RISC）的处理器架构。它的基本特点是：大多数指令在单周期内完成、采用 LOAD/STORE 结构、硬布线控制逻辑、减少指令和寻址方式的种类、固定的指令格式、注重编译程序的优化设计。上述特点简化了处理器结构，更易于 VLSI 技术实现，从而加强了处理器的数据处理能力。

1981 年，斯坦福大学教授约翰·轩尼诗领导他的团队，实现了第一个 MIPS 架构的处理器。2002 年，中国科学院计算所开始研发龙芯处理器，也采用了 MIPS 架构。现在已被广泛地使用在许多电子产品、网络设备、个人娱乐装置与商业装置上。最早的 MIPS 架构是 32 位元，最新的版本已经变成 64 位元。

MIPS 有 32 个通用寄存器$0～$31，它们也作为特殊目的使用：如$0 内容为 0，$2～$3（也记为 v0、v1）为子程序返回值，$4～$7（也记为 a0～a3）为子程序前四个参数，$31（也记为 ra）为子程序返回地址，$29（也记为 sp）作为堆栈指针。MIPS 处理器除了具有指令译码、接触器堆、ALU、转移控制、乱序执行等功能单元之外，还通过协处理器实现现代处理器的高级功能：CP0 协处理器用于处理器设置、Cache 控制、MMU/TLB 控制、中断例外管理和调试管理；CP1 协处理器则作为浮点单元。MIPS 采用 EJTAG 协议进行调试，利用 EJTAG 的 TAP 接口和相应的状态机，支持程序和硬件调试的特有功能。

9-5-2 指令描述

1. 指令格式

MIPS 指令均为 32 位，分为如下 3 类：

① R 类（寄存器）指令格式为

31 26	25 21	20 16	15 11	10 6	5 0
op	rs	rt	rd	sa	func

② I（立即数）类指令格式为

31 26	25 21	20 16	15 0
op	rs	rt	immediate

③ J（跳转）类指令格式为

31 26	25 0
op	target

其中，op 为操作码，func 为功能码，sa 为移位位数，rs、rt、rd 分别是源、目标、目的寄存器，immediate 为立即数，target 为跳转的目标地址。

2. 指令说明

这里仅实现 R 类 add、sub、and、or、slt 指令，I 类 lw、sw、addi、andi、ori、bne、beq 指令和 J 类 j 指令，共 13 条指令（读者可据此进行扩充）。

13 条指令内容说明如表 9-2 所示。

表 9-2　指 令 说 明

指令	操作码	功能码	格　　式	说　　明
add	000000	100000	ADD rd, rs, rt	rd ← rs + rt
sub	000000	100010	SUB rd, rs, rt	rd ← rs − rt
and	000000	100100	AND rd, rs, rt	rd ← rs AND rt
or	000000	100101	OR rd, rs, rt	rd ← rs OR rt
slt	000000	101010	SLT rd, rs, rt	rd ← (rs < rt)
lw	100011		LW rt, offset（base）	rt ← memory[base+offset]
sw	101011		SW rt, offset（base）	memory[base+offset] ← rt
addi	001000		ADDI rt, rs, imm	rt ← rs + imm
andi	001100		ANDI rt, rs, imm	rt ← rs AND imm
ori	001101		ORI rt, rs, imm	rt ← rs OR imm
bne	000100		BNE rs, rt, offset	if rs≠rt then branch；offset 左移 2 位，与 PC 相加，得到转移目标地址
beq	000101		BEQ rs, rt, offset	if rs=rt then branch；offset 左移 2 位，与 PC 相加，得到转移目标地址
j	000010		J target	跳转；target 左移 2 位，形成目标地址

9-5-3　微结构

1. 功能组件

根据指令功能说明，CPU 所需功能组件如下：

① PC 寄存器，用于保存程序计数器 PC 的值。

② 地址加法器，用于长生下一条顺序指令地址 PC+4（字节地址）/PC+1（字地址）。

③ 指令存储器模块，存放程序指令。

④ 数据存储器模块，存储数据。

⑤ 寄存器堆，包含 32 个 32 位通用寄存器。

⑥ ALU，完成指令要求的操作。

⑦ 控制器，用来生成指令执行流程的控制信号。

将上述部件及其信号适当连接起来，就构成了图 9-20 所示的单周期 CPU 逻辑电路。

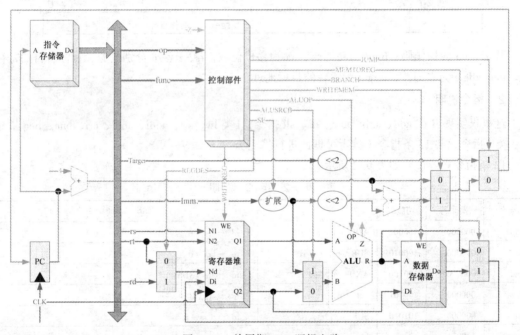

图 9-20　单周期 CPU 逻辑电路

其中，指令存储器可用 ROM 模块实现，数据存储器用 RAM 模块实现。而寄存器堆有两个读出端口、一个写入端口，需要设计相应的接口逻辑。

2. R 类指令数据通道

R 类指令使用寄存器 rs 和 rt 作为源数据寄存器，rd 作为目的寄存器。该类型指令使用 ALU 对两个源数据进行某种运算后，把 ALU 生成的结果写入到目的寄存器中。因此，在 R 类指令处理过程中，存在如下几条数据通道：

① 寄存器堆中的 rs 到 ALU 的输入数据 A。

② 寄存器堆中的 rt 到 ALU 的输入数据 B。

③ ALU 的计算结果 R 到寄存器堆中的寄存器 rd。

3. I 类指令数据通道

I 类指令存在着多种情况。包括运算/逻辑指令、Load/Store 指令、分支指令等。分别说明如下:

（1）运算/逻辑指令

运算/逻辑指令使用寄存器 rs 和指令字中的立即数为源数据, 使用寄存器 rt 作为目的寄存器。在对 ALU 的两个源数据进行操作后, 把 ALU 产生的结果保存到目的寄存器中。所以, 该指令需要建立如下几条数据通道:

① 寄存器堆中的 rs 到 ALU 的输入数据 A。

② 指令中立即数到 ALU 的输入数据 B。

③ ALU 的计算结果 R 到寄存器堆中的寄存器 rt。

（2）Load 指令

在 Load 指令中, 使用寄存器 rs 作为 base（基地址）, 立即数 imme 作为 offset（偏移量）。通过 ALU 将两个源数据相加, 得到的结果作为数据存储器地址。然后, 读入这个地址的数据, 并送到目的寄存器 rt 中。所以, 该指令需要建立如下几条数据通道:

① 寄存器堆中的 rs 到 ALU 的输入数据 A。

② 指令中立即数到 ALU 的输入数据 B。

③ ALU 的计算结果 R 作为数据存储器地址。

④ 数据存储器的数据总线至寄存器堆的寄存器 rt。

（3）Store 指令

Store 指令与 Load 指令极其相似, 都是在数据存储器和寄存器堆之间传送数据。但是方向相反: Load 指令将数据从数据存储器装载至寄存器堆, 而 Store 指令则将数据从寄存器堆存储到数据存储器。Store 指令需要建立的数据通道如下:

① 寄存器堆中的 rs 到 ALU 的输入数据 A。

② 指令中立即数到 ALU 的输入数据 B。

③ ALU 的计算结果 R 作为数据存储器地址。

④ 寄存器堆的寄存器 rt 至数据存储器的数据总线。

（4）分支指令

分支指令使用寄存器 rs 和 rt 作为源数据寄存器, 通过 ALU 对其进行减法比较。然后, 判断结果是否为 0, 并将结果送到控制部件 CU。CU 根据结果是否为 0 来确定指令是否跳转, 并给出跳转标志。这时, 需要计算两个 PC 值: ①将当前 PC 加 4, 得到新的 PC 值 A; ②把刚得到的 A 和指令字中的立即数相加, 得到另一个新的 PC 值 B。最终, 根据 CU 给出的跳转标志来确定采用 PC 值 A 或 B。这样, 在分支指令中需要建立的数据通道如下:

① 寄存器堆中的 rs 到 ALU 的输入数据 A。

② 寄存器堆中的 rt 到 ALU 的输入数据 B。

③ 根据 ALU 输出结果是否为 0, 输出至控制部件 CU。

④ PC+4 作为数据选择器的一个输入。

⑤ PC+4+imme, 输出到数据选择器的另一个输入。

⑥ CU 给出跳转标志 BRANCH 到数据选择器的控制端。

⑦ 数据选择器把选择结果输出到程序计数器 PC。

4．J 类指令数据通道

跳转指令会引起程序控制流的无条件跳转。在跳转指令的处理过程中，程序计数器 PC 加 4 后的高 4 位和指令字中的跳转地址合并。然后，把合并的结果作为新的 PC 值。所以，jump 指令需要建立如下数据通道：

① 程序计数器 PC 加 4 后的高 4 位和指令字中的跳转地址合并。

② 合并结果输出到程序计数器 PC。

9-6　单周期 CPU 设计

9-6-1　指令执行步骤

CPU 处理指令需要经过以下几个步骤：

① 取指令（IF）：根据 PC 中的指令地址，从指令存储器中取出一条指令，然后转到译码状态。同时，在 PC 中产生取下一条指令需要的地址。

② 指令译码（ID）：对取指令操作得到的指令进行译码，产生相应的控制信号，从而驱动执行状态中的各种动作。

③ 指令执行（EXE）：根据指令译码得到的控制信号，具体执行指令要求的操作。然后，转移到结果写回状态。

④ 存储器访问（MEM）：所有需要访问存储器的操作都将在这个步骤中执行。根据给出的数据存储器地址，将数据写入或读出。

⑤ 结果写回（WB）：该步骤负责把指令执行的结果或访问存储器中得到的数据写回到寄存器堆中相应的目的寄存器中。

要说明的是，实际 MIPS 处理器是按上述步骤流水执行。流水执行虽然效率很高，但实现起来逻辑较为复杂，且涉及流水线知识。因此，在这里将其简化为单周期形式执行。主要目的是学习可编程逻辑设计和计算机组成方面的知识。

9-6-2　取指令（IF）逻辑设计

1．IF 操作

步骤 IF 需要完成如下几个操作：

① 给出需要取出指令的地址，即程序寄存器 PC。

② 从程序存储器读取指令字。

③ 计算下一条指令的地址。

因此，取指令逻辑设计即是实现上述三个操作。

2．指令地址

在 MIPS 体系结构里，指令地址保存在程序计数器 PC 中。因此，可以使用一个 32 位寄存器来实现 PC，如图 9-21 所示。

3．指令存储器

指令存储器采用 ROM 组件实现。一般主流 EDA 软件（如 Altera 的 Quartus 以及 Xilinx 的 ISE）

均有现成的 ROM 库元件，可以直接使用。指令 ROM 如图 9-22 所示。

图 9-21　程序计数器 PC 原理图　　　　图 9-22　指令存储器原理图

这里采用的是 Quartus 的 LPM 模块。假设保存 32 条 32 位指令字，则指令地址为 A[6..2]（图中 A[4..0] 为字地址），读出的指令字输出是 Q[31..0]。

4. 下一条指令地址

在计算下一条指令的指令地址时，有如下几种情况：

① 如果当前指令不是分支或跳转指令，则只需简单地在当前指令字地址的基础上加 1，就得到了下一条指令地址。

② 当前指令为分支或跳转指令时，则需要根据当前指令来计算跳转地址。分支与跳转指令计算跳转地址的方法是不一样的。

- 分支指令：在计算分支指令时，需要将指令中的 16 位立即数 INST[15..0] 的符号位 INST[15] 扩展到高 16 位 IMMSIGN[31..16]。考虑到还要将 INST[15..0] 左移 2 位，因此得到的合成地址是 { IMMSIGN[31..18], INST[15..0], Z, Z }（Z 表示 0）。最终再加上延迟槽地址得到跳转地址。

说明：MIPS 在执行分支、跳转指令时，要将其后面的一条指令，即延迟槽中指令执行完后才产生跳转；为了简单起见，本设计跳转地址基于延迟槽地址，但并没有执行延迟槽中指令。

分支地址逻辑电路如图 9-23 所示。

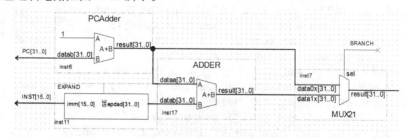

图 9-23　分支地址逻辑电路

最终，根据 ALU 比较结果，由 CU 给出的跳转标志来决定采用那个分支地址。

- 跳转指令：跳转地址计算较为简单，直接将指令中立即数 26 位 INST[25..0] 与延迟槽地址合并，并左移 2 位即可。延迟槽地址即为图 9-23 中 PCAdder 生成的地址 VPC[31..0]，合并后的地址是 { VPC[31..28], INST[25..0], Z, Z }。

9-6-3　指令译码（ID）逻辑设计

1. ID 功能

ID 步骤要完成如下功能：

① 识别指令。

② 根据不同的指令给出相应的控制信号。

③ 根据不同的指令从相应源数据存储器取出操作数，为下一步指令执行做准备。

2. 指令识别

指令译码由控制部件完成，其逻辑设计如下：

在 MIPS 指令集中，根据操作码 op 和功能码 func 来区别指令。由表 9-2 列出的 13 条指令编码，可以得到它们的逻辑表达式。

```
Decode: Block
Begin
  SPECIAL <= (not OP[5]) and (not OP[4]) and (not OP[3]) and
            (not OP[2]) and (not OP[1]) and (not OP[0]);
  Iadd <= SPECIAL and FUNC[5] and (not FUNC[4]) and (not FUNC[3])
        and (not FUNC[2]) and (not FUNC[1]) and (not FUNC[0]);
  Isub <= SPECIAL and FUNC[5] and (not FUNC[4]) and (not FUNC[3])
        and (not FUNC[2]) and FUNC[1] and (not FUNC[0]);
  Iand <= SPECIAL and FUNC[5] and (not FUNC[4]) and (not FUNC[3])
        and FUNC[2] and (not FUNC[1]) and (not FUNC[0]);
  Ior <= SPECIAL and FUNC[5] and (not FUNC[4]) and (not FUNC[3])
        and FUNC[2] and (not FUNC[1]) and FUNC[0];
  Islt <= SPECIAL and FUNC[5] and (not FUNC[4]) and FUNC[3]
        and (not FUNC[2]) and FUNC[1] and (not FUNC[0]);
  Ilw <= OP[5] and (not OP[4]) and (not OP[3]) and
            (not OP[2]) and OP[1] and OP[0];
  Isw <= OP[5] and (not OP[4]) and OP[3] and
            (not OP[2]) and OP[1] and OP[0];
  Iaddi <= (not OP[5]) and (not OP[4]) and OP[3] and
            (not OP[2]) and (not OP[1]) and (not OP[0]);
  Iandi <= (not OP[5]) and (not OP[4]) and OP[3] and
            OP[2] and (not OP[1]) and (not OP[0]);
  Iori <= (not OP[5]) and (not OP[4]) and OP[3] and
            OP[2] and (not OP[1]) and OP[0];
  Ibeq <= (not OP[5]) and (not OP[4]) and (not OP[3]) and
            OP[2] and (not OP[1]) and (not OP[0]);
  Ibne <= (not OP[5]) and (not OP[4]) and (not OP[3]) and
            OP[2] and (not OP[1]) and OP[0];
  Ij <= (not OP[5]) and (not OP[4]) and (not OP[3]) and
            (not OP[2]) and OP[1] and (not OP[0]);
End Block Decode;
```

其中，OP[5..0]为操作码 op，FUNC[5..0]为功能码 func。

3. 控制信号

（1）JUMP

该信号为指令跳转 j 引起的指令跳转，控制跳转地址产生。其逻辑表达式为：

```
JUMP  <= Ij;
```

（2）BRANCH

该信号为分支指令 bne 和 beq 引起的指令跳转，控制跳转地址产生。分支指令是否跳转，取决于寄存器 rs 和 rt 相减的结果是否为 0。其逻辑表达式如下：

```
j <= (Z and beq) or (not Z and bne);
```

逻辑变量 Z 表明相减的结果为 0。

（3）WRITEREG

该信号是否将数据（ALU 产生的计算结果或数据存储器读出的数据）写入到目的寄存器。指令 add、sub、and、or、slt、lw、addi、andi、ori 都要将数据写入到目的寄存器。因此，WRITEREG 信号的逻辑表达式如下：

```
WRITEREG <= Iadd or Isub or Iand or Ior or Islt
            or Ilw or Iaddi or Iandi or Iori;
```

（4）REGDES

该信号使用 rd 还是 rs 作为目标寄存器。R 类指令（即 SPECIAL）add、sub、and、or、slt 使用 rd。其逻辑表达式如下：

```
REGDES <= SPECIAL;
```

REGDES 为 1 表示使用 rd；为 0，则使用 rt。

（5）WRITEMEM

该信号表示要把数据写入到存储器中。在 13 条指令中只有 sw 指令需要将数据写入到存储器中。所以，信号 WRITEMEM 逻辑表达式如下：

```
WRITEMEM <= Isw;
```

（6）MEMTOREG

该信号表明写入寄存器数据的来源。在 13 条指令中只有 lw 指令的目的寄存器数据来源于数据存储器，其余都来自 ALU 的计算结果。所以，信号 MEMTOREG 逻辑表达式如下：

```
MEMTOREG <= Ilw;
```

（7）SE

该信号控制立即数符号扩展。指令 addi、lw、sw 中的立即数需要符号扩展，还有分支指令 bne 和 beq 在进行下一条指令地址计算时也要对指令中的立即数进行符号扩展。需要注意的是，指令 andi 和 ori 中的立即数只需零扩展，不需要进行符号扩展。所以，信号 SE 逻辑表达式如下：

```
SE <= Iaddi or Ilw or Isw or Ibne or Ibeq;
```

（8）ALUSRCB

在使用 ALU 进行计算时，R 类指令的第二个操作数来源于寄存器 rt，而 I 类指令（addi、andi、ori、lw、sw）的第二个操作数来自指令中的立即数。信号 ALUSRCB 标识了 ALU 运算的第二个操作数的来源，为 1 表示来自立即数。其逻辑表达式如下：

```
SE <= Iaddi or Iandi or Iori or Ilw or Isw;
```

（9）ALUOP[4..0]

该组信号控制 ALU 进行何种操作，具体编码如表 9-3 所示。

表 9-3　ALU 操作表

指　令	操　作	ALUOP[4..0]	指　令	操　作	ALUOP[4..0]
add	加	×0001	addi	加	×0001
sub	减	×1001	andi	与	00000
and	与	00000	ori	或	01000
or	或	01000	beq	减	×1001
slt	比较	×1010	bne	减	×1001
lw	加	×0001	j	无	××××
sw	加	×0001			

由表 9-3 可得 ALUOP[4..0]逻辑表达式如下：

```
ALUOP[4] <= 0;
ALUOP[3] <= Isub or Ior or Islt or Iori or Ibeq or Ibne;
ALUOP[2] <= 0;
ALUOP[1] <= Islt;
ALUOP[0] <= Iadd or Isub or Ilw or Isw or Iaddi or
Ibeq or Ibne;
```

根据控制信号逻辑，将其组合起来便可得到控制部件 CU。

4．操作数

从寄存器堆读取的源数据为寄存器 rs 和 rt，它们分别对应指令字中的 INST[25..21]和 INST[20..16]；最后的结果要写入寄存器堆（见 9-6-6 节）。所以，寄存器堆有两个读数据通道和一个写数据通道。寄存器堆逻辑框图如图 9-24 所示，其内部逻辑设计如图 9-25 所示。

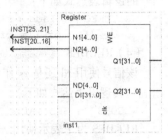

图 9-24　寄存器堆逻辑框图

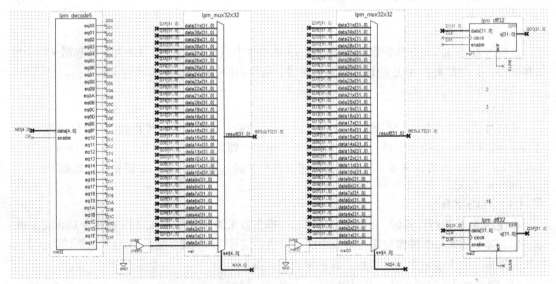

图 9-25　寄存器堆内部逻辑图

寄存器堆输入信号如下：

① N1[4..0]：读通道 0 的寄存器号。

② N2[4..0]：读通道 1 的寄存器号。

③ ND[4..0]：写通道的寄存器号。

④ DI[31..0]：写通道的输入数据。

寄存器堆输出信号如下：

① RESULT1[31..0]：读通道 0 的输出结果。

② RESULT2[31..0]：读通道 1 的输出结果。

9-6-4 指令执行（EXE）逻辑设计

经过 ID 操作，ALU 执行何种操作已由控制信号 ALUOP[4..0]确定下来；第一个操作数为寄存器 rs 中的数据，第二个操作数由信号 ALUSRCB 选择。EXE 步骤逻辑电路如图 9-26 所示。

9-6-5 存储器访问（MEM）逻辑设计

在 MIPS 体系结构中，定义了两种访问存储器的指令：Load 和 Store 指令。只能通过这两种指令访问数据存储器，这也是标准的 RISC 设计。与指令存储器相似，数据存储器逻辑可以用 EDA 库元件实现，如图 9-27 所示。

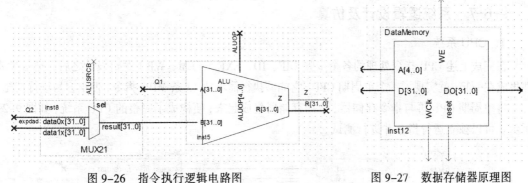

图 9-26 指令执行逻辑电路图 　　　　图 9-27 数据存储器原理图

在 EXE 操作之后，就要进行 MEM 操作。此时，CPU 需要给出以下控制信号和数据：

① 访问存储器方式，即读或写数据存储器，由 WRITEMEM 信号确定。

② 访问数据存储器地址。lw 和 sw 指令的地址是由寄存器 rs 和立即数相加得到的，即 ALU 的计算结果 R[31..0]即为所需地址。

③ 如果是写数据存储器，还需提供写入数据。写入数据为寄存器 rt 中内容，在 ID 过程中，由寄存器堆中读出，为 REGDATA1[31..0]。

9-6-6 结果写回（WB）逻辑设计

完成 EXE 和 MEM 操作和，就要执行最后的 WB 操作。WB 操作将 ALU 的计算结果或从存储器等设备读入的数据写入寄存器堆中。

WB 过程中涉及的数据和信号如下：

① 要写入的数据。寄存器堆要写入的数据来源有两种，一是 ALU 的计算结果 R[31..0]，另一种是来自数据存储器的数据 DATA1[31..0]。在指令译码过程中，控制信号 MEMTOREG 用于区分上述两种数据源。

② 寄存器堆写信号 WRITEREG。该信号控制寄存器堆是否执行写操作。

由此得 WB 数据通道如图 9-28 所示。

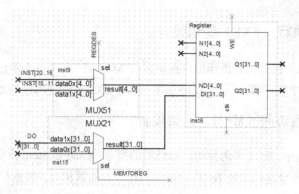

图 9-28　WB 数据通道原理图

9-6-7　系统逻辑设计及仿真

1. CPU 系统

在完成上述 CPU 指令处理的各个步骤（IF、ID、EXE、MEM、WB）逻辑设计之后，把这些部件集成在一起，就实现了一个单周期 CPU。它能够执行简单地 13 条 MIPS 指令，但很容易进行扩充。

将单周期 CPU 再与指令存储器、数据存储器集成起来，便构成了完整的 CPU 系统，如图 9-29 所示。可以独立运行指令并进行测试。

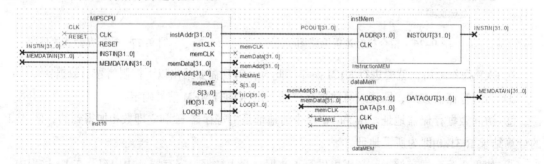

图 9-29　CPU 系统原理图

2. 测试文件

数字系统逻辑设计完成之后，都要对其进行测试。本设计的测试文件包括装载在指令存储器中的程序和数据存储器中的数据。

（1）指令测试文件

```
DEPTH = 32;              %存储器深度%
WIDTH = 32;              %存储器宽度%
ADDRESS_RADIX = HEX;     %十六进制%
DATA_RADIX = HEX;
CONTENT
BEGIN
[ 0..1F ]:0;            %地址范围%
0: 00000820;           %          add $1,$0,$0; address     %
1: 20020004;           %          addi $2,$0,4; counter     %
2: 00001820;           %          add $3,$0,$0; sum         %
3: 8C240000;           % loop: lw $4,0($1); load data       %
4: 20210004;           %          addi $1,$1,4; address+4    %
```

```
5: 00641820;            %           add $3,$3,$4; sum          %
6: 2042FFFF;            %           addi $2,$2,-1; counter-1   %
7: 10400001;            %           beq $2,$0,fin; finish?     %
8: 08000003;            %           j loop; no,goto loop       %
9: AC230000;            % fin:      sw $3,0($1); yes,store sum %
A: 0800000A;            % here:     j here; dead loop          %
END;
```

（2）数据测试文件

```
DEPTH = 32;             %存储器深度%
WIDTH = 32;             %存储器宽度%
ADDRESS_RADIX = HEX;    %十六进制%
DATA_RADIX = HEX;
CONTENT
BEGIN
[ 0..0F ]:0;            %地址范围%
0: 000000A3;            %           %
1: 00000027;            %           %
2: 00000079;            %           %
3: 00000115;            %           %
END;
```

3. 仿真结果

输入测试文件后，得到仿真结果如图 9-30 所示。

由仿真查看对应指令的运行结果，单周期 CPU 程序执行正确，设计完成。

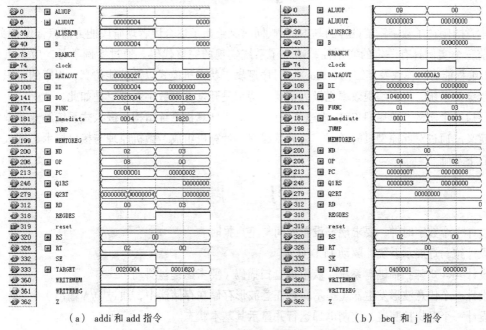

（a）addi 和 add 指令　　　　　　　（b）beq 和 j 指令

图 9-30　仿真结果

说明：图中 DO 是指令代码信号，其余信号与逻辑描述和设计里表述的一致。

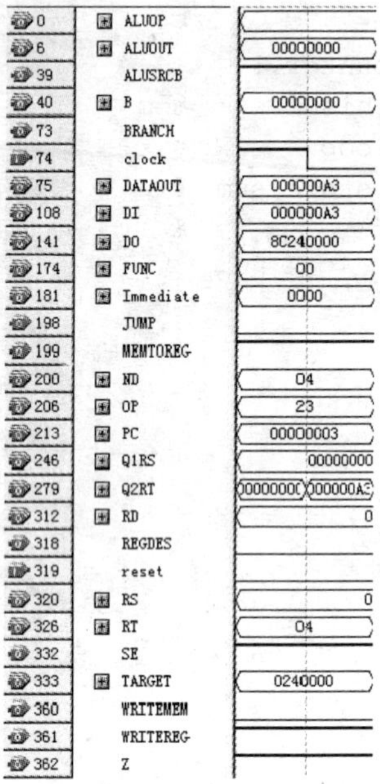

（c）lw 指令 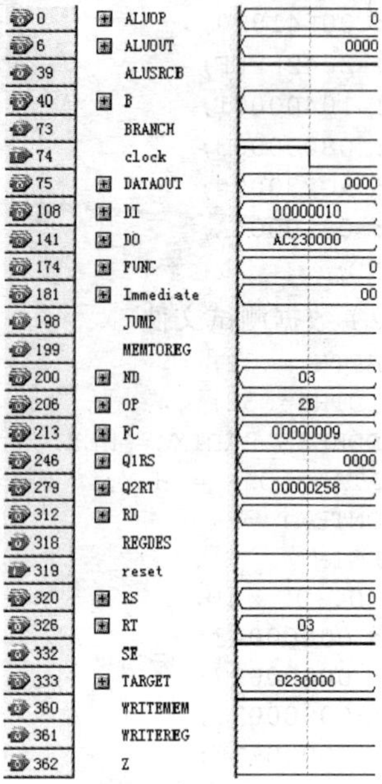 　　　　　（d）sw 指令

图 9-30　仿真结果（续）

小　结

　　本章既阐述了数字系统设计的基本流程，同时又给出了适合读者现阶段能力的综合设计实例。

　　前三个实例具有一定的实用性，给出了系统实现的完整代码。通过实例学习，应重点掌握 VHDL 编程能力：模块及其结构、Process 时序逻辑、状态机模式以及功能仿真；程序的组织与风格对于维护系统，提高编程效率也极为重要，特别是开发大型数字系统更是如此。

　　最后一个实例"单周期 CPU 描述与设计"，对于计算机系统结构、嵌入式系统等专业学生有特别意义。通过对此原型机的学习，为后续课程：计算机组成、微机原理与接口技术、嵌入式应用等打下基础。

习　题

1. 设计一个数字时钟，要求能够设置时间与整点报时。
2. 设计跑马灯展示系统，驱动 LED 显示。
3. 设计 4×4 矩阵扫描键盘系统，获取键盘扫描码（要考虑键盘抖动）。
4. 设计一个任意波形发生器（提示：将任意波形存储在存储器中，通过 D/A 输出）。
5. 设计一个电梯控制器，控制电梯运行并显示其基本状态。
6. 设计一个自动售货机（为简单起见，每次仅购买一件商品）。
7. 设计一个数字密码锁，开锁密码可手动预置，并可进行修改密码。
8. 利用音名与频率的关系制作简易乐曲发生器。
9. 设计一个异步收发器，具有起始位、数据位、检验位。

附录 A 逻辑符号对照表

表 A-1　逻辑门符号对照表

名　称	IEEE 标准	Protel 库符号	Visio 库符号
与门 （AND）			
或门 （OR）			
非门 （NOT）			
与非门 （NAND）			
或非门 （NOR）			
异或门 （XOR）			
同或门 （XNOR）			
三态缓冲门			
比较器 （运放器）			

续表

名　称		IEEE 标准	Protel 库符号	Visio 库符号	
缓冲器	高电平有效	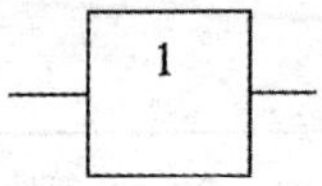	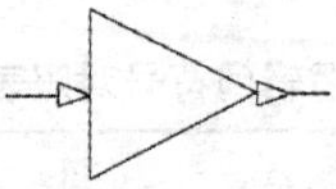	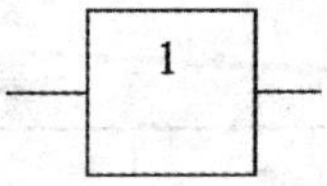	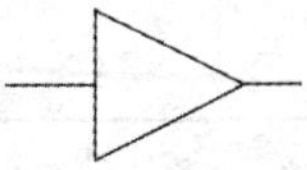
	低电平有效	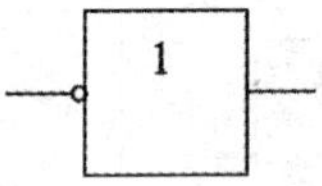	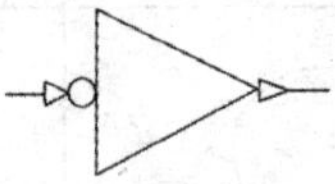	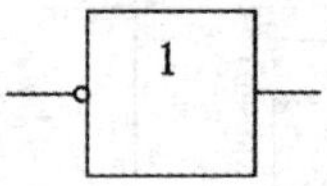	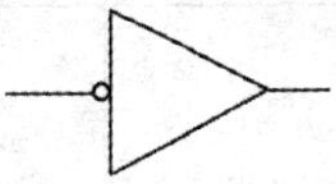

表 A-2　触发器符号对照表

名　称	IEEE 标准	Protel 库符号	Visio 库符号
RS 触发器	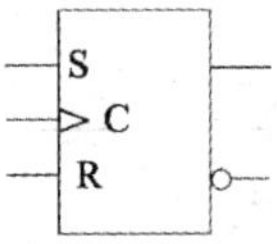	—	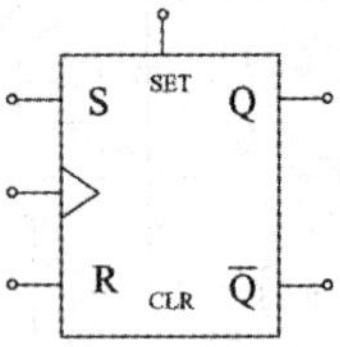
JK 触发器	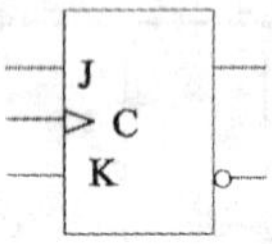	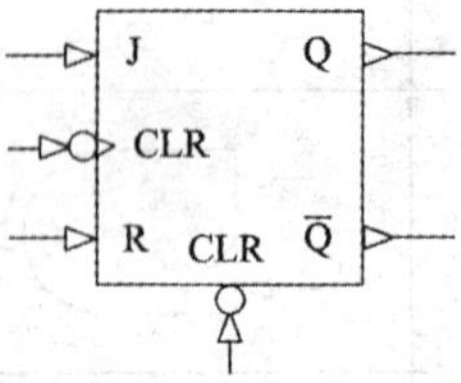	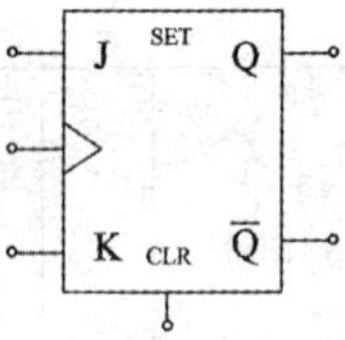
D 触发器	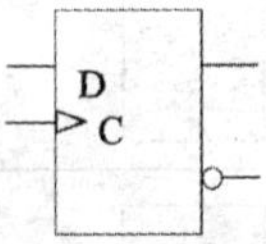	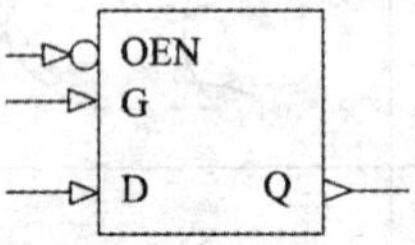	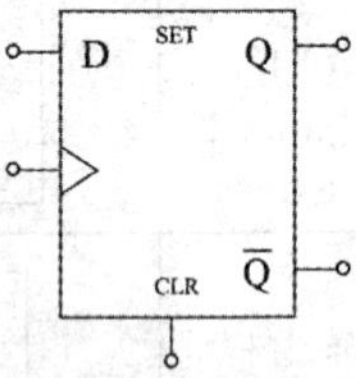
T 触发器	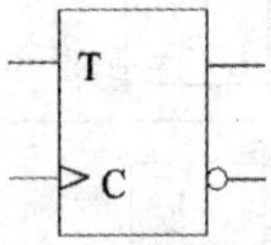	—	—

表 A-3　电气元件对照表

名　称	GB/T 4728.5—2005 标准	Protel 符号	Visio 符号
电阻			
电感	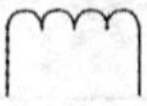		
电容		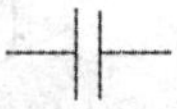	
可调电容			

续表

名 称	GB/T 4728.5—2005 标准	Protel 符号	Visio 符号
晶振			
二极管			
发光二极管			
单向击穿二极管			
双向击穿二极管			
NPN 型三极管			
PNP 型三极管			
P 型增强型场效应管			
N 型增强型场效应管			
P 型耗尽型场效应管		—	
N 型耗尽型场效应管		—	

参 考 文 献

[1] JOHN F W. 数字设计原理与实践[M]. 3 版. 北京：高等教育出版社，2001.

[2] 饱家元，毛文林. 数字逻辑[M]. 2 版. 北京：高等教育出版社，2002.

[3] 白中英. 数字逻辑与数字系统[M]. 2 版. 北京：科学出版社，1999.

[4] 邓元庆. 数字电路与逻辑设计[M]. 北京：电子工业出版社，2001.

[5] 欧阳星明，陈传波. 数字逻辑[M]. 武汉：华中理工大学出版社，2000.

[6] 朱子玉，李亚民. CPU 芯片逻辑设计技术[M]. 北京：清华大学出版社，2005.